a r m e e r
Franz-Josef-Land
Spitzbergen
Nowaja Semlja
Karasee
Kap Tscheljuskin
Laptewsee
Ostsibirisc
Taimyr-Halbinsel
Nordkap
Barents-see
Halbinsel Kola
Salechard
Ural
Ob
S i b i r i e n
Nördlicher Polarkreis
Lena
Werchojansk
Werchojansker Gebirge
Stanowoigebirge
Bering-meer
Kamtschatka
Alëuten
Ochotskisches Meer
Jenissej
Nowosibirsk
Irtysch
Altai
Jablonowyj-gebirge
Amur
Moskau
Wolga
O P A
Karpaten
Kaspische Senke
A S I E N
Gobi
Mandschurei
Donau
Kaukasus
Elbrus 5642
Turan
Tian Shan
Tarim-becken
Peking
Korea
Japanisches Meer
Honshu
Tokio
Taurus
Mesopotamien
Hochland von Iran
Hindukusch
Kunlun Shan
Hochland von Tibet
Hwangho
Ostchinesisches Meer
Mt. Everest 8872
Himalaya
Jangtsekiang
Südchinesisches Bergland
Kairo
Delhi
Indus
Thar
Ganges
Kanton
Arabien
Rotes Meer
Nil
Indien
Große Arabische Wüste
Bombay
Golf von Bengalen
Philippinen
Marianen
Arabisches Meer
Bangkok
Mekong
Südchinesisches Meer
Mikronesien
Andamanen
Kap Guardafui
Nikobaren
Hochland von Äthiopien
Kap Comorin
Ceylon
Karolinen
Kongo
Kongo-becken
Kenia 5199
5895 Kilimandscharo
Indischer
Malaiischer Archipel
Sumatra
3805 Kerinci
Borneo
Melanesien
Äquator
Neuguinea
Salomon-Inseln
Kinshasa
Seychellen
Daressalam
Tschagos-Inseln
Java
Komoren
Kokos-Inseln
Kap York
Darwin
Sambesi
Korallen-see
Madagaskar
Maskarenen
Ozean
Große Sandwüste
AUSTRALIEN
Kalahari
Johannesburg
Drakensberge
Große Victoriawüste
Australisches Tiefland
Bergland
Australisches
Perth
Kap der Guten Hoffnung
Große Australische Bucht
Tasman-see
Sydney
2230 Mt. Kosciusko
St. Paul
Tasmanien
Neuseeland
Chatham-Insel
Kerguelen
Campbell-Insel
Transantarktisches Gebirge
Ross-meer
K T I S
7788E

Seydlitz Erdkunde 2

Autoren:
Thomas Braun, Offenbach/Queich
Ulrike Busching, Maxdorf
Bernd Dieffenbacher, Grünstadt
Joachim Dietz, Böllenborn
Helmut Platten, Blankenrath
Stephanie Werner, Herxheim

Schroedel®

Mit Beiträgen von:

Peter Amtsfeld, Thomas Bauer, Frank Broscheit, Lars Degener, Andrea Eigner, Albrecht Gehrke, Sabine Gottwald, Anja Hebel, Wilfried D. John, Andreas Langbein, Franz-Peter Mager, Jürgen Meißgeier, Harald Mertins, Wolfgang Mühlberger, Katrin Pammer, Marion Raffelsiefer, Hans-Jürgen Schutzbach, Josef Thalmeier, Dieter Vorrath, Irmgard Werb, Jürgen Wetzel

Ernst v. Seydlitz-Kurzbach (geb. in Tschöplau/Kreis Freystadt) lebte von 1784 bis 1849. Mit der Herausgabe des Lehrbuches „Leitfaden der Geographie" im Jahre 1824 begründete er das traditionsreiche Unterrichtswerk „Seydlitz".
Ausführliche Informationen sind unter www.schroedel.de/seydlitz-chronik nachzulesen.

Druck A [1] / Jahr 2010

Alle Drucke der Serie A sind im Unterricht parallel verwendbar, da bis auf die Behebung von Druckfehlern untereinander unverändert. Die letzte Zahl bezeichnet das Jahr dieses Druckes.

Redaktion: Bernd Junge
Bildredaktion: Susanne Guse
Karten, Grafiken: Freier Redaktionsdienst, Berlin; Heidolph, Kottgeisering
Satz: Bernd Junge
Druck und Bindung: westermann druck GmbH, Braunschweig

ISBN 978-3-507-**52745**-4

Liebe Schülerinnen und Schüler,
die Arbeit mit diesem Buch soll für euch interessant werden und euch im Fach Erdkunde Erfolg bringen.

Das Buch enthält Seiten, die mit **m** gekennzeichnet sind. Hier lernt ihr wichtige Methoden und Arbeitstechniken ausführlich kennen. Diese Seiten sind so gestaltet, dass ihr euch die Arbeitstechniken auch selbstständig erarbeiten könnt.

Auf diesen Seiten ist Handeln angesagt. Ihr könnt z. B. Versuche durchführen oder etwas basteln. So wird der Unterricht noch abwechslungsreicher und macht mehr Spaß. Das **a** steht dabei für Aktivität.

Vielleicht möchtet ihr das Gelernte noch vertiefen oder euer Wissen erweitern. Der Hinweis „Zusatzthema" zeigt euch, bei welchen Themen dies spannend sein könnte. Solche Seiten sind mit **z** gekennzeichnet.

Zum Abschluss der sieben Hauptkapitel, manchmal auch am Ende eines Themenbereichs, findet ihr auf den mit **w** gekennzeichneten „Wissen-Seiten" Hilfen und Anregungen, um Gelerntes zu wiederholen, einzuüben und zu verknüpfen. Hier stehen auch noch einmal die wichtigsten Begriffe zusammengefasst.

AUFGABEN >>

Auf vielen Seiten findet ihr grün unterlegte Aufgaben. Mit solchen Arbeitsaufträgen lassen sich die Inhalte der Seite weiter vertiefen. Dazu müsst ihr häufig auch mit weiteren Materialien und Quellen arbeiten.

Geo-Lexikon

Wenn ihr selbstständig mit dem Buch arbeitet, kann euch das „Geo-Lexikon" eine Hilfe sein. Hier findet ihr am Ende des Buches (Seite 192 – 195) Erläuterungen zu bestimmten Begriffen. Außerdem wird im Geo-Lexikon darauf verwiesen, auf welchen Seiten im Buch diese Sachverhalte dargestellt sind.
Im anschließenden Methodenregister könnt ihr wichtige Arbeitsmethoden nachlesen.

Viel Freude beim Lernen und Arbeiten mit dem Buch!

Die Autorinnen und Autoren

1 Die Erde als Himmelskörper

Unsere Erde – ein Planet 10
Unendliche Weiten 12
z Die Erforschung des Weltraums 13
Gefahr aus dem Weltall!? 14
z Warum starben die Dinosaurier aus? 15
Die Erdrevolution 16
Die Entstehung von Tag und Nacht 18
w Üben und Wiederholen 19

2 Die Erde im ständigen Wandel

Der Ätna – Freund und Feind 22
Entstehung und Aufbau eines Vulkans 24
z Der große Ausbruch kommt sicher – nur wann? 25
Vulkanismus in der Eifel 26
a Vulkanrallye durch Deutschland 27
m Informationssuche im Internet 28
z Die Urkräfte werden genutzt 30
Erdbeben – warten auf "the big one" 32
Erdbeben in Kaschmir 34
Tsunamis – die langen Arme ferner Beben 36
Und sie bewegen sich doch! 38
Vorgänge an den Plattengrenzen 40
z Entwicklung des Lebens auf der Erde 42
In der Welt des Eises 44
z Gletscher – Fieberthermometer der Alpen 46
Das Eis formte die Landschaft Norddeutschlands 48
w Üben und Wiederholen 50

3 Wetter und Klima

Aufs richtige Wetter kommt es an 54
Wetterbeobachtung 56
z Steigungsregen – Wasserkreislauf – Großwetterlagen 60
m Wir zeichnen Klimadiagramme und werten sie aus 62
Auf der Erde ist es unterschiedlich warm 64
Die vier großen Klimazonen 66
Die Vegetationszonen der Erde 68
w Üben und Wiederholen 70

4 Landnutzung in den Klimazonen

Die Klimazonen im Überblick 74
Könige der Tundra 78
z Der Golfstrom – die Warmwasserheizung Europas 80
a Das Klima der gemäßigten Zone – überall gleich? 82
Das Klima der gemäßigten Zone 84
Huertas im Wandel 86
Auf einer Kautschukplantage in Malaysia 88
z In den Savannen 90
z Alle Vegetationszonen unter einem Dach 92
a Lernen mit Spielen 94
w Üben und Wiederholen 96

5 Erschließung und Umwertung von Räumen

Norilsk – die nördlichste Großstadt der Erde ... 100
Russland – Schätze aus dem Eiskeller ... 102
Erschließung auf Kosten der Umwelt ... 104
z Verschiedene Orte – verschiedene Zeiten ... 105
Wie kommt das Schiff in die Wüste? ... 106
Die Umweltkatastrophe am Aralsee ... 108
w Üben und Wiederholen ... 110
Australien – Down Under ... 112
a Australien – Lernen an Stationen ... 113
z Ozon – nützlich und schädlich ... 118
Indianer und Pioniere ... 120
Erosion in den Great Plains ... 122
Getreideanbau in den Great Plains heute ... 124
z Bodenexperimente ... 125
Kalifornien – Fruchtgarten der USA ... 126
Kaliforniens Wüste wird bewässert ... 128
z Las Vegas – eine Metropole in der Wüste ... 129
Die Großlandschaften der USA ... 130
z Die USA – von Stürmen heimgesucht ... 132
Der Panamakanal – ein Jahrhundertbauwerk ... 134
w Üben und Wiederholen ... 136

6 Menschen verändern den Naturraum

m Wir werten ein Satellitenbild aus ... 140
Der Nil – Lebensader Ägyptens ... 142
Der Staudamm Sadd-el-Ali: Pro und Kontra ... 144
z Bodenversalzung ... 146
z Warum fließt ein Fluss durch die Wüste ... 147
Dubai – Luxus im Wüstenland ... 148
Leben in der Sahelzone ... 150
Die Wüste wächst ... 152
w Üben und Wiederholen ... 154
a Expertenrunde: Ein Naturraum wird vernichtet ... 156
Erschließung durch Kleinsiedler und Transamazônica ... 157
Edelholz aus den Tropen ... 158
Rinderfarmen im Amazonasgebiet ... 159
Plantagen statt Regenwald ... 160
Bodenschätze und Energie aus dem Regenwald ... 161

m Wir werten einen Text aus ... 162
Was kümmert uns der Regenwald? ... 163
Folgen der globalen Erwärmung ... 164
Klimawandel weltweit ... 166
m Wir werten eine Karikatur aus ... 167
w Üben und Wiederholen ... 168
Der Rhein vor 150 Jahren – ein Wildstrom ... 170
Der Rhein schlägt zurück ... 172
z Der Rhein – ein Fluss bei der Arbeit ... 174

7 **Naturhaushalt und Umweltschutz**

Die Umwelt geht uns alle an! ... 178
Wasser ist unentbehrlich ... 180
Der lange Weg zum Trinkwasser ... 181
Vom Trink- zum Abwasser ... 182
z Trinkwasser – nicht überall selbstverständlich ... 183
a Aktivtag Boden ... 184
Wo kommt der Müll hin? ... 186
Die lange Reise des Plastikmülls ... 188
Neue Produkte aus Müll ... 189
Die Müllkinder von Manila ... 190
Problem Atommüll ... 191

Geo-Lexikon ... 192
Methodenüberblick ... 196
Erdkunde-Grundwissen für die Bewerbung ... 198
Bildnachweis ... 200

1 Die Erde als Himmelskörper

Unsere Erde – ein Planet

Unsere Erde ist einer von acht Planeten, die sich auf festen Umlaufbahnen um die Sonne bewegen. Zusammen mit der Sonne im Mittelpunkt bilden die Planeten unser Sonnensystem. Die Planeten werden von der Sonne angestrahlt und reflektieren deren Licht.
Viele der Planeten werden wiederum von Monden umkreist. Während die Erde nur einen Mond besitzt, haben andere Planeten mehrere. Der Mars besitzt z. B. 2 Monde, der Jupiter sogar 63.
Mit einem einfachen Merksatz kannst du dir die Reihenfolge der Planeten merken: Mein Vater erklärt mir jeden Sonntag unseren Nachthimmel.

Die Sonne – unser Lebensspender

Ohne das Licht und die Wärme dieser riesigen heißen Gaskugel wäre die Erde ein kalter, dunkler Himmelskörper ohne Lufthülle (Atmosphäre), Wasser und Leben. Die Sonne ist vergleichbar mit den Sternen, die wir zu Tausenden in einer klaren Nacht sehen können. Ihre Oberflächentemperatur erreicht knapp 6000 °C, die Temperatur im Innern unvorstellbare 16 Millionen °C.

Die Erde – der blaue Planet

Unser Heimatplanet ist durch das Vorhandensein von Leben in unserem Sonnensystem einzigartig. Entscheidend für die Entwicklung des Lebens war der Abstand der Erde zur Sonne, der eine günstige Oberflächentemperatur und das häufige Vorkommen von flüssigem Wasser ermöglichte.

Jupiter – der Gasriese

Mars – der rote Planet

Die Venus – der Abend- und Morgenstern

Sie ist der hellste Planet und deshalb auch mit dem bloßen Auge gut zu erkennen. Unter dichten Schwefelwolken erreichen die Temperaturen auf der lebensfeindlichen Oberfläche bis zu 450 °C.

Merkur – der schnelle Götterbote

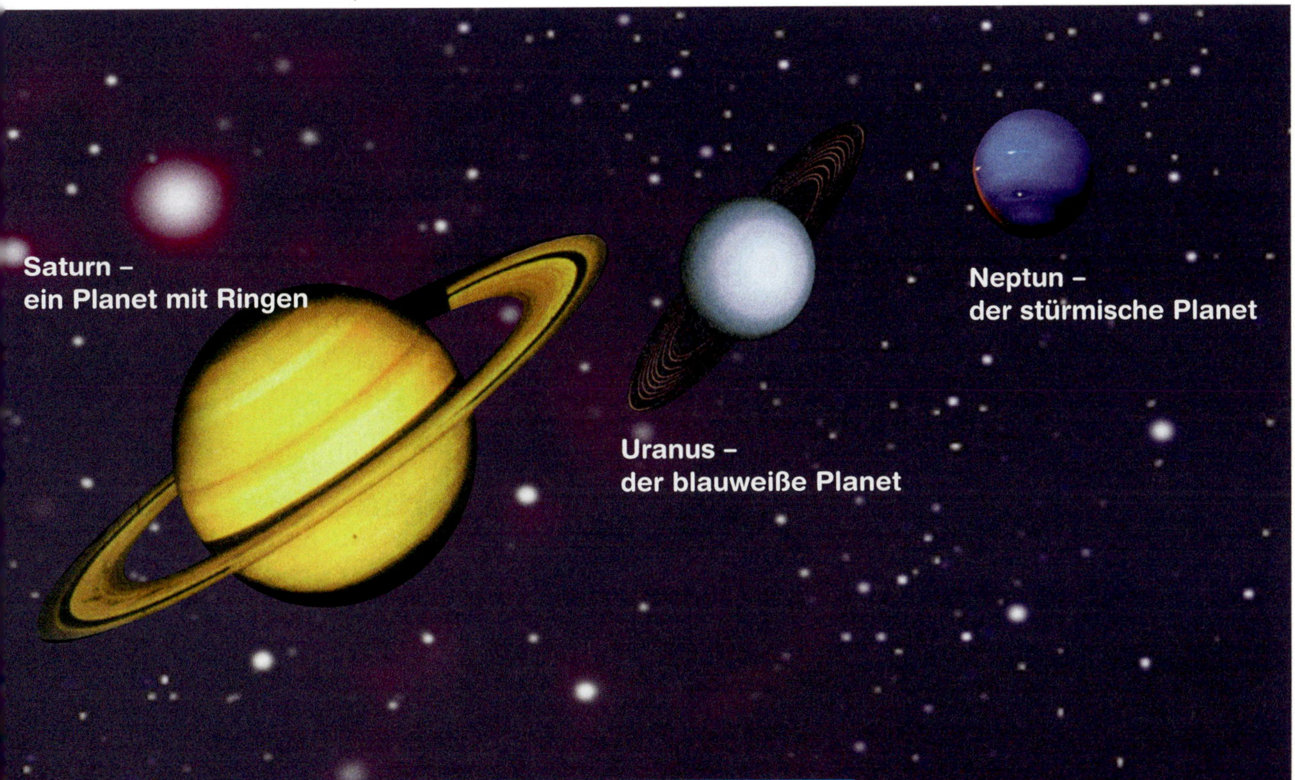

Streit um Pluto!

Bis vor Kurzem galt der erst 1930 entdeckte Pluto als der neunte Planet unseres Sonnensystems. Er war der am weitesten von der Sonne entfernte und gleichzeitig kleinste Planet. Laut einer neuen Definition der Internationalen Astronomischen Union (IAU) aus dem Jahre 2006 wird Pluto jedoch nicht mehr zu den Planeten, sondern zu den Zwergplaneten gezählt. Darunter fasst man solche Objekte zusammen, die wie die „echten" Planeten auf einer festen Bahn um die Sonne kreisen, jedoch ihre Umlaufbahn nicht von anderen Objekten frei geräumt haben. Allerdings ist die neue Einordnung Plutos sehr umstritten.

Die Größenverhältnisse zwischen der Sonne und den Planeten sind richtig dargestellt. Die Abstände zwischen den Himmelskörpern sind dagegen viel zu klein. Die riesigen Entfernungen im Sonnenystem können wir uns kaum vorstellen. Ein Vergleich kann uns dabei helfen: Dazu legen wir auf einem Fußballfeld einen Basketball als Sonne auf den Anstoßpunkt. Als Erde nehmen wir eine Glasperle mit drei Millimetern Durchmesser. Die Erde bewegt sich in etwa 38 Meter Abstand um den Anstoßpunkt. Der Jupiter in der Größe eines Tischtennisballs umkreist die Sonne in fast 200 Meter Entfernung. Der von der Sonne am weitesten entfernte Pluto hätte Stecknadelkopfgröße und wäre fast 1,5 Kilometer vom Anstoßpunkt entfernt.

Sonne
Erde

AUFGABEN >>

1 *Schlage dein Buch zu und nenne die Planeten von innen nach außen in der richtigen Reihenfolge.*

2 *Schreibe einen kurzen Text über einen oder mehrere Planeten deiner Wahl. Sammle dazu Informationen aus dem Internet, aus Büchern usw.*

3 *Stellt gemeinsam die Größenverhältnisse des Sonnensystems, wie im Text beschrieben, nach.*

12.1 *So stellt man sich die Milchstraße vor*

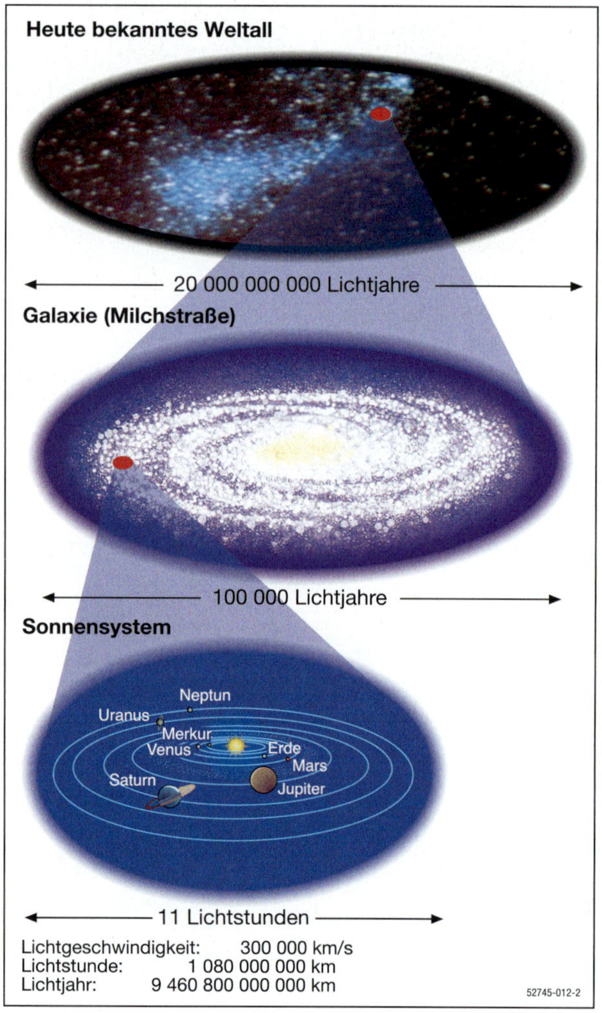

12.2 *Das Sonnensystem im Weltall*

Unendliche Weiten

In klaren Nächten sehen wir einen eindrucksvollen Sternenhimmel. Mit bloßem Auge lassen sich 2000 bis 3000 selbstleuchtende Sterne erkennen. Das ist jedoch nur ein winziger Bruchteil aller Sterne, denn das Weltall, das auch Weltraum, Universum oder Kosmos genannt wird, ist unvorstellbar groß. Um die riesigen Entfernungen erfassen zu können, benutzt man daher als Hilfsgröße die Geschwindigkeit, mit der sich das Licht ausbreitet. Es ist 300 000 km/sek. schnell. Ein Lichtjahr ist die Entfernung, die das Licht in einem Jahr zurücklegen kann. Wissenschaftler können heute bis ungefähr 13,5 Milliarden Lichtjahre weit ins Weltall schauen.

Die Sterne sind im Weltall nicht gleichmäßig verteilt, sondern in Haufen angeordnet. Solche Sternenhaufen heißen Galaxie. Im Weltall gibt es Milliarden von Galaxien. Eine Galaxie wiederum besteht aus Milliarden von Sternen, die sich spiralförmig um ein Zentrum bewegen (Abb. 12.1). Am Rande einer dieser Galaxie, die man Milchstraße nennt, liegt unser Sonnensystem mit der Sonne als Mittelpunkt.

AUFGABEN >>

1. *Wo befindet sich die Erde? Bringe mithilfe der Abb. 12.2 die Begriffe in die richtige Reihenfolge: Sonnensystem, Weltall, Erde, Milchstraße, Sonne.*
2. *Erkläre mithilfe der Texte und Abbildungen: Galaxie, Sonnensystem, Sonne, Planet.*

Z

Die Erforschung des Weltraums

13.1 *Die internationale Raumstation ISS*

„Wie sind andere Himmelskörper beschaffen? Ist ein Leben auch auf einem anderen Planeten möglich?"

Unser Wissen darüber ist noch sehr gering. Seit über 40 Jahren versuchen Menschen, mit Raketen in das Weltall vorzustoßen. Das geschieht mit unterschiedlichen Zielen. So dienen z. B. Raumstationen als Forschungslabore im Weltall. Unbemannte Raumsonden überwinden auf ihrer Reise zu den Planeten riesige Entfernungen und sind dabei Jahrzehnte unterwegs. Fotos und Bodenproben liefern den Wissenschaftlern wichtige Informationen.

Abenteuer Mondlandung

„Okay, ich probier's jetzt, ich werde die Leiter hinuntersteigen." Für einen Moment hielten alle Anwesenden im NASA-Kontrollzentrum in Houston/Texas den Atem an. „Der Boden ist ganz fein, wie Puder ist er. Ich trete jetzt von der Landefähre herunter." Und während er den Fuß langsam senkte, sagte Neil Armstrong den Satz: „Es ist ein kleiner Schritt für einen Menschen, aber ein großer Schritt für die Menschheit."

Aldrin folgte Armstrong. Er war damit der zweite Mensch auf dem Erdtrabanten. Knappe drei Stunden dauerte der erste „Mondausflug". 500 Millionen Menschen in aller Welt verfolgten das Ereignis live am Fernsehschirm. Ein Menschheitstraum war in Erfüllung gegangen.

13.2 *Edwin Aldrin auf dem Mond*

Knapp fünf Tage zuvor waren Armstrong und Aldrin zusammen mit ihrem Kameraden Collins vom Heimatplaneten Erde abgehoben. Am 21. Juli 1969 schwenkte das Raumschiff „Apollo 11" in ihre vorgesehene Umlaufbahn über dem Erdtrabanten ein – 400 000 km entfernt von zu Hause. Planmäßig trennte sich dann die Mondlandefähre „Eagle" vom Mutterschiff und setzte kurze Zeit später auf der Mondoberfläche auf.

Voyager I und II

Die beiden Voyager-Reisen zählen zu den erfolgreichsten Missionen überhaupt, die jemals zur Erkundung des Sonnensystems gestartet wurden. Beide starteten Mitte 1977 und dienten zur Erforschung der äußeren Planeten. Sie erkundeten Jupiter (1979) und Saturn (1980/81), Voyager II auch Uranus (1986) und Neptun (1989). Die Sonden haben das Sonnensystem inzwischen verlassen und führen (für den Fall, dass sie von außerirdischen Wesen gefunden werden sollten) Informationen über „unseren" Planeten mit.

13.3 *Ein Gruß von der Erde*

AUFGABEN >>

1. *Nenne Gründe, weshalb die Menschen versuchen, in den Weltraum vorzustoßen.*
2. *Welches sind die größten Probleme bei der Erforschung des Weltraums?*
3. *Erläutere den berühmten Satz, den Neil Armstrong beim Betreten des Mondes aussprach.*

14.1 *Aus einem Spielfilm*

Gefahr aus dem Weltall!?

Ein Ereignis, wie in Abb. 14.1 dargestellt, kennt ihr vielleicht aus Spielfilmen. Es treffen tatsächlich jeden Tag Tausende Gesteinsbrocken die Erde. Viele sind nur 0,1 Millimeter bis wenige Meter groß und verglühen vollständig in der Atmosphäre. Wir können sie dann als Sternschnuppen sehen.

Doch unser Planet wurde in der Vergangenheit auch schon von größeren Brocken getroffen. An vielen Stellen der Erdoberfläche findet man riesige Krater als Spuren von Einschlägen. Vor etwa 65 Mio. Jahren traf z. B. ein großer Meteorit die Erde und löschte drei viertel aller Lebewesen aus. Unter ihnen waren auch die Dinosaurier, die bis dahin die Erde beherrscht hatten.

Heute versucht man durch die Beobachtung des Weltraums, eventuelle Gefahren rechtzeitig zu erkennen, um Gegenmaßnahmen treffen zu können. Aber woher kommen eigentlich diese Gesteinsbrocken?

Kometen

Kometen haben meist eine feste Flugbahn, auf der sie quer durch unser Sonnensystem fliegen. Kreuzen sie dabei die Umlaufbahn eines Planeten, kann es zum Zusammenstoß kommen.

Kometen bestehen aus Steinen und Eis. Kommt eine auf seinem Flug in die Nähe der Sonne, wird er von der Sonnenstrahlung erwärmt. Dabei entweichen Gase aus dem Kometen und es bildet sich der Kometenschweif. Früher wurden die Kometen mit ihrem hellen Schweif als Vorboten für große Ereignisse gedeutet.

Asteroiden

Zwischen Jupiter und Mars liegt ein Asteroidengürtel. Hier fliegen Millionen kleinerer und größerer Asteroiden auf einer Umlaufbahn um die Sonne. Stoßen zwei Asteroiden zusammen, können sie ihre Flugbahnen ändern und auch in Richtung Erde abgelenkt werden.

14.2 *Meteoritenkrater in Arizona*

AUFGABEN >>

1. *Welche Gefahren drohen uns aus dem Weltraum?*
2. *Beschreibe die Unterschiede zwischen Asteroiden und Kometen.*
3. *Welche Maßnahmen könnten auf der Erde getroffen werden, um sich vor einem Meteoriteneinschlag zu schützen?*
4. *Informiere dich über die Wahrscheinlichkeit eines Meteoriteneinschlags.*

Z

Warum starben die Dinosaurier aus?

15.1 *Einschlagstelle des Meteoriten*

Lange Zeit stritten sich die Wissenschaftler in aller Welt darüber, weshalb die Dinosaurier und andere Tierarten innerhalb kurzer Zeit ausgestorben sind. Einige Forscher meinten, schuld daran wären ungewöhnlich große Vulkanausbrüche gewesen. Andere glaubten, das Aussterben dieser Urtiere wäre durch Meteoriteneinschläge verursacht worden.

Nach einem Bericht der Süddeutschen Zeitung vom 18.2.1997 haben Wissenschaftler den endgültigen Beweis für den mysteriösen Tod der Tiere gefunden:

Meteorit schuld am Tod der Dinosaurier

Washington (AP/AFP) – Wissenschaftler haben einen Beweis dafür gefunden, dass die Dinosaurier vor 65 Millionen Jahren durch den Einschlag eines Meteoriten ausgelöscht wurden. Dies berichtete R. Norris, der Leiter einer Internationalen Expedition, die den Atlantischen Ozean nach Spuren eines Einschlages abgesucht und dafür Bohrungen vor der Ostküste Floridas gemacht hat.

Die Forscher brachten von ihrer Reise Ablagerungen mit, die sie 470 km vor Jacksonville eingesammelt hatten. Die Gesteinsbrocken haben laut Norris die Theorie bestätigt, dass ein Meteorit in den heutigen Golf von Mexiko eingeschlagen sei. Der Theorie zufolge hatte der Meteorit einen Durchmesser von 10 bis 20 Kilometern. Der Krater, der durch den Einschlag entstanden sei, habe einen Durchmesser von mindestens 180 Kilometern.

Das Zentrum des Einschlags liege auf der mexikanischen Halbinsel Yucatan, teilte Norris mit. Die beim Aufschlag entstandene Staub- und Aschewolke blockierte das Licht so stark, dass die Temperatur auf der Erde drastisch absank. Dadurch seien etwa 70 % des Lebens auf der Erde ausgelöscht worden.

Die Gesteinsproben stammen aus rund 2600 m Tiefe, wo die Forscher rund 90 Meter tief in den Boden bohrten. Norris sagte, die tiefsten Schichten stammten aus der Zeit der Dinosaurier. Es seien die Überreste vieler Tiere gefunden worden. Darüber sei eine Schicht mit grünen Glaskugeln, die wohl von dem Gestein stammten, das beim Aufschlag des Meteoriten sofort geschmolzen sei. Darüber sei eine bräunliche Schicht, bei der es sich offenbar um die staubförmigen Überreste des Meteoriten selbst handle. Dieser feine Puder sei auch an anderen Orten auf der Erde gefunden worden. Über der „Feuerballschicht" seien fünf Zentimeter grauer Kalk, die von einem völlig toten Meer zeugten. Diese Todeszeit habe etwa 5000 Jahre gedauert. Erst danach kehrte das Leben allmählich zurück.

Norris sagte, er habe auf der Atlantikseite von Florida gebohrt, weil am Ort des Einschlages im Golf von Mexiko wegen der Heftigkeit der Explosion wahrscheinlich keine eindeutigen Gesteinsbrocken zu finden seien. Die Flutwelle danach habe aber das Gestein auf die andere Seite von Florida gewaschen, wo es sich im Atlantik ablagerte.

(aus: Süddeutsche Zeitung, 18.2.1997)

AUFGABEN >>

1 *Welche Staaten liegen am Golf von Mexiko? Benutze deinen Atlas.*
2 *Berichte über den Meteoriteneinschlag im Golf von Mexiko (Zeit, Größe, Auswirkungen).*
3 *Warum suchten die Wissenschaftler nicht direkt am Einschlagsort nach den Überresten des Meteoriten?*

Die Erdrevolution

Ab dem 21.3. werden die Tage wieder länger als die Nächte. Es ist Frühlingsbeginn. Wie im Herbst auch neigt sich die Erdachse nicht in Richtung Sonne, sodass alle Gebiete gleich lang beschienen werden.

16.1 *Die Erdrevolution*

Am 21.6. ist auf der Nordhalbkugel Sommerbeginn. Es herrscht der längste Tag und die kürzeste Nacht. Der Nordpol ist zur Sonne geneigt, sodass die Sonnenstrahlen hier steiler einfallen und das Gebiet stärker erwärmen.

AUFGABEN >>

1 *Erkläre die Ursachen für die Entstehung der Jahreszeiten.*

2 *Ordne die Sonnenbögen in der Grafik 17.2 den verschiedenen Jahreszeiten zu.*

3 *Stell dir vor, die Erdachse wäre nicht geneigt. Welche Folgen hätte dies?*

Der Winter beginnt am 21.12. An keinem Tag des Jahres zeigt sich die Sonne kürzer. Der Nordpol ist von der Sonne abgewandt, die flacher einfallenden Sonnenstrahlen müssen eine größere Fläche erwärmen. Deshalb gehen die Temperaturen zurück. Die flacher einfallenden Sonnenstrahlen lassen sich an den länger werdenden Schatten erkennen.

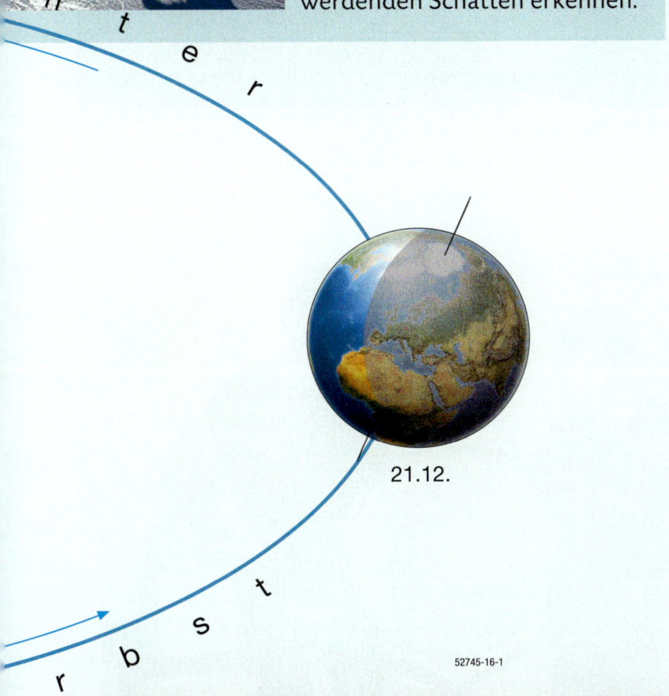

Am 23.9., dem Herbstbeginn, herrscht Tag- und Nacht-Gleiche, d.h. Tag und Nacht dauern gleich lang. Dies liegt daran, dass die Erdachse weder auf der Nord- noch auf der Südhalbkugel zur Sonne geneigt ist. Alle Gebiete werden wie am 21.3. gleich stark mit Sonnenstrahlen versorgt.

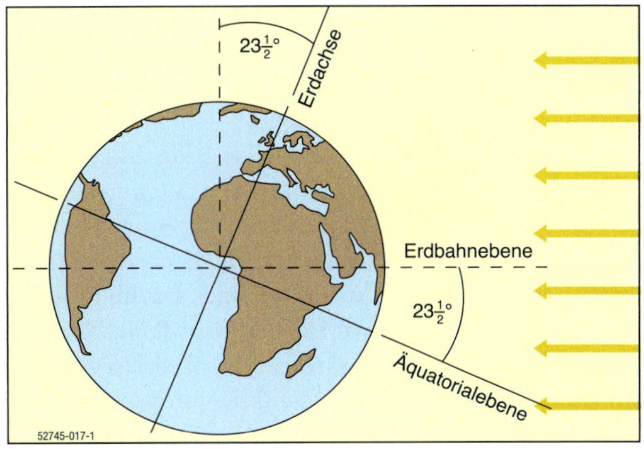

17.1 *Sonnenstrahlen treffen auf die Erde (am 21.6.)*

Im Laufe eines Jahres bewegt sich die Erde einmal um die Sonne. Dies nennt man Erdrevolution. Ihren Weg um die Sonne nimmt die Erde nicht auf einer Kreisbahn, sondern auf einer elliptischen Bahn. Die Erdachse ist dabei um 23,5° geneigt (Abb. 17.1). Diese Neigung der Erdachse bleibt während des Umlaufs immer gleich. Das hat zur Folge, dass sich für jeden Ort auf der Erde innerhalb eines Jahres der Einfallswinkel der Sonnenstrahlen ändert und somit unterschiedlich hohe Beleuchtungsmengen dort auftreffen. Welche Jahreszeit herrscht, hängt also davon ab, wie steil die Sonne auf die Erde scheint. Die Erwärmung der Erdoberfläche ist umso größer, je steiler die Strahlen auf die Erde treffen. Ist der Einfallswinkel flacher, verteilt sich Wärmestrahlung auf eine größere Fläche und die Erwärmung wird deshalb geringer.

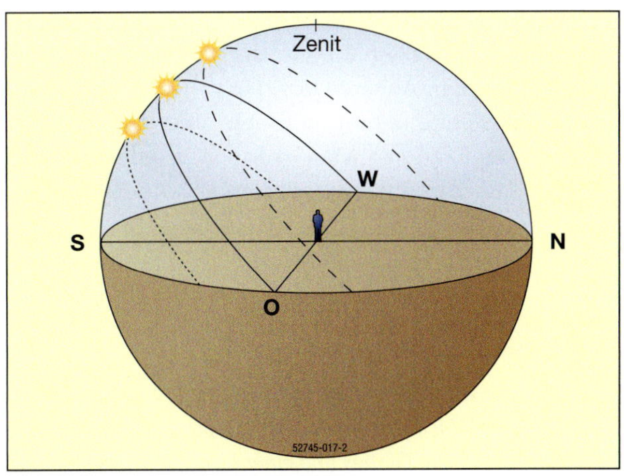

17.2 *Sonnenbögen zum Beginn der jeweiligen Jahreszeit*

Die Entstehung von Tag und Nacht

Auf ihrer Bahn um die Sonne dreht sich die Erde gleichzeitig wie ein Kreisel um die eigene Achse. Diese Drehung wird Erdrotation genannt.
Für eine volle Drehung benötigt die Erde 24 Stunden. Dabei wird sie von der Sonne bestrahlt. Wegen der Kugelgestalt erreichen die Sonnenstrahlen immer nur eine Hälfte der Erde. Hier ist dann Tag. Die andere Hälfte ist dunkel. Hier ist Nacht. Während einer Drehung ist es überall auf der Erde einmal Tag und einmal Nacht.
Für uns auf der Erde sieht es so aus, als ob sich die Sonne am Himmel bewegt. Da sich die Erde von Westen nach Osten dreht, sehen wir die Sonne im Osten aufgehen und im Westen untergehen. Tatsächlich dreht sich jedoch nur die Erde.

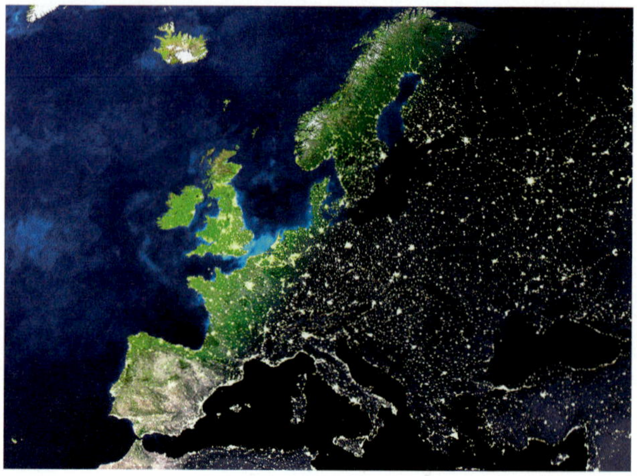

18.1 *Tag und Nacht in Europa*

a Versuch zur Tageslänge auf der Erde

Stellt mit einem Globus und einer Lichtquelle die Beleuchtungsverhältnisse am 21. Juni nach (> S. 16/17). Markiert mit Kreide einen beliebigen Punkt auf dem nördlichen Polarkreis. Spielt einen Tag auf der Erde nach, indem ihr den Globus einmal um seine Achse dreht. Wie lange ist es an dem Punkt hell? Ihr werdet feststellen, dass es 24 Stunden hell ist. Es herrscht Polartag.
Wiederholt den Versuch am Äquator. Messt die Länge der Strecke, die der Punkt im Licht ist, mithilfe eines weißen Bindfadens, den ihr auf den Äquator legt. Für die dunkle Seite nehmt ihr einen schwarzen Faden. Man kann sagen, dass die Länge des weißen Fadens der Tageslänge entspricht. Die Länge des schwarzen Fadens entspricht der Nachtlänge. Vergleicht die beiden Fäden. Was stellt ihr fest? Wiederholt den Versuch mit folgenden Breitenkreisen: 30° n. B., 60° n. B., 30° s. B., 60° s. B. und dem südlichen Polarkreis. Stellt eure Ergebnisse vor.

18.2 *Während des Versuchs*

AUFGABEN >>

1. *Wodurch wird der Wechsel von Tag und Nacht auf der Erde verursacht?*
2. *Überlege: Was wäre, wenn die Erde sich nicht um ihre eigene Achse drehen würde?*
3. *Stellt mit einem Globus und einer Lichtquelle (als Sonne) unterschiedliche Tageszeiten für Deutschland dar: Mittag, Mitternacht, Sonnenaufgang, Sonnenuntergang.*

Üben und Wiederholen

Kreuz und quer durchs Weltall

Schreibe die elf gesuchten Begriffe in dein Heft und markiere die entsprechenden Buchstaben (Zahl in der Klammer). Aus ihnen ergibt sich das Lösungswort. Es ist der Name eines berühmten Astronauten.

(a) Größter Planet in unserem Sonnensystem (1)

(b) Vor einigen Jahren zählte er noch zu den Planeten. (3)

(c) Maßeinheit für große Entfernungen (9)

(d) Fachwort für die Drehung der Erde um die eigene Achse (9)

(e) Die Milchstraße ist eine … (1)

(f) Sie entstehen auf der Erde durch den Umlauf der Erde um die Sonne. (2)

(g) Eine Raumsonde, die seit Jahren unterwegs ist und Grüße an mögliche Außerirdische mitführt (5)

(h) Unser „roter Nachbar" (2)

(i) Nachname des ersten Mondbesuchers (2)

(j) Was verursachte diesen Krater? (7)

(k) Diese Jahreszeit beginnt bei uns am 21. Dezember. (3)

Lösungswort: (a)(b)(c)(d) (e)(f)(g)(h)(i)(j)(k)

Schnell wie das Licht

Wie weit sind Sonne, Jupiter, Saturn und Uranus von der Erde entfernt?

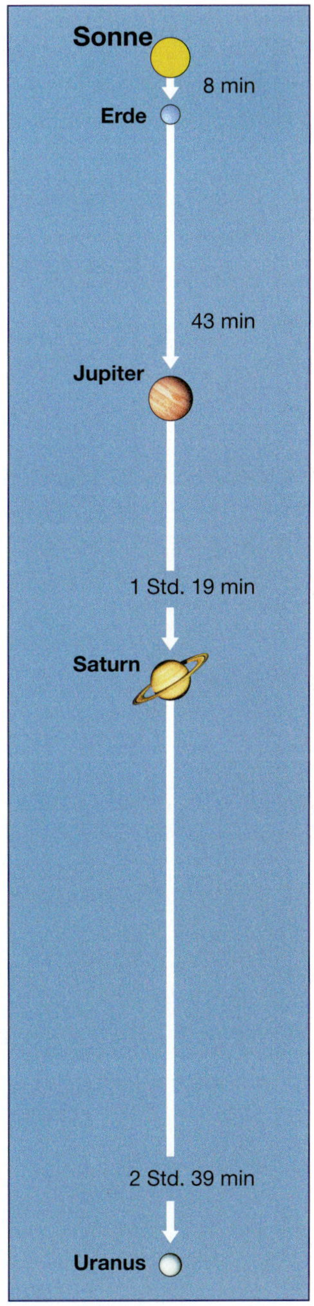

Merksatz

Erfinde einen eigenen Merksatz, mit dem du dir die Reihenfolge der Planeten unseres Sonnensystems merken kannst.

Weihnachtsmann

Ein Weihnachtsmann muss in Australien zum Weihnachtsfest mächtig schwitzen. Erkläre warum.

Grundbegriffe

- Erdachse
- Erdrotation
- Erdrevolution
- Galaxie
- Jahreszeiten
- Lichtjahr
- Milchstraße
- Planet
- Sonnensystem

2 Die Erde im ständigen Wandel

22.1 *Ausbruch des Ätnas bei Nacht*

22.2 *Anlegen von Kanälen zur Umleitung der Lava*

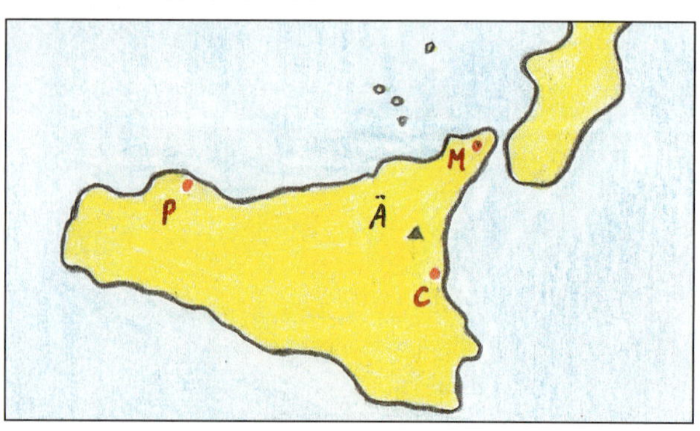

22.3 *Skizze zur Lage des Ätnas*

Der Ätna – Freund und Feind

Der Ätna auf Sizilien ist mit über 3300 Metern Höhe der höchste Vulkan Europas. Seine zahlreichen Ausbrüche haben ihn im Laufe der Jahrhunderte ständig wachsen lassen. Auch heute ist der Ätna noch sehr aktiv.
Antonio Pucchini baut am Fuße des Ätnas Obst und Wein an. Er berichtet:
„Im Oktober haben wir beim Ausbruch des Ätnas wieder seinen gefährlichen Atem gespürt. Ein Regen aus Asche und Lavabrocken hat viele Felder und Plantagen zerstört. Ich konnte beobachten, wie sich der Lavastrom langsam, aber unaufhaltsam in Richtung meiner Weinberge wälzte. Tun konnte ich dagegen nichts. Zum Glück konnten die Soldaten die Lava rechtzeitig aufhalten. Wissenschaftler überwachen den Vulkan rund um die Uhr. Der Lavastrom kann nämlich nicht nur aus dem Krater am Berggipfel kommen, sondern auch aus kleineren Nebenkratern an den Seiten des Bergs austreten. Deshalb sind Vulkane oft unberechenbar."

AUFGABEN >>

1 *Beschreibe die Gefahren, die vom Ätna ausgehen.*
2 *Übernimm die Skizze 22.3 in dein Heft. Vervollständige sie und beschreibe die Lage des Ätnas.*
3 *Überlege dir weitere Möglichkeiten, wie man Orte am Ätna vor Lavaströmen schützen kann.*

23.1 *Touristen am rauchenden Ätna*

Herr Pucchini berichtet weiter:

„Die Schäden in Millionenhöhe haben uns schon schwer getroffen. Doch wegziehen? Undenkbar! Obwohl so etwas immer wieder passiert, würden wir unsere Heimat am Ätna niemals verlassen. Es ist nicht nur das gute Klima hier im Süden Italiens. Der Ätna zerstört unsere Lebensgrundlage nicht nur, er ist es auch, der sie schafft. Schließlich nutzen wir auch das, was er „ausspuckt". Ohne die fruchtbare Vulkanasche würden unsere Pflanzen bei Weitem nicht so gut wachsen. Außerdem speichert der vulkanische Boden ganz hervorragend Wasser, was gut für die Pflanzen ist. Die Erträge beim Wein-, Obst- und Gemüseanbau sind sehr gut. Deswegen können wir die Produkte, die am Ätna wachsen, sogar in andere Länder verkaufen. Und dann sind da auch noch die Touristen. Ohne unseren Vulkan würden sicher weniger zu uns kommen."

23.2 *Die Gefahr ist allgegenwärtig*

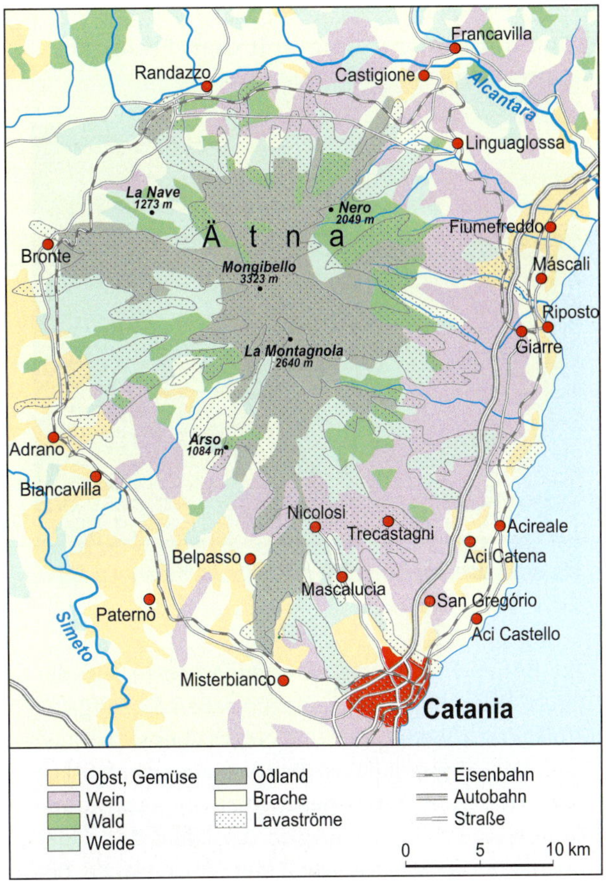

23.3 *Landnutzung am Ätna*

AUFGABEN >>

1. *Warum wird der Ätna auch als „Freund" der Sizilianer bezeichnet?*
2. *Beschreibe die Landnutzung am Ätna mithilfe der Karte 23.3.*
3. *Nenne weitere Vulkane in Europa (Atlasarbeit).*

23.4 *Weinanbau am Ätna*

Das gefährliche Spiel mit dem Feuer

24.1 *Vulkanologen bei der Arbeit „vor Ort"*

Ihr Beruf wird oft als der „gefährlichste Job der Welt" bezeichnet. Vulkanologen haben die Aufgabe, Vulkane zu überwachen und Neues über sie herauszufinden. Nicht immer ist ihre Aufgabe so gefährlich wie auf dem Bild. Oft begeben sie sich auch ohne feuerfesten Asbest-Anzug in die Nähe der Feuer speienden Berge. Aufgrund der Vorhersagen der Wissenschaftler konnten schon Tausende Menschen vor Vulkanausbrüchen gerettet werden.

Entstehung und Aufbau eines Vulkans

An Stellen, an denen die Erdkruste dünn und brüchig ist, kann Magma durch Risse und Spalten nach oben gelangen. Dort sammelt es sich im Magmaherd und steigt durch den Vulkanschlot nach oben. Über den Krater oder einen Nebenkrater fließt es an den Hängen des Berges, wie beispielsweise beim Ätna, ab. Ausgetretenes Magma nennt man Lava. Beim Ausbruch eines Vulkans werden Gesteinsbrocken (Bomben) und Asche herausgeschleudert. Die Asche lagert sich im Wechsel mit der Lava ab. Aufgrund dieser Asche- und Lavaschichten spricht man von Schichtvulkanen. Je nachdem, wie dickflüssig das Magma ist und wie hoch sein Gasgehalt ist, gelangt es mit unterschiedlich heftigen Explosionen an die Oberfläche. Bei manchen Vulkanen verstopft erstarrte Lava den Weg durch den Schlot (z. B. dem Pinatubo auf den Philippinen oder dem Mount St. Helens in den USA). Irgendwann bahnt sich neue Magma dann durch eine heftige Explosion den Weg nach oben.

AUFGABEN >>

1. *Benenne mithilfe des Textes die Ziffern 1 bis 8 der Abb. 24.2.*
2. *Erkläre den Aufbau eines Schichtvulkans.*
3. *Manche Vulkane sind gefährlicher als andere. Erkläre.*
4. *Erkläre den Unterschied zwischen einem Schicht- und einem Schildvulkan. Nutze dazu das Geo-Lexikon.*

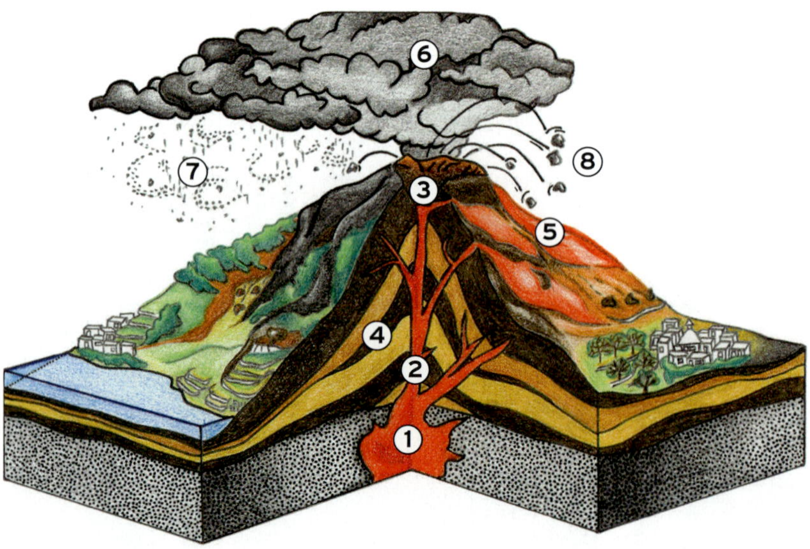

24.2 *Schnitt durch einen Schichtvulkan*

24.3 *Bombe*

24.4 *Brockenlava*

Z

Der große Ausbruch kommt sicher – nur wann?

25.1 *Der Mount St. Helens nach dem Ausbruch von 1980*

25.2 *Heiße Quellen im Yellowstone-Nationalpark*

123 Jahre lang lebten die Menschen friedlich mit dem Mount St. Helens – bis zum 18. Mai 1980. Dann explodierte der Vulkan und sprengte seine Kuppe ab. Anstatt 2949 m war der Berg nun nur noch 2550 m hoch. Die Explosion schickte eine Glutwolke ins Tal, die sich mit fast 1000 km/h ausbreitete. Zusammen mit einer zehn Meter hohen Schlammflut tötete oder zerstörte sie alles, was sich ihr in den Weg stellte. Obwohl Wissenschaftler und Behörden eng zusammenarbeiteten, war man machtlos gegen den Vulkan. Es gab über 60 Todesopfer.

So schwer die Folgen des Ausbruchs am St. Helens waren, sie könnten im Vergleich zur Gefahr, die im Yellowstone-Nationalpark lauert, gering gewesen sein: Mehrere Millionen Besucher bestaunen Jahr für Jahr die heißen Quellen des bekanntesten Nationalparks der USA. Nur wenige wissen allerdings, dass sie inmitten eines riesigen Vulkankraters stehen. Dieser ist mit mehreren Kilometern so groß, dass er selbst von Wissenschaftlern erst spät als solcher erkannt wurde.

Wann genau der gewaltige Vulkan ausbrechen wird, wissen die Forscher nicht. Erwartet wird der überfällige Ausbruch jedoch in den nächsten Jahrtausenden. Wissenschaftler rechnen mit verheerenden Folgen für die USA und die ganze Welt: Eine Abkühlung des Klimas durch die Aschewolken mit weitreichenden Folgen wird befürchtet. Selbst über das weit entfernte New York würde sich noch eine 22 cm dicke Schicht von Vulkanasche legen.

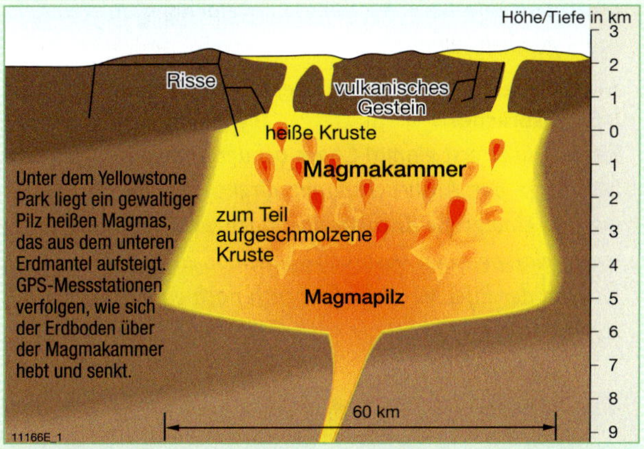

25.3 *Der Yellowstone-Vulkan im Profil*

25.4 *Gefährdete Gebiete bei einem Ausbruch*

AUFGABEN >>

1 *Beschreibe die räumlichen Dimensionen eines Ausbruchs des Yellowstone-Vulkans.*

2 *Welche Folgen würde eine Abkühlung des Klimas durch den Ausbruch eines Supervulkans mit sich bringen?*

Vulkanismus in der Eifel

Flüchtende Ameisen lassen einen Geologen auf einen bevorstehenden Vulkanausbruch in der Eifel schließen. Plötzlich bricht nach 10 000 Jahren erstmals wieder ein Vulkan im jüngsten Vulkangebiet Mitteleuropas aus. Dieses Szenario beschreibt der Geologe Ulrich C. Schreiber in seinem Buch „Die Flucht der Ameisen". Unvorstellbar? Die Antwort auf diese Frage gibt Herr Schreiber in einem Interview:

26.1 und 2

Welche Gebiete in der Eifel weisen zurzeit eine besonders hohe ehemalige vulkanische Aktivität auf?

Der Laacher See ist der jüngste der großen Vulkane und besitzt in der Tiefe den Rest einer großen Magmakammer. Bei ihm ist noch mit die höchste Aktivität zu finden.

Wie hoch ist die Wahrscheinlichkeit, dass die Eifelvulkane wieder aktiv werden?

Die Wahrscheinlichkeit, dass die Eifelvulkane wieder aktiv werden, ist sehr hoch, allerdings über einen sehr langen Zeitraum gesehen.

Mit welchen Folgen rechnen Sie, falls ein Vulkan in der Eifel ausbräche?

Sicher würde erst einmal Chaos bei der Evakuierung entstehen. Läge der Ausbruchspunkt direkt in einer Ortschaft, wäre es eine große Katastrophe, auch wenn es sich nur um einen relativ kleinen Ausbruch handelt. In einer unbewohnten Gegend der Eifel wäre ein Ausbruch noch einigermaßen gut zu verkraften und hätte je nach Größe und Dauer der Aktivität langfristig sicher einen touristisch interessanten Aspekt. Einen Sonderfall stellt ein Ausbruch direkt am Rhein dar. Hier würde durch eine Abdämmung und Rheinaufstauung eine ganz besondere Bedrohung entstehen.

Welche Möglichkeiten, einen Vulkanausbruch vorherzusagen, bietet die Beobachtung von Tieren?

Tiere verfügen über eine hohe Sensibilität für Umweltveränderungen. Waldameisen legen ihre Nester über den Bruchzonen der Erdkruste an, aus denen aus der Tiefe wärmere Gase aufsteigen. Durch die höheren Temperaturen der Gase im Winter im Vergleich zur Umgebung haben sie einen Standortvorteil. Eine Beobachtung des Ökosystems und speziell der Waldameisen könnte erste Hinweise auf die Veränderungen aus der Tiefe geben.

26.3 *Maare in der Eifel*

AUFGABEN >>

1. *Sind Vulkanausbrüche in der Eifel realistisch?*
2. *Nenne Folgen eines Vulkanausbruchs in der Eifel.*
3. *Heute zeugen die Maare von der vulkanischen Vergangenheit der Eifel. Beschreibe, wie sie entstanden sind.*
4. *Ein Vulkan bricht direkt am Rhein aus. Lava versperrt dem Fluss den Weg. Beschreibe die Folgen.*
5. *Tierbeobachtungen konnten sich bisher nicht als Vorwarnsystem durchsetzen. Hast du dafür eine Erklärung?*

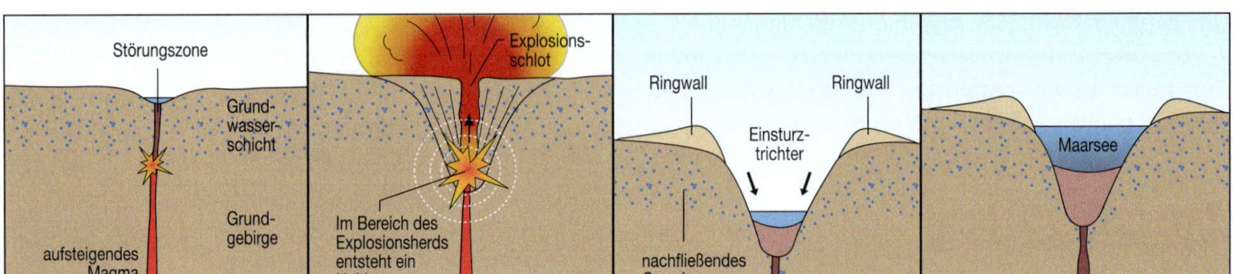

26.4 *Entstehung eines Maares*

Vulkanrallye durch Deutschland

27.1 *Vulkankegel in der Eifel*

In Deutschland gibt es viel mehr Vulkangebiete, als du denkst. Allerdings waren die Vulkane vor vielen Tausend Jahren tätig. Heute erinnern nur noch erkaltete Vulkankegel oder vulkanische Gesteine an die frühere Aktivität. Auf unserer Vulkanrallye kommst du durch Gebiete, in denen es vulkanische Erscheinungen gibt. Finde sie mithilfe deines Atlasses und Karte 27.2. Aus den gesuchten Begriffen brauchst du bestimmte Buchstaben für das Lösungswort. Diese musst du in die richtige Reihenfolge bringen. Sie ergeben den Namen eines Gewässers in Rheinland-Pfalz.

Die gesuchten Begriffe:

1. Der höchste Berg dieses Mittelgebirges ist mit 950 m die Wasserkuppe. (4/2 = Länge des gesuchten Begriffes: 4 Buchstaben / für das Lösungswort wird der 2. Buchstabe benötigt)
2. 774 m hoher Berg im Hessischen Bergland (10/4)
3. Mittelgebirge im Nordosten von Koblenz (10/6)
4. Hier findest du die berühmten Maare. (5/5)
5. Berg nordöstlich der Stadt der „Roten Teufel" (11/5 und 9)
6. Dieser Vulkanberg ist bekannt als Weinanbaugebiet. Sein Name ist eine andere Bezeichnung für „Thron". (11/4)
7. Landschaft im Dreieck Donaueschingen, Tuttlingen und Singen (5/4)
8. Mittelgebirge südöstlich der Landeshauptstadt von Baden-Württemberg (14/2 und 12)

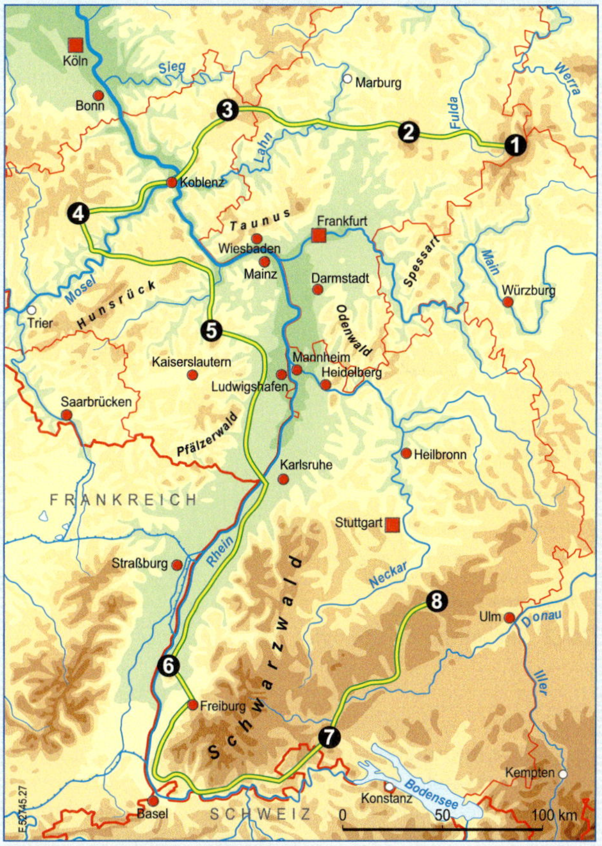

27.2 *Strecke der Vulkanrallye*

Das Lösungswort lautet ...

? ? ? ? ? ? ?   ? ? ?

Informationssuche im Internet

28.1 *Internetseite „www.vulkanschule.de"*

Informationen zu einem Thema könnt ihr auf verschiedene Arten erhalten: aus Büchern, dem Fernsehen oder dem Internet.
Vor allem das Internet ist heute bei der Informationssuche nicht mehr wegzudenken, da könnt ihr sehr schnell an aktuelle Materialien gelangen. Außerdem kann man sich im Internet auf vielen Seiten auch kurze Videosequenzen anschauen oder Interviews anhören.

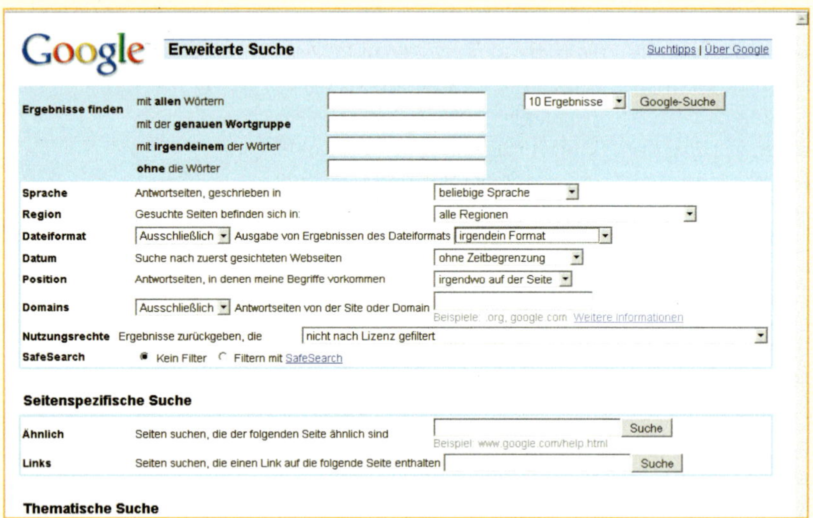

28.2 *Suchmaske bei „Google"*

Suchmaschinen durchforsten das Internet nach den eingegebenen Suchbegriffen. Um keine zu große Anzahl von Treffern zu erhalten, solltet ihr die Suche eingrenzen und nicht nur einen Begriff eingeben. Manche Suchmaschinen bieten auch eine erweiterte Suche an, bei denen gezielt z. B. nach Bildern gesucht werden kann. Neben den bekannten Suchmaschinen gibt es auch spezielle Helfer für Kinder und Jugendliche, wie z. B. www.blindekuh.de. Hier sind Informationen oft auch schon sortiert und bewertet.

Tipp 1:
Welche Informationen sucht ihr? Ein Fragekatalog hilft, die Suche vorzubereiten und einzugrenzen.

Tipp 2:
Vermeidet es, Seiten auszudrucken. Macht euch stattdessen Notizen.

Tipp 3:
Viele Zeitschriften und Fernsehsender haben eigene Internetseiten mit aktuellen Informationen.

Tipp 4:
Beachtet, wer die Seiten veröffentlicht und ob die Informationen aktuell sind.

Internet-Tipp

www.blindekuh.de
www.google.de
www.ard.de
www.zdf.de
www.geo.de
www.geolino.de
www.nationalgeographic.de

Eine weitere Möglichkeit, das Internet sinnvoll zu nutzen, stellt die Arbeit mit der Seite www.googlemaps.com dar.

Hier kann man sich Fahrtrouten mit Entfernungen berechnen lassen oder sich auf einem Satellitenbild über Sehenswürdigkeiten in einer Region informieren. Vor einem Urlaub könnt ihr so z. B. nachprüfen, ob die Informationen aus dem Reiseprospekt stimmen und das ausgesuchte Hotel wirklich direkt am Strand liegt.

29.1 *Nils und Caro bei der Recherche*

So geht man bei der Arbeit mit „Google maps“ vor:

1. nach einem Ort suchen

Gib auf der Seite www.googlemaps.com z. B. den Namen des Ortes, nach dem du suchst, ein. Wenn du zusätzlich noch eine Straße angibst, wird die Darstellung genauer. Mit der Funktion zur Routenberechnung kannst du Entfernungen zwischen zwei Orten herausfinden. Man kann hier zwischen dem Auto, öffentlichen Verkehrsmitteln oder dem Fußweg wählen.

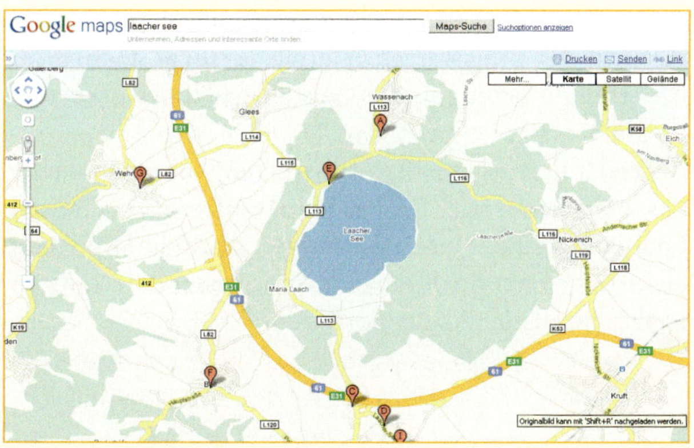

29.2 *Darstellungsart „Karte“*

2. Darstellung auswählen

Um eine übersichtliche Darstellung mit Straßennamen zu erhalten, wählst du „Karte“. Die Darstellungsart „Satellit“ zeigt dir ein Satellitenbild, auf dem du mehr Details, wie beispielsweise die Landnutzung, erkennen kannst. Beide Darstellungsweisen können auch kombiniert werden.

3. Zoomfunktion nutzen

Um näher an das Ziel heranzuzoomen, veränderst du die Einstellung mit „+“ und „–“.

4. Bilder einblenden

Unter dem Menüpunkt „Mehr“ kannst du weitere Informationen einblenden. Vor allem Fotos geben einen guten Einblick, wie es auf dem gewählten Kartenausschnitt aussieht und was es dort zu sehen gibt.

Der Einsatz von „Google maps“ bietet sich bei vielen Themen aus eurem Schulbuch an. Mit „Google maps“ könnt ihr auch eigene Karten erstellen, speichern oder per E-Mail verschicken.

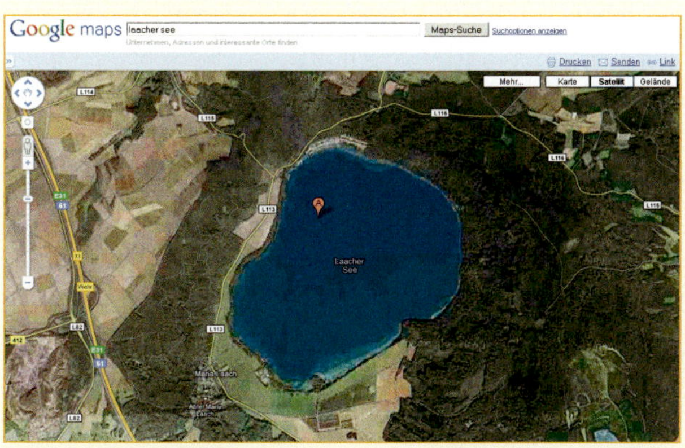

29.3 *Zoomfunktion nutzen*

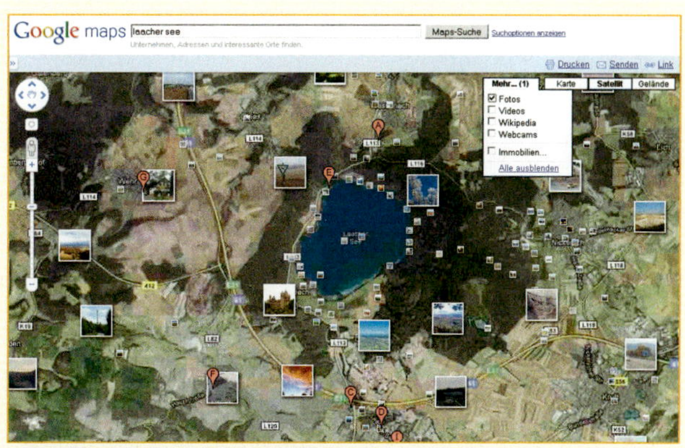

29.4 *Einblenden von Bildern*

Z Die Urkräfte werden genutzt

30.1 *Geysir*

30.2 *Vulkanausbruch auf Heimaey*

Island – Insel mit unbegrenzter Energie

Obwohl die Isländer auch schon gegen den Vulkanismus kämpfen mussten, bringt ihnen die besondere Lage ihrer Insel doch Vorteile.

Normalerweise nimmt die Temperatur der Erde mit zunehmender Tiefe auf den ersten Kilometern durchschnittlich um 3 °C pro 100 m zu. Da die Erdkruste auf Island aber relativ dünn ist und das heiße Magma dicht unter der Erdoberfläche liegt, steigt die Temperatur hier schneller an. Erhitztes Grundwasser steigt in Form von heißen Quellen und Geysiren, die regelmäßig Wasser als Fontänen ausstoßen, an die Oberfläche.

Mithilfe von Bohrungen wurden in Island die heißen Quellen nutzbar gemacht. Das Wasser ist dort über 200 °C heiß. Es wird über Rohre an die Erdoberfläche geleitet. Die Stadt Reykjavik wird durch ein fast 850 km langes Rohrsystem mit Erdwärme in Form von Heißwasser versorgt. Das Wasser liefert die Wärme zum Heizen der Häuser oder zum Duschen. In Island wächst zu allen Jahreszeiten Gemüse, denn auch Gewächshäuser werden mit der preiswerten Energie versorgt. Neben der Heizenergie erzeugen die Geothermalkraftwerke auch Strom.

Zurzeit nutzt Island nur 2 % der umweltfreundlichen Geothermalenergie. Da die unbegrenzten Vorräte den Energiebedarf der Insel übersteigen, plant die Regierung, elektrische Energie durch ein Unterwasserkabel aufs europäische Festland zu exportieren.

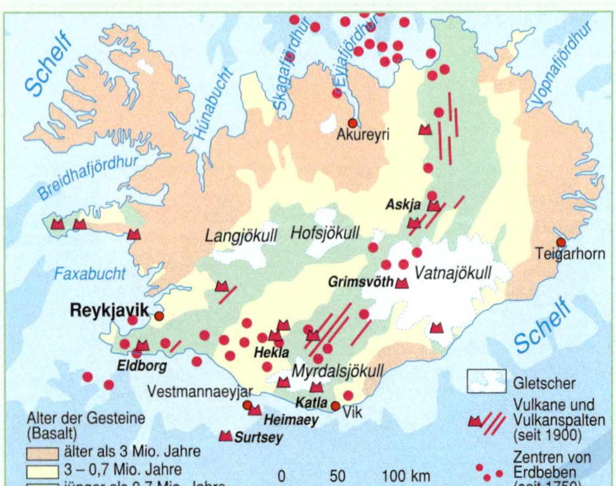

30.3 Island – *„feurige" Insel*

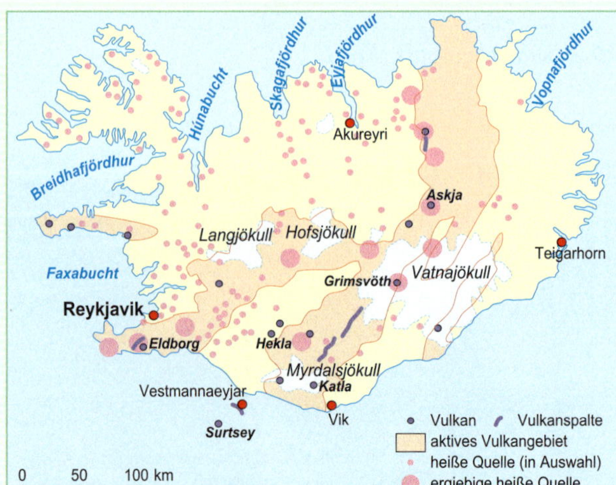

30.4 *Vulkanische Erscheinungen auf Island*

31.1 Das Geothermalkraftwerk Svartsengi

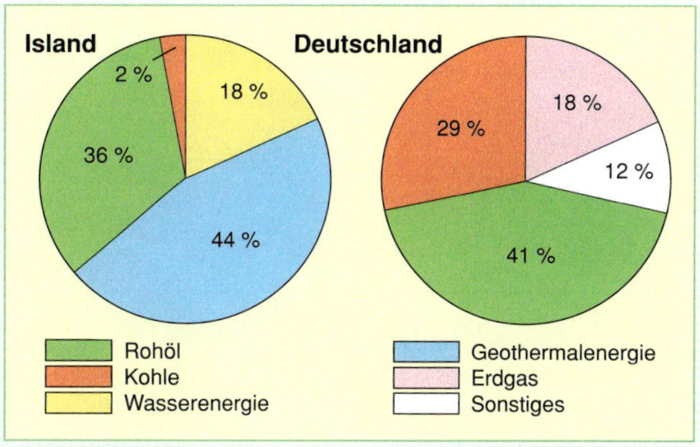

31.2 Genutzte Energieträger in Island und Deutschland

Erdwärmenutzung in Deutschland

Nicht nur auf Island spielt die Nutzung der Erdwärme eine Rolle. Auch in Deutschland sind in den letzten Jahren Geothermalkraftwerke entstanden.

31.3 Erdwärme in Deutschland

Besonders im Oberrheingraben findet man aufgrund der geologischen Voraussetzungen günstige Bedingungen vor. So hat das Thermalwasser, das in Landau in der Pfalz aus 3000 Metern Tiefe gefördert wird, eine Temperatur von über 150 °C. Beim Landauer Kraftwerk funktioniert die Nutzung der Erdwärme so: Das heiße Wasser wird aus der Tiefe an die Oberfläche gepumpt. Hier gibt es in einem ersten Schritt einen Teil seiner Wärme an ein Kraftwerk zur Stromerzeugung ab. 6000 Haushalte können so mit Strom versorgt werden. In einem zweiten Schritt wird die Restwärme zur Fernwärmeerzeugung genutzt. Zurzeit werden so über 300 Haushalte mit Wärme versorgt. In der Zukunft sollen weitere folgen. Nach der Nutzung wird das abgekühlte Wasser wieder zurück in die Erde geleitet, wo es sich wieder erwärmt. Im Herbst 2009 erschütterten erstmals kleinere Erdbeben das Gebiet in der Nähe des Kraftwerks. Nach einer kurzen Unterbrechung konnte der Betrieb des Kraftwerks wieder aufgenommen werden.

AUFGABEN >>

1. *Erkläre mithilfe des Atlasses, warum Island eine der vulkanisch aktivsten Regionen der Erde darstellt.*
2. *Vergleiche die Karten 30.3 und 30.4. Was stellst du fest?*
3. *Warum muss Island, obwohl Energie in unbegrenztem Maße vorhanden ist, Kohle und Rohöl einführen?*
4. *Beschreibe, wie die Erdwärme in Landau genutzt wird.*
5. *Nenne Vorteile der geothermalen Energie.*

„The big one" nennen die Kalifornier das große Erdbeben, das irgendwann ihren Staat erschüttern wird. Zum letzten Mal gab es ein derart großes Erdbeben im Jahr 1906, also vor mehr als 100 Jahren. Damals wurden 80 % von San Francisco zerstört und mehr als 3000 Tote waren zu beklagen. Dabei wurde der Großteil der Zerstörungen durch Feuer verursacht, das durch gebrochene Gasleitungen entstand. Da auch zahlreiche Wasserleitungen beschädigt wurden, gingen die Löscharbeiten nur schleppend voran.

32.1 *Der Financial District von San Francisco nach dem Erdbeben von 1906*

Erdbeben – warten auf „the big one"

1906 erschütterte Kalifornien ein Erdbeben der Stärke 7,8 auf der nach oben offenen Richterskala (> Geo-Lexikon). Ein derartig starkes Beben gab es seitdem dort nicht mehr.
Dass irgendwann wieder ein Beben, vielleicht „the big one", kommen wird, bezweifelt aber niemand. Schließlich bewegen sich in Kalifornien zwei Erdplatten mit einer Geschwindigkeit von bis zu 20 cm im Jahr aneinander vorbei. Weil diese Platten nicht glatt sind, sondern Vorsprünge und Risse haben, verhaken und verklemmen sie sich. Irgendwann wird die Spannung zu groß und die Platten verschieben sich ruckartig: Es kommt zu einem Erdbeben.
In Kalifornien kann man diese Bruchlinie, den San-Andreas-Graben, gut erkennen. An diesem Graben beobachten Wissenschaftler die Platten ohne Unterbrechung. Eine genaue Vorhersage des nächsten Bebens ist trotzdem nicht möglich.

AUFGABEN >>

1. *Nenne Gefahren, die von einem Erdbeben ausgehen.*
2. *Erkläre, wie es in Kalifornien zu einem Erdbeben kommt.*
3. *Erdbeben werden mit Seismografen gemessen. Informiere dich im Geo-Lexikon über deren Funktionsweise.*
4. *Informiere dich, ob Deutschland erdbebengefährdet ist.*

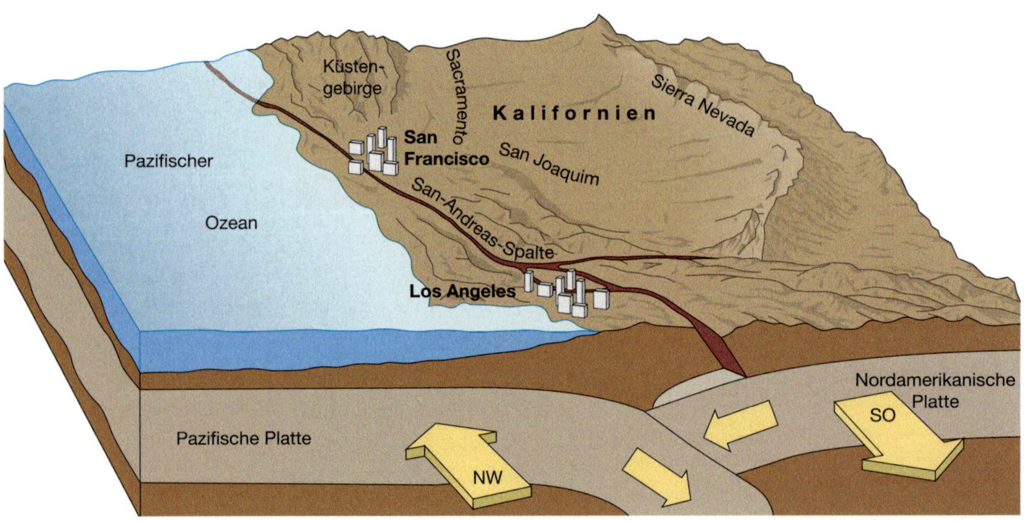

32.2 *Der San-Andreas-Graben in Kalifornien*

Schutz vor Erdbeben

Die Zeit bei einem Erdbeben ist zu kurz, um die Bevölkerung rechtzeitig informieren zu können. Die Vorhersagen sind oft nicht genau genug. Es ist für die Menschen lebenswichtig, auf ein Erdbeben vorbereitet zu sein. Durch regelmäßige Schutzübungen erlernen z. B. in Japan bereits die Schulkinder, wie sie sich bei einem Erdbeben zu verhalten haben.

Andere Menschen haben in erdbebengefährdeten Gebieten immer einen „survival kit" in ihrer Nähe. Damit wollen sie ihre Überlebenschancen während und nach einem Beben erhöhen.

Für die meisten Opfer sind die Trümmer einstürzender Häuser verantwortlich. Der wirksamste Schutz ist daher eine erdbebensichere Bauweise. Dann können selbst Hochhäuser ein Erdbeben überstehen (Abb. 33.1).

33.2 *Schutzübung von Schulkindern in Japan*

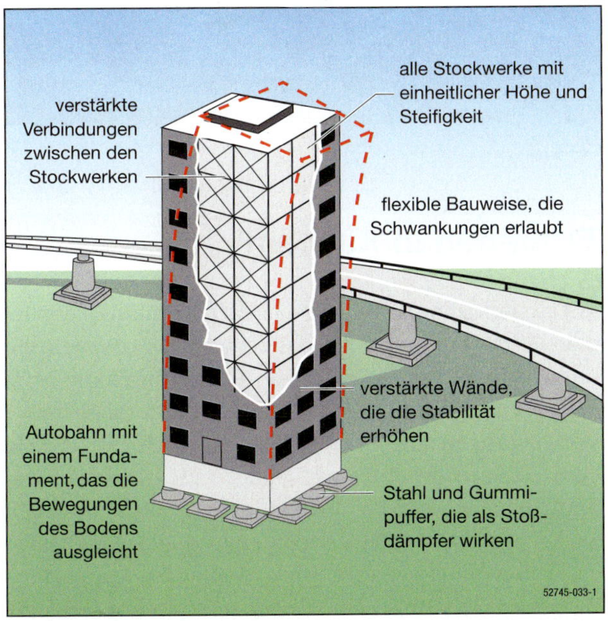

33.1 *Erdbebensicheres Bauen*

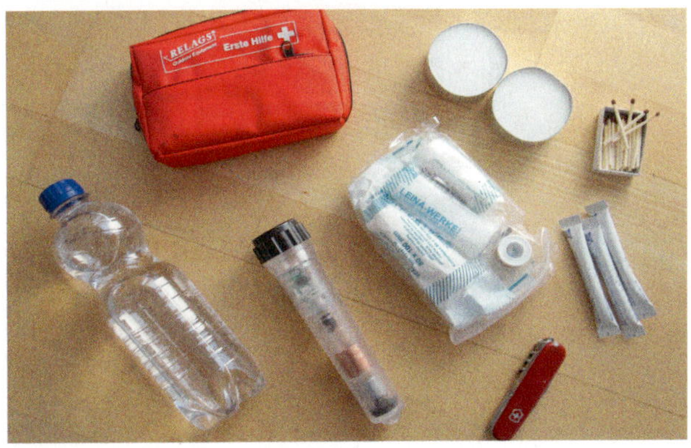

33.3 *Survival Kit*

AUFGABEN >>

1. *Worin liegt eine der Hauptgefahren bei einem Erdbeben?*
2. *Welche Gegenstände würdest du in deiner Überlebensausrüstung für Erdbeben packen?*
3. *Beschreibe die Möglichkeiten, erdbebensicher zu bauen.*

a Versuch: Erdplattenbewegungen in Kalifornien

Wie die Erdplatten langsam aneinander vorbeidriften, könnt ihr in einem Modell selber nachstellen.

Nehmt dazu einen großen, etwa 50 cm dicken Styroporblock und halbiert diesen diagonal. Stellt nun entlang der Schnittlinie einige Häuschen auf und bewegt beide Blockhälften in entgegengesetzter Richtung aneinander vorbei.

Was geschieht, wenn ihr die Hälften langsam, schnell oder mit seitlichem Druck aneinander vorbeigleiten lasst? Notiert eure Ergebnisse.

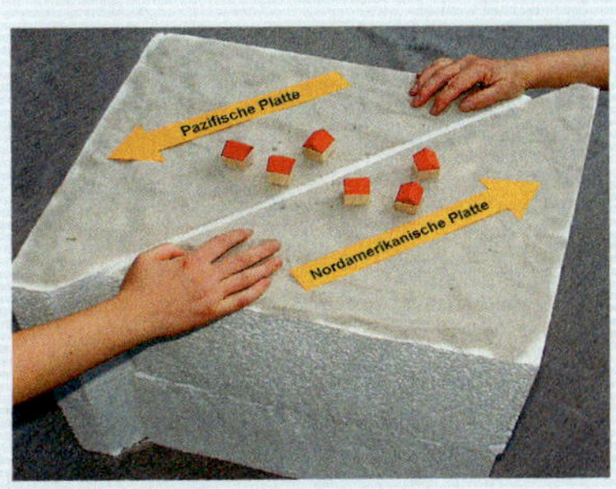

33.4 *Versuchsdurchführung*

34.1 *Das Erdbebengebiet*

34.2 *Erdbebenopfer vor ihren zerstörten Häusern*

Baumängel verschärften Folgen des Bebens

Obwohl der Norden Indiens und Pakistans stark erdbebengefährdet ist, sind Privatleute nicht verpflichtet, erdbebensicher zu bauen. Es fehlen Gesetze, die die Bauherren dazu zwingen, Vorsichtsmaßnahmen einzuplanen.
Empfehlungen werden oft nicht beachtet, weil viele Familien kein Geld für Schutzmaßnahmen haben. Sie bauen ihre Häuser in traditioneller Weise selbst. Die Decken zum Beispiel bestehen meist aus Balken, deren Zwischenräume mit Steinen ausgelegt sind. Solche Konstruktionen fallen bei einem Beben sehr schnell zusammen.
Auch mehrstöckige Mietshäuser sind häufig nicht erdbebensicher. Um Geld zu sparen, missachten skrupellose Bauunternehmer alle Sicherheitsmaßnahmen. So stürzten in den Städten des Erdbebengebietes auch Neubauten ein und begruben Tausende Bewohner unter sich. Besonders viele Todesopfer gab es unter Schulkindern, da auch die Schulgebäude nicht den Vorschriften entsprachen.

34.3 *Aus einem Zeitungsbericht zum Erdbeben in Kaschmir*

Erdbeben in Kaschmir

In Kaschmir, dem Grenzgebiet zwischen Pakistan und Indien, ereignete sich 2005 das schwerste Erdbeben seit hundert Jahren in dieser Region. Die Erdstöße mit einer Stärke von 7,6 auf der Richterskala richteten schwere Verwüstungen an (> Geo-Lexikon). Auch die 100 km vom Epizentrum entfernte Hauptstadt Islamabad war betroffen. Obwohl das Gebiet nicht so dicht besiedelt ist, kamen über 70 000 Menschen ums Leben. 3,3 Millionen Einwohner verloren ihre Wohnung. In manchen Orten wurden 90 % aller Häuser zerstört. Die Gebäude fielen wie Kartenhäuser zusammen, denn nur wenige waren erdbebensicher gebaut (Text 34.3).

Weite Teile der Region waren nach dem Beben von der Außenwelt abgeschnitten, weil Eisenbahnstrecken, Brücken und Straßen zerstört waren. Die meisten Überlebenden konnten nichts von ihrem Besitz retten. Sie mussten im Freien schlafen, es fehlte ihnen an Wasser, Strom und Nahrungsmitteln. Außerdem konnten die Verletzten medizinisch nicht ausreichend versorgt werden, da viele der einheimischen Ärzte und Krankenschwestern ebenfalls unter den Opfern waren.

35.1 *Humanitäre Soforthilfe für die Erdbebenopfer*

35.2 *Ausrüstung von Katastrophenhelfern*

Internationale Hilfsmaßnahmen

Eine Katastrophe von diesem Ausmaß konnte Pakistan nicht alleine bewältigen. Aus allen Teilen der Welt kamen Hilfsgüterlieferungen mit Nahrungsmitteln, Medikamenten, Decken und Zelten. Dies war vor allem deshalb lebensnotwendig, weil der Winter kurz bevorstand. Notärzte und Sanitäter kümmerten sich in mobilen Krankenhäusern um die Verletzten.

Auch freiwillige Hilfsorganisationen wie das Rote Kreuz, die Johanniter Unfall-Hilfe, der Malteser Hilfsdienst sowie das Technische Hilfswerk der Bundesrepublik (THW) unterstützen die Retter vor Ort. Mitarbeiter des THW sorgten für Trinkwasser, Wärme und Strom und entsorgten das Abwasser. Auch andere Maßnahmen wurden gemeinsam in Angriff genommen: Tote mussten beerdigt und Tierkadaver beseitigt werden, damit keine Seuchen ausbrechen konnten. Rettungsteams mit Spürhunden, Ortungsgeräten und Hebegerät konnten in den Schuttbergen sogar vier Tage nach dem Beben noch Menschen aus den Trümmern der Häuser retten. Erschwert wurden die Rettungsaktionen zusätzlich durch Stürme und starken Regen.

35.3 *Trinkwasser für Erdbebenopfer*

AUFGABEN >>

1 *Trage in eine Tabelle die Zerstörungen von starken Erdbeben ein. Ergänze jeweils die Folgen für die Menschen.*

2 *Stell dir vor, du fliegst als Helfer in das Erdbebengebiet. Welche Ausrüstung musst du mitnehmen?*

3 *Warum gab es bei dem Erdbeben in Kaschmir so viele Tote?*

4 *Erkläre, weshalb diese Region besonders häufig von Erdbeben heimgesucht wird.*

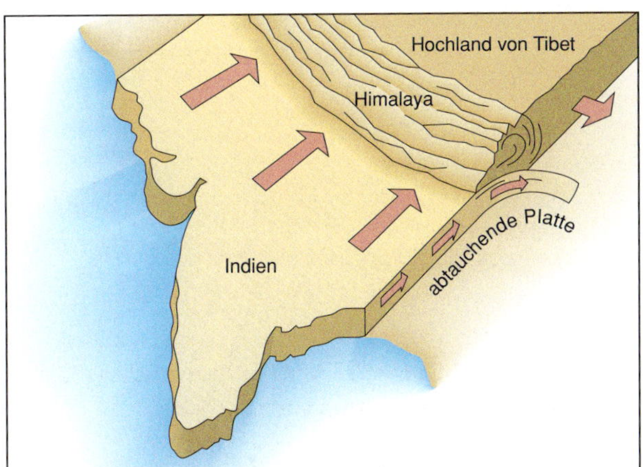

35.4 *Wie kommt es zu Erdbeben in der Region?*

36.1 *Touristen sehen am Horizont eine große Welle, ...*

36.2 *... die sich zu einer riesigen ...*

Tsunamis – die langen Arme ferner Beben

Am 26.12.2004 ereignete sich vor der Westküste von Nordsumatra (Indonesien) um 7.58 Uhr in 10 km Tiefe ein Seebeben der Stärke 9,3 auf der Richterskala. Es war das zweitstärkste Beben seit Beginn der Aufzeichnungen. Das Beben löste einen Tsunami aus. Mehr als 220 000 Menschen sind an diesem Tag dem Tsunami zum Opfer gefallen.
Bereits kurz nach 8.00 Uhr morgens überraschte der Tsunami die Bewohner der Provinz Aceh an der Nordspitze Sumatras. Etwa 30 Minuten später erreichte der Tsunami die Westküste von Phuket (Thailand). Rund 100 Minuten nach dem Beben türmte sich der Tsunami an der Süd- und Ostküste Sri Lankas und an der Ostküste Indiens auf. Betroffen waren auch die Malediven und Penang (Malaysia). Selbst die Ostküste Afrikas wurde sieben Stunden nach dem Beben noch von einer Flutwelle getroffen.

(Korrespondenten-Bericht zum Tsunami vom 26.12.05)

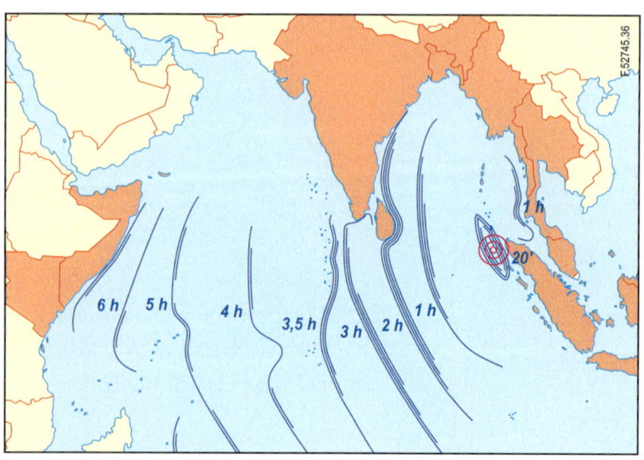

36.3 *Seebeben und Tsunami vom 26.12.2004*

Der Begriff „Tsunami" kommt aus dem Japanischen und bedeutet so viel wie „große Hafenwelle". Er wurde von japanischen Fischern geprägt, die abends vom Fischfang zurückkehrten und ihren Hafen, aber auch Dörfer weiter im Landesinneren, zerstört vorfanden. Während des Fangs auf offener See hatten sie weder einen Sturm noch größere Wellen bemerkt.

Ein Tsunami unterscheidet sich wesentlich von Wellen am Meer, wie wir sie kennen. Die gewöhnlichen Wasserwellen entstehen durch die Kraft des Windes. Ein Tsunami hingegen wird durch ein Seebeben ausgelöst, das auf der Richterskala einen Wert von mindestens 7 erreicht. Ein solches Seebeben hat zur Folge, dass ganze Wassermassen in Bewegung geraten. Anders als normale Wasserwellen, die sich hauptsächlich an der Oberfläche bewegen, bemerkt man diesen Vorgang auf offener See nicht.
Erst wenn der Tsunami einen Bereich mit flacherem Wasser nahe der Küsten erreicht, türmen sich plötzlich Wellen von zwanzig und mehr Metern auf. Diese Wellen können weit landeinwärts vordringen.
Bevor die Wellen jedoch an der Küste eintreffen, weicht das Meer um mehrere Hundert Meter zurück. Das Wasser wird mit einem gewaltigen Sog ins Meer hinausgezogen. Dieses Warnsignal gibt den Menschen die Chance, sich bis zum Eintreffen der Flutwelle so weit wie möglich ins Landesinnere bzw. auf höher gelegene Punkte zu begeben.

... Wasserwand aufbaut ...

37.1 *... und ganze Landstriche verwüstet.*

Wie Tilly Smith (15) die Welle vorhersah

„Ich war am Strand, als das Wasser anfing, seltsame Dinge zu machen", sagte Tilly der Zeitung „Sun". „Da ist das Wasser auf einmal zurückgegangen. Ich hatte das Gefühl, dass da ein Tsunami kommt."
Während viele Urlauber neugierig zuschauten, wie sich das Wasser zurückzog und Boote und Fische auf dem trockengefallenen Meeresboden zurückließ, deutete Tilly das Phänomen richtig als Vorbote einer riesigen Welle. Tillys Mutter sorgte dann gemeinsam mit Hotelangestellten für die Räumung des Maikhao-Strandes – Minuten vor dem Hereinbrechen der Wassermassen. Das Gebiet war einer der wenigen Strände Phukets, an denen es keine Todesopfer gab.
Die 15-jährige Tilly Smith hatte kurz vor dem Thailand-Urlaub ihrer Familie in der Schule an einem Erdkundeprojekt zur Entstehung von Tsunamis teilgenommen.

(nach n-tv v. 3.01.2005)

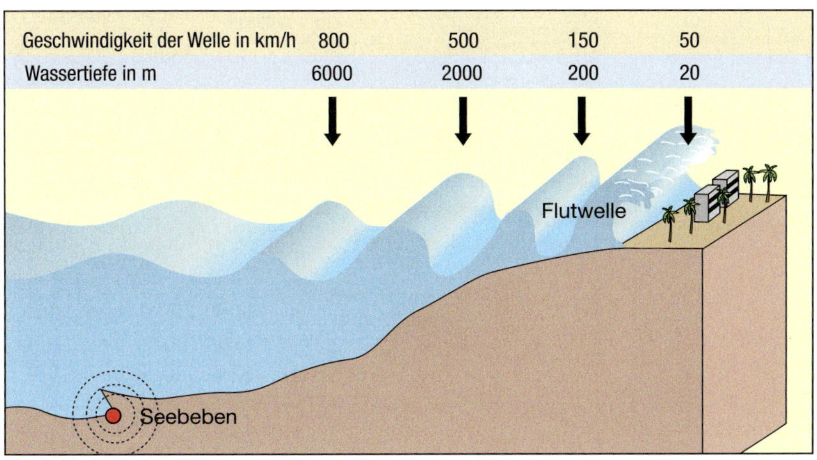

37.2 *Entstehung eines Tsunamis*

AUFGABEN >>

1. *Welche Länder waren vom Tsunami im Jahr 2004 besonders stark betroffen?*
2. *Beschreibe die Entstehung eines Tsunamis.*
3. *Warum ist ein Tsunami auf offener See relativ ungefährlich?*
4. *Beschreibe Anzeichen eines bevorstehenden Tsunamis. Wie sollte man sich dann verhalten?*

Und sie bewegen sich doch!

NEUE FRANKFURTER ZEITUNG

Montag, 8. Januar 1912

Tollkühne Theorie veröffentlicht: Geophysiker glaubt an „Urkontinent" !

38.1

FRANKFURT/Main. Am Samstag, den 06.01.1912, fand in Frankfurt die Hauptversammlung der Geologischen Vereinigung statt. Das Treffen wurde geprägt von der Theorie des Geophysikers Alfred Wegener. Er vertritt die Meinung, dass es vor vielen Millionen Jahren nicht mehrere Kontinente gab, sondern nur eine zusammenhängende Landmasse. Diesen Urkontinent nennt der Forscher „Pangäa", was so viel bedeutet wie „sämtliche Erde vereint". Er behauptet, dass dieser Urkontinent zerbrochen sei und die Bruchstücke seitdem als mehrere Kontinente umherschwämmen.

Alfred Wegener wurde 1880 in Berlin geboren. Er studierte Physik, Meteorologie und Astronomie in Berlin. Seit der Teilnahme an einer Grönland-Expedition lehrt Wegener in Marburg. Viele Geologen sehen die neue Theorie sehr kritisch und merken an, dass es keine Beweise für die Verschiebung gäbe. Zwar ist Alfred Wegener nicht der erste Wissenschaftler, der diese Theorie vertritt, jedoch möchte er sie als Erster beweisen.

Bei seiner dritten Grönland-Expedition im Jahr 1930 starb Alfred Wegener im Alter von nur 50 Jahren. Danach geriet seine Theorie in Vergessenheit. Erst in den 1960er-Jahren wurde nachgewiesen, dass sich die Kontinente wirklich bewegen. Alfred Wegener durfte diese Anerkennung nicht mehr erleben.

„Passt die Ostküste Südamerikas nicht genau an die Westküste Afrikas, so, als ob die früher zusammengehangen hätten?", schrieb Wegener im Jahr 1911 an seine Frau.

Dies war aber nur eines der Argumente des Forschers. Neben diesem offensichtlichen „Beweis" argumentierte er auch mit Gebirgen, Bodenschätzen, Pflanzen- und Tierarten sowie Gletscherspuren.

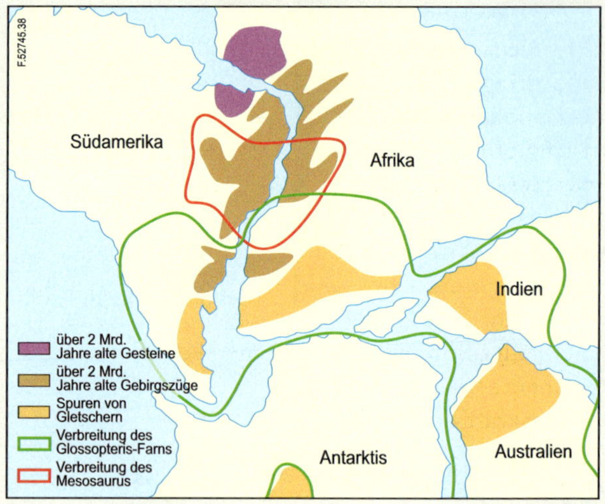

38.2

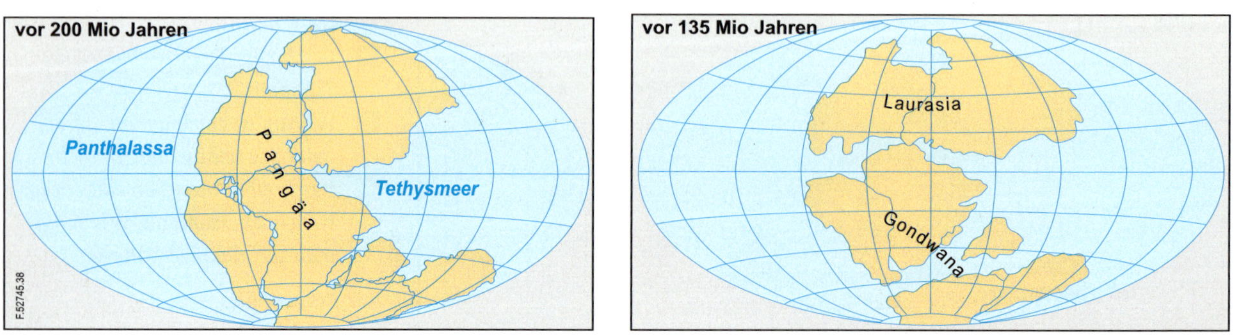

38.3 *Die Verschiebung der Kontinente im Laufe der Zeit*

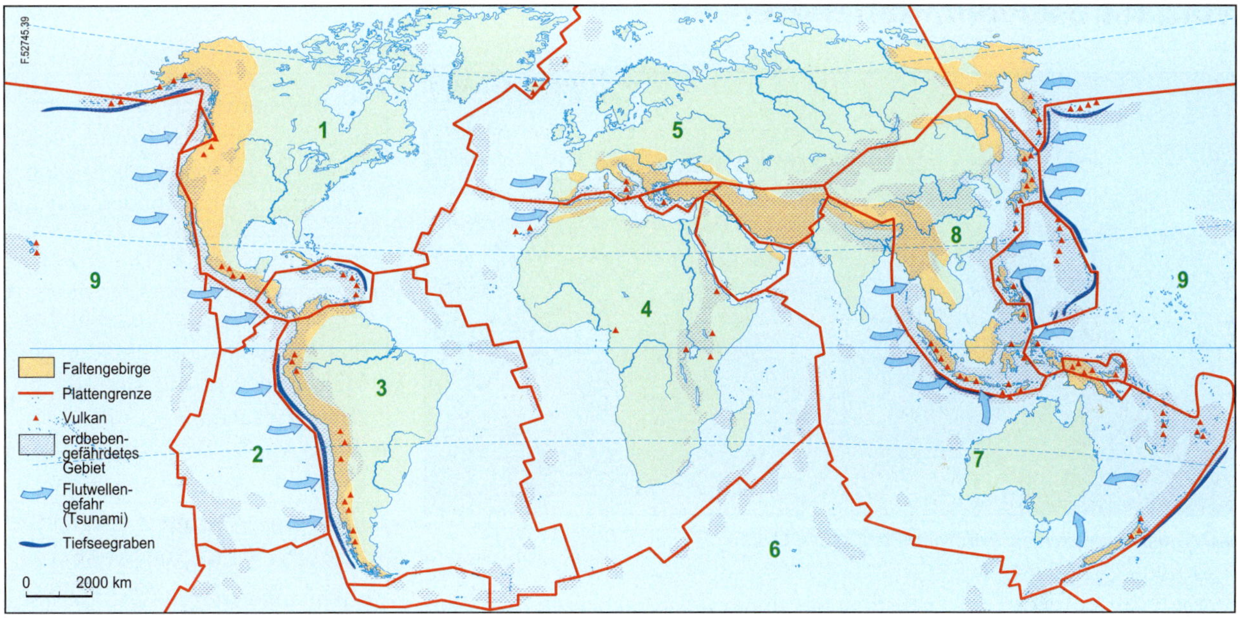

39.1 *Die Kontinentalplatten der Erde*

Bei der Erforschung der Ozeanböden entdeckten Wissenschaftler lange Gebirge mit tiefen Gräben in der Mitte. Sie stellten fest, dass aus diesen Gräben Magma empordringt und erkaltet. Dabei wird ständig neuer Meeresboden gebildet. Da der neue Meeresboden Platz braucht, drückt er die älteren Gesteine nach außen weg. Eines dieser Gebirge auf dem Meeresgrund ist der mittelozeanische Rücken. Er liegt zwischen Südamerika und Afrika. Daraus lässt sich schließen, dass – wie bereits Wegener vermutete – die beiden Kontinente einst zusammenhingen. Durch Erdbohrungen wurde bewiesen, dass die Gesteine vom mittelozeanischen Rücken hin zu den Kontinenten immer älter werden. Die Suche nach der Antriebskraft der Kontinente war also erfolgreich. Die Verschiebung der Kontinente ist seitdem in der Wissenschaft unumstritten.

AUFGABEN>>

1 *Erstelle anhand der beiden Texte von Seite 38 einen Steckbrief zu Alfred Wegener.*

2 *Beschreibe Wegeners Theorie.*

3 *Beweise anhand der Karte 38.2 Wegeners Theorie.*

4 *Benenne mithilfe des Atlasses die neun großen Erdplatten.*

5 *Kolumbus landete 1492 in San Salvador. Um heute Amerika zu entdecken, müsste er circa 15 m weiter segeln. Erkläre: „Pro Jahr ... .“*

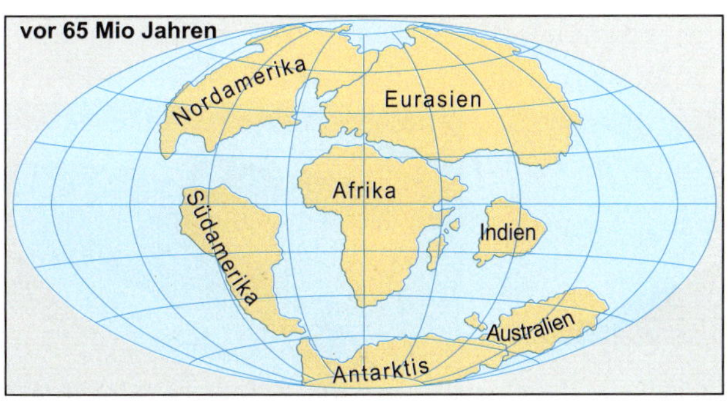

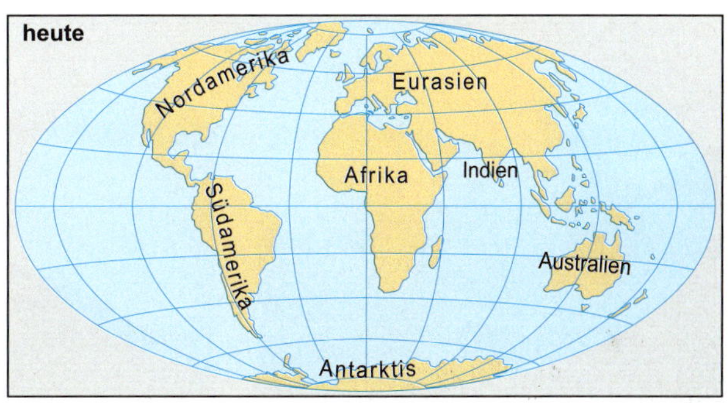

Vorgänge an den Plattengrenzen

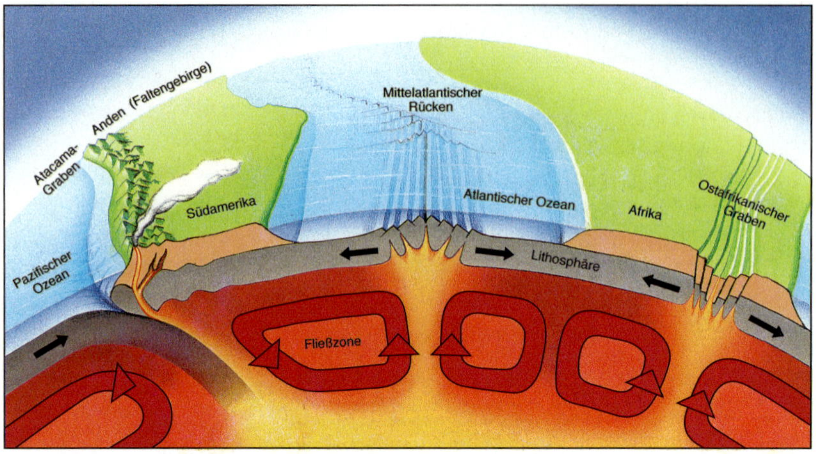

40.1 *Schnitt durch die Erde vom Pazifischen Ozean bis zum Indischen Ozean*

Vereinfacht kann man den Erdaufbau mit einem weich gekochten Ei vergleichen. Die Eierschale entspricht der Erdkruste, das feste Eiweiß dem Erdmantel. Der flüssige Eidotter ist dann der flüssige Erdkern, der aber einen festen inneren Kern hat. Dieser innere Kern ist durch seine Temperatur von mehr als 4000 °C der Motor für die Erdplatten. Magma wird erhitzt und steigt nach oben. Dort stößt es an die Erdkruste und sinkt seitlich wieder nach unten. Durch diese Ströme werden die Erdplatten der festen Erdkruste, die auf dem zähflüssigen oberen Mantel schwimmen, bewegt.
Eigentlich müsste das Entstehen von neuer Erdkruste an den mittelozeanischen Rücken zu einer ständigen Vergrößerung der Ozeane und damit auch der Erdoberfläche führen. Dies wird jedoch durch das „Abtauchen" der Erdkruste an anderen Stellen verhindert.

AUFGABEN >>

1. *Der Aufbau der Erde wird mit einem weich gekochten Ei verglichen. Erkläre.*
2. *Erkläre mithilfe von Abb. 40.1, wie der „Antrieb" der Erdplatten funktioniert.*
3. *Erstelle eine Skizze zum Aufbau der Erde und beschreibe sie.*
4. *Was passiert, wenn eine ozeanische Platte auf eine kontinentale Platte trifft?*
5. *Welche Bilder – Textbausteine – Zeichnungen gehören zusammen?*
6. *Warum stellen die Plattengrenzen die Gefahrenstelle der Erde dar?*

ⓐ Bewegen sich zwei ozeanische Platten auseinander, entstehen mittelozeanische Rücken. Vulkanische Inseln bilden sich.

ⓑ Treffen zwei ozeanische Platten aufeinander, entsteht ein Tiefseegraben mit unterseeischen Vulkanen.

ⓒ Faltengebirge entstehen dort, wo zwei kontinentale Platten aufeinandertreffen. Oft kommt es hier auch zu Erdbeben.

ⓓ Bewegen sich zwei kontinentale Platten auseinander, entsteht ein Graben.

ⓔ Trifft eine ozeanische auf eine kontinentale Platte, entsteht ein Tiefseegraben und ein Faltengebirge.

ⓕ Entfernen sich zwei kontinentale Platten voneinander und dringt Wasser ein, kann ein neues Meer entstehen.

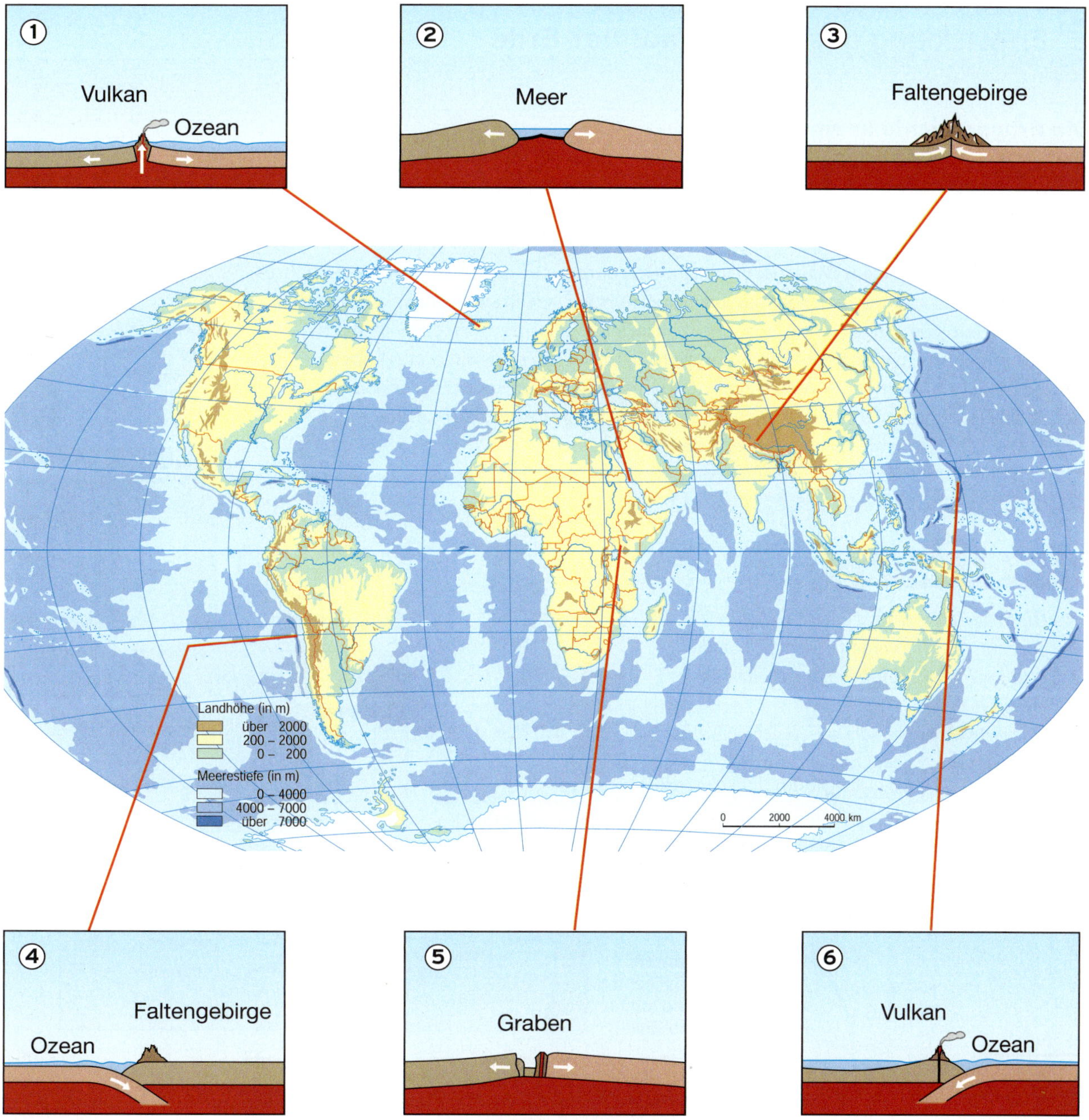
① Vulkan
Ozean
② Meer
③ Faltengebirge
Landhöhe (in m)
über 2000
200 – 2000
0 – 200
Meerestiefe (in m)
0 – 4000
4000 – 7000
über 7000
0 2000 4000 km
④ Ozean
Faltengebirge
⑤ Graben
⑥ Vulkan
Ozean

D

E

F

Z Entwicklung des Lebens auf der Erde

Die Erdgeschichte in einem Jahr

Stell dir vor, du unternimmst eine Zeitreise durch die Erdgeschichte. Stell dir weiterhin vor, die Erde und alle auf ihr lebenden Tiere und Pflanzen hätten sich in einem einzigen Jahr vor deinen Augen entwickelt. Dann wären wir am Ende unserer Reise, am 31. Dezember um 23:59 Uhr, erst in unserer Jetztzeit angelangt.

Die Erde entstand vor 4,6 Milliarden Jahren. Das entspricht dem Beginn unseres Jahres, also dem 1. Januar. Einfachste Formen des Lebens entwickelten sich zunächst nur in den Meeren. Allein die Entwicklung von den Bakterien bis zu den ersten wirbellosen Schwämmen und Quallen benötigte mehrere Milliarden Jahre. Bis ein erstes Leben an Land begann, vergingen rund 4 Milliarden Jahre. Wir haben somit fast schon das ganze Entstehungsjahr hinter uns gelassen, denn umgerechnet auf unsere einjährige Zeitreise schreiben wir bereits den 15. November!

Vor 150 Mio. Jahren: Blütezeit der Saurier, Entfaltung der Blütenpflanzen

20 Dezember

Vor 250 Mio. Jahren: viele Reptilien haben sich ausgebreitet, die Saurier erscheinen

11 Dezember

Vor 350 Mio. Jahren: „Steinkohle-Wälder“, froschähnliche Tiere (Lurche) kriechen an Land, erste Reptilien

3 Dezember

Vor 400 Mio. Jahren: Algen, Pilze und Flechten erobern das Land, erste Fische mit Wirbelsäule

29 November

Vor 600 Mio. Jahren: Entwicklung von Algen und einfachster wirbelloser Meerestiere (z.B. Schwämme, Quallen)

15 November

Vor 4,6 Mrd. Jahren: starker Vulkanismus, im Ur-Ozean bilden sich erste Lebewesen, Bildung der Lufthülle

1 Januar

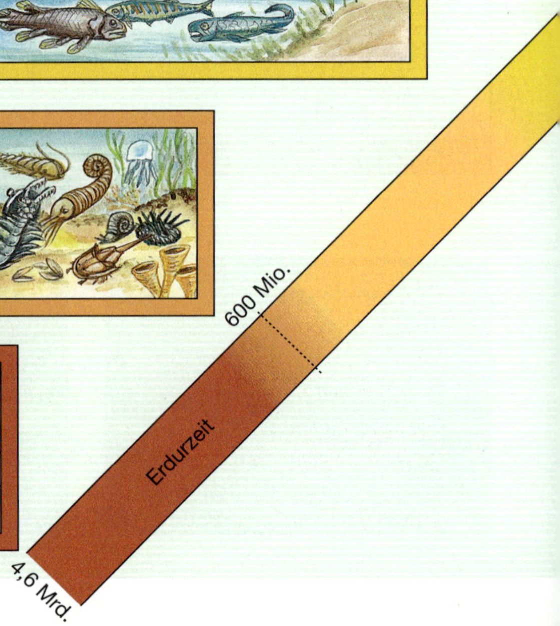

AUFGABEN >>

1. *Die Erdgeschichte lässt sich in Großabschnitte gliedern. Welche werden in dem Schaubild genannt? Welches Leben entwickelte sich jeweils in ihnen?*
2. *Wie viele Monate und Tage vergehen, bis das erste Leben auf dem Land entsteht?*
3. *Welche Saurier kennst du? Schlage in einem Lexikon nach und informiere in einem Kurzreferat deine Mitschüler zur Lebensweise der Saurier.*

Vor 2 Mio. Jahren: Entwicklung des Menschen sowie der heutigen Tiere, Eiszeiten führen zu starken Vergletscherungen

Vor 70 Mio. Jahren: Auffaltung der Alpen, Groß-Säugetiere breiten sich aus

Das Auftreten des Menschen

Fast das gesamte Entwicklungsjahr müssen wir warten, bis der Mensch auftritt: Er taucht erst am 31. Dezember um 19:21 Uhr auf. Die gemeinsamen Vorfahren des Menschen und der Menschenaffen lebten vor etwa 30 Millionen Jahren. In der Folgezeit ging die Entwicklung auseinander.

Unsere Vorgänger machten entscheidende Fortschritte: Vor sieben bis drei Millionen Jahren lernten sie aufrecht gehen. Immer wieder wurden die ersten Menschen vor neue Aufgaben gestellt. Mit der Entwicklung ihrer Hände konnten sie immer besser Werkzeuge benutzen. Funde von Feuerstellen in Afrika stammen aus einer Zeit vor 2 Millionen Jahren.

Vor etwa 800 000 Jahren traten in Europa die Menschen erstmals auf. Bekannt sind die Funde im Neandertal bei Düsseldorf. Hier wurden die Überreste von Menschen gefunden, die in einem Zeitraum vor 100 000 bis 35 000 Jahren lebten. Sie waren etwa 1,60 Meter groß und kräftig gebaut. Geschickt konnten sie bereits mit dem Feuer umgehen und handliche Werkzeuge fertigen.

In unserem Vergleich dauert die bisherige Erdgeschichte ein Jahr, also 8760 Stunden. Dem gegen über ist die Geschichte des Menschen sehr jung: Denn erst in den letzten vier Stunden trat der Mensch in die Erdgeschichte ein.

AUFGABEN >>

1. *Erkläre mithilfe des „Entwicklungsjahres", wie lange es dauerte, bis der Mensch auftrat.*
2. *Der Mensch ist das am höchsten entwickelte Lebewesen. Was zeichnet ihn im Gegensatz zu den vorhergehenden Lebensformen aus?*
3. *Betrachte nochmals die Bilder genau: Woran erkennst du, dass sich das Leben auf der Erde immer höher entwickelt hat?*

In unserer Darstellung haben wir „geschummelt": Zwischen der ersten und der zweiten Abbildung liegen fast 4 Milliarden Jahre! Der Abstand müsste also viel größer sein, wir haben uns nicht an den Maßstab gehalten. Die maßstabsgetreuen Zeitabstände kannst du besser auf einer Zeitleiste darstellen: Fertige dazu einen 10 Meter langen Papierstreifen an, berechne die Abstände zwischen den einzelnen Abbildungen und trage sie ein (1 Milliarde Jahre = 2 Meter). Verstehst du nun, warum wir bei unserer Darstellung im Buch „schummeln" mussten?

44.1 *Tschierva-Gletscher (Bernina-Gruppe, Schweiz)*

In der Welt des Eises

44.2 *Gletschereis hautnah*

„Es ist 6:00 Uhr morgens: Vor der Tschierva-Hütte herrscht bereits viel Betrieb. Alle haben heute ein Ziel: die Begehung des Tschierva-Gletschers.
Unser Bergführer führt uns nach kurzer Kontrolle unserer Ausrüstung zum Gletscher. Auf dem Weg bergauf müssen wir immer wieder größeren Steinen und riesigen Blöcken ausweichen. Diese sind nach dem Abschmelzen des Gletschers als ***Endmoräne*** liegen geblieben. Auch die riesigen ***Seitenmoränen*** zeigen, dass der Gletscher schon viel seiner einstigen Größe verloren hat.
Nun erreichen wir das untere Ende des Gletschers, die ***Gletscherzunge***. Hier tritt durch das ***Gletschertor*** Schmelzwasser als tosender Bach aus.
Der Bergführer nimmt uns nun zur Sicherung ans Seil, denn es geht aufs Eis: Das Gletschereis bildet keine glatte, ebene Oberfläche, sondern ist ineinander verschoben und von vielen Spalten zerrissen. Manche von ihnen sind 30–40 Meter tief. Jetzt nur keinen Fehltritt! Der Bergführer erklärt uns, dass die Gletscher langsam am Berghang zu Tal fließen. Die ***Gletscherspalten*** sind die sichtbaren Folgen dieser Fließbewegung. Die Spalten entstehen dort, wo die größte Reibung herrscht oder der Gletscher über Felserhebungen hinweggleiten muss.
Nach langem Aufstieg sehen wir gegen 11:00 Uhr das obere Ende des Gletschers und erkennen eine große Mulde. In dieser Vertiefung, dem ***Kar***, bleiben die Schneemassen das ganze Jahr über liegen. Jedes Jahr fällt hier mehr Schnee, als im Sommer schmilzt.
Mit diesem Blick endet unsere Gletschertour. Der Abstieg geht schneller. Um 15:30 Uhr erreichen wir erschöpft, aber glücklich die Tschierva-Hütte.“

45.1 *Vorsicht, Gletscherspalten!*

45.2 *Am Ende der Gletscherzunge, dem Gletschertor*

AUFGABEN >>

1 *Ordne den* **kursiv** *gedruckten Begriffen im Text die richtigen Nummern (1 bis 6) in Abb. 44.1 zu.*
2 *Warum ist eine Gletscherwanderung gefährlich?*
3 *Gletscherspalten sind sichtbare Beweise für Gletscherbewegungen. Wo und wie entstehen sie?*
4 *Stelle eine sinnvolle Ausrüstung für eine Gletschertour zusammen.*
5 *Beschreibe, wie die Gletscher die Alpen geformt haben.*

Z

Gletscher – riesige Landschaftshobel

Vor den Eiszeiten gab es in den Alpen nur enge, tief eingeschnittene Täler mit steilen Hängen. In den Tälern flossen reißende Gebirgsbäche, die sich immer tiefer in den Boden einschnitten.
Während der Eiszeiten sammelten sich in den Bergen riesige Schneemassen an. Diese verfestigten sich unter dem Druck des eigenen Gewichts zu Eis. Riesige Gletscher entstanden. Das Eis begann zu fließen und schob sich langsam ins Tal. Dabei rissen die Eismassen Felsbrocken vom Untergrund los. Dieser Gesteinsschutt wirkte in den engen Tälern wie ein riesiger Hobel.
Heute, nach dem Abschmelzen des Eises, ist die Arbeit des Gletschers sichtbar: Die Täler sind breiter geworden.
So wurden die ehemals schluchtartigen Flusstäler (sie werden auch Kerbtäler oder V-Täler genannt) mit der Zeit zu breiten Trogtälern (U-Täler).

45.3 *Typisches Trogtal*

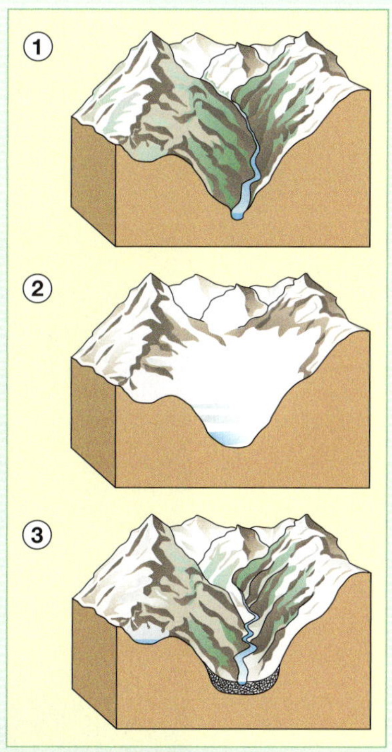

45.4 *Vom Kerbtal zum Trogtal*

Z

Gletscher – Fieberthermometer der Alpen

46.1 *Morteratschgletscher im Engadin (Schweiz) 1911*

46.2 *Morteratschgletscher 2001*

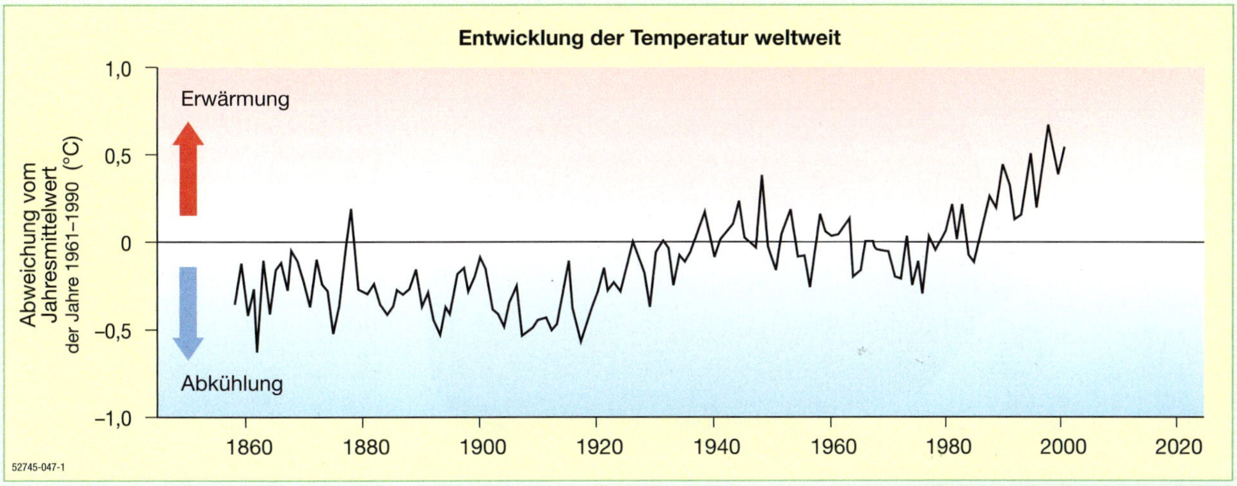

47.1 *Die Entwicklung der Temperatur auf der Erde (1857–2003)*

Die Gletscher in den Alpen schmelzen. Für das Abschmelzen der Gletscher ist auch der Mensch verantwortlich. Kraftwerke, Fahrzeuge und die privaten Haushalte geben Gase wie Kohlenstoffdioxid und Methan in die Atmosphäre ab. Diese Gase – wir nennen sie Treibhausgase – sind mit dafür verantwortlich, dass sich die Erde erwärmt (Abb. 47.1).

Folgen des Abschmelzens

1. Beim Abschmelzen der Gletscher werden bisher eisbedeckte Gebiete eisfrei. Zurück bleibt vom Gletscher zermahlenes und zurückgelassenes lockeres Gestein. Bei Starkregen kann es als Erdrutsch oder Mure Siedlungen im Tal gefährden.

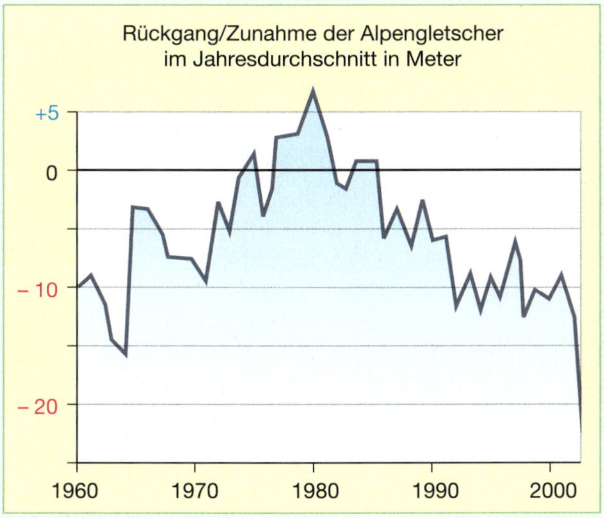

47.2 *Die Alpengletscher schmelzen ab*

2. Im Hochgebirge ist eine 20–100 Meter mächtige Gesteinsschicht normalerweise ganzjährig gefroren. Durch die Erwärmung taut diese Schicht auf. Dadurch können Berghänge, die bisher vom Eis zusammengehalten wurden, ins Rutschen kommen.
3. Die Pflanzen in den Alpen sind an die Klimabedingungen angepasst. Durch den Temperaturanstieg verändern sich diese Lebensbedingungen. Neue Pflanzen siedeln sich an. Die bisherigen Pflanzen werden zurückgedrängt oder suchen sich neue Lebensräume „bergauf". Nach Schätzungen sind hundert nur in den Alpen vorkommende Pflanzenarten durch die veränderten Lebensbedingungen vom Aussterben bedroht.
4. Das Verschwinden des Schnees bedeutet für viele Skigebiete das Ende. Heute sind Gebiete über 1200 Meter Höhe schneesicher, doch diese Grenze wird sich nach oben verschieben. Eine künstliche Beschneiung wird aufgrund der steigenden Temperaturen unterhalb von 1500 Meter Höhe nicht möglich sein. Daher ist der Skitourismus gezwungen, in höhere Lagen abzuwandern.

AUFGABEN >>

1 *Beschreibe die Bilder 46.1 und 2 und vergleiche sie.*
2 *Erläutere, was passiert, wenn die Alpengletscher ganz verschwinden.*
3 *Erkläre den Zusammenhang zwischen den Bildern und den Grafiken 47.1 und 2.*
4 *Erläutere die Überschrift „Gletscher – Fieberthermometer der Alpen".*

Der „Alte Schwede" in Hamburg

Im September 1999 wurde bei Baggerarbeiten in der Elbe in ca. 15 m Tiefe ein großer Findling gefunden. Ein erster Bergungsversuch mit einem Schwimmkran schlug leider fehl: Beim Herausheben des Findlings aus dem Elbwasser riss sich dieser los und versank wieder in der Tiefe. Erst der zweite Versuch am 23. Oktober 1999 war erfolgreich. Der Findling wurde am Elbufer bei Övelgönne an einem vorbereiteten Platz abgesetzt. Der riesige Findling hat ein Gewicht von 217 t und einen Umfang von fast 20 m, seine Höhe beträgt etwa 4,5 m.

48.1 *Zeitungsmeldung vom 24. Oktober 1999*

Das Eis formte die Landschaft Norddeutschlands

Vor ungefähr 800 000 Jahren begann ein langer Zeitraum, in dem sich die Temperaturen auf der Erde mehrmals änderten. Es gab Kaltzeiten (Eiszeiten) und Warmzeiten. In Kaltzeiten waren die mittleren Temperaturen bis zu 10 °C niedriger als heute.
In diesen Zeiten fielen die Niederschläge in Nordeuropa vorwiegend als Schnee. Er taute nicht mehr ab und die Schneedecke wuchs von Jahr zu Jahr. Aus dem Schnee wurde allmählich eine mächtige Eisschicht.

Die Gletscher in Nordeuropa wurden bis zu vier Kilometer dick. Sie schoben sich immer wieder langsam nach Süden. Dabei erreichten sie weite Teile Norddeutschlands. Zwischen 600 000 und 10 000 v. Chr. sind vier solcher Vorstöße bekannt.
Die Gletscher der Eiszeiten haben die Landschaften Norddeutschlands geformt. Dabei ist eine bestimmte Abfolge zu sehen. Diese typische Abfolge der Landschaftsformen heißt glaziale Serie (Abb. 49.1 B).

48.2 *Im Urstromtal: Die Gletscher schmolzen. Die gewaltigen Wassermengen sammelten sich in kilometerweiten Tälern. Noch heute fließen in ihnen Flüsse entlang, z. B. die Aller oder die Elbe.*

48.3 *Im Sander: Durch das Schmelzwasser der Gletscher wurden weite, ebene Flächen aus Sand aufgeschüttet, z. B. in der Lüneburger Heide.*

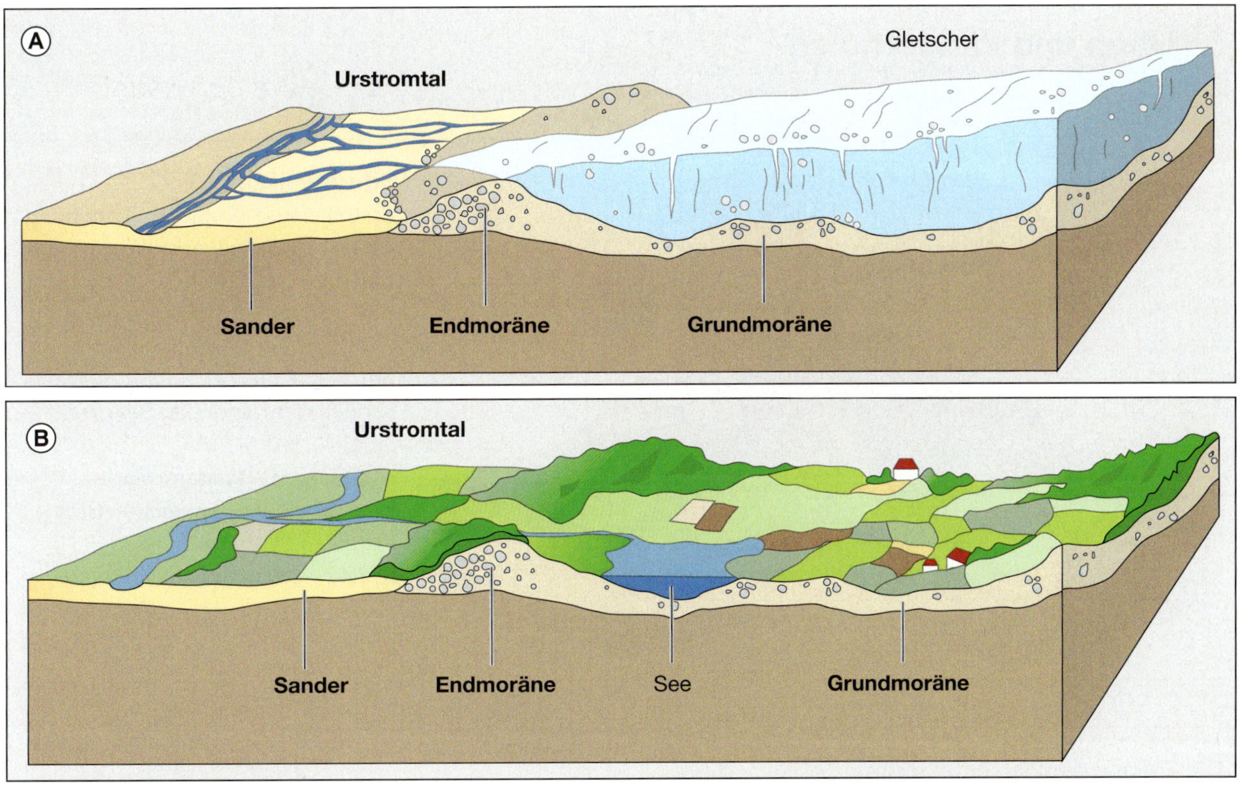

49.1 *Die Landschaft Norddeutschlands während der Eiszeit und heute (glaziale Serie)*

AUFGABEN >>

1. *Erkläre mithilfe des Textes und der Abb. 49.1, wie das Eis die Landschaften Norddeutschlands formte.*
2. *Weite Teile Europas waren während der letzten Eiszeit mit Eis bedeckt. Beschreibe anhand einer Atlaskarte, welche Gebiete davon betroffen waren.*
3. *Warum wird der Findling am Elbufer „Alter Schwede" genannt (Abb. 48.1)?*

49.2 *In der Endmoräne: Am ehemaligen Eisrand sammelte sich das Material, das die Gletscher vor sich hergeschoben haben. Es entstanden kleine Höhenzüge, z. B. die Dammer Berge.*

49.3 *In der Grundmoräne: Sie bestehen aus dem Material, das die Gletscher im Eis und unter sich mitgeführt haben. Die heutige Landschaft ist wellig, aber landwirtschaftlich gut nutzbar.*

W

Üben und Wiederholen

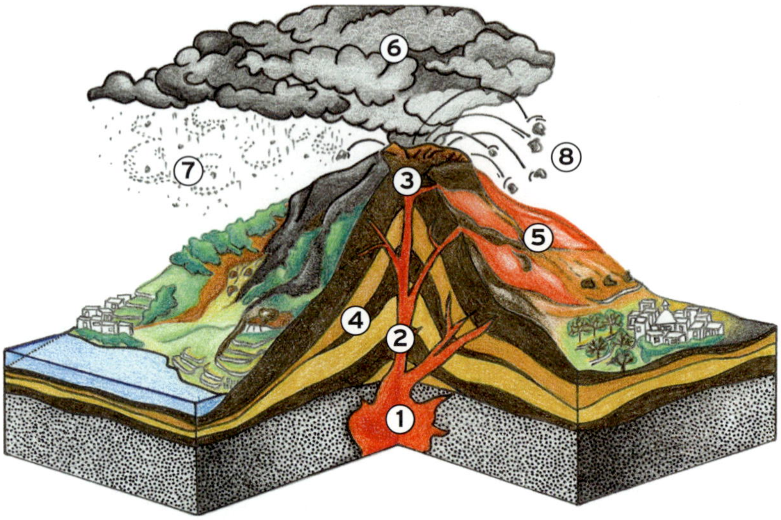

Schichtvulkan
Erstelle eine einfache Zeichnung eines Schichtvulkans. Anstatt der Zeichnung könnt ihr auch ein Modell z. B. aus Pappmaché bauen.

Beschrifte die Zeichnung oder das Modell mit folgenden Begriffen:

Magmaherd – Vulkanschlot – Magma – Lava – Bomben – Asche – Krater – Nebenkrater – Ascheschicht – Lavaschicht.

Die Theorie der Plattentektonik
Vervollständige die Aussagen Alfred Wegeners. Erstelle eigene Aussagen mit den Begriffen: ***Erdplatten – Mittelozeanischer Rücken – Pangäa – Himalaya.***

Ich behaupte, ...

Meine Widersacher ...

Meine Beweise ...

Die Folgen meiner Theorie ...

Alfred Wegener

Der Vesuv in ...?

Vulkan-Quiz
Arbeite mit dem Atlas: Ordne die folgenden Vulkane den richtigen Kontinenten und Ländern zu: ***Stromboli, Mt. St. Helens, Pinatubo, Ruapehu, Ätna, Fujijama, Vesuv, Mt. Rainier, Surtsey, Mauna Kea***

Grundbegriffe
Erdbeben
Erdplatten
glaziale Serie
Gletscher
Kontinentalverschiebung
Maar
Schichtvulkan
Schildvulkan
Tsunami
Vulkan

Sortieraufgabe
Welche der Begriffe gehören zum Vulkanismus, welche zu Erdbeben? Ordne die Begriffe einander zu und wandle sie in vollständige Sätze um.

Eifel

Kalifornien

Pinatubo

Hafenwelle

20 cm/Jahr

heftige Explosion

Maare

Baumängel

Stärke 7,8

Sizilien

Thailand

Seuchen

über 3300 Meter hoch

Kaschmir

10 000 Jahre

Gletscher
Ordne der Grafik folgende Begriffe zu:
Endmoräne, Gletscherspalten, Gletschertor, Gletscherzunge, Kar, Seitenmoräne.

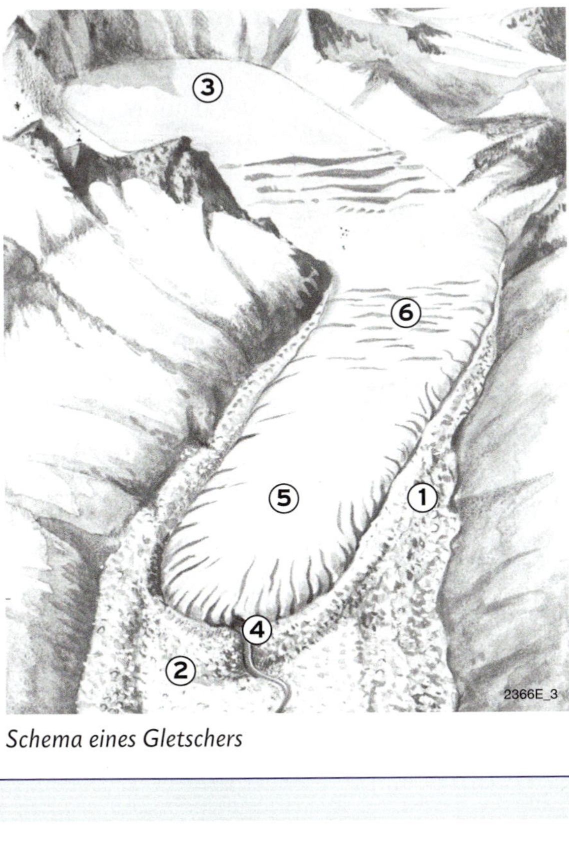

Schema eines Gletschers

Eiszeit
Beschreibe die Ausdehnung des Inlandeises in Deutschland während der letzten Eiszeit.
Welche heutigen Länder waren vollständig mit Eis bedeckt, welche teilweise?

Die Eisbedeckung in Europa während der letzten Eiszeit

3 Wetter und Klima

Eine Fahrt mit dem Heißluftballon

Der Jubel ist groß. Saskia, Timo und Lea haben bei einem Preisausschreiben eine Fahrt mit dem Heißluftballon gewonnen. Gespannt warten sie auf den großen Tag. Doch bei dem Veranstalter kann ihnen niemand genau sagen, wann es losgeht. „Das hängt vom Wetter ab!", heißt es immer wieder. „Bei einer Ballonfahrt muss alles passen, da müssen alle Wetterelemente mitspielen."
Wetterelemente? – Die beiden schauen sich fragend an. Welches sind denn die Wetterelemente und wie müssen sie sein?

54.1 *Saskia, Timo und Lea*

Aufs richtige Wetter kommt es an

Für Saskie, Timo und Lea ist es wichtig, wie das Wetter heute ist oder in den nächsten Tagen wird. Doch was ist eigentlich Wetter?
Wissenschaftler bezeichnen als Wetter das Zusammenwirken einzelner Wetterelemente zu einem bestimmten Zeitpunkt an einem bestimmten Ort. Das sind vor allem die *Lufttemperatur*, der *Niederschlag*, der *Wind*, die *Bewölkung* und der *Luftdruck*. Sie sind wie bei einem Puzzle miteinander verbunden und wirken bei der Entstehung des Wetters zusammen (Abb. 54.2).
Die Vorgänge, die unser Wetter bestimmen, spielen sich in der Atmosphäre ab. Das ist die Lufthülle um die Erde. Treibende Kraft ist dabei die Sonne. Sie liefert das Licht und die Energie, ohne die kein Leben auf der Erde möglich wäre.
Die Sonnenstrahlen erwärmen die Erdoberfläche. Die Wärme strahlt zurück und wird zum größten Teil von der Luft in der Atmosphäre aufgenommen. Dadurch werden die Wetterelemente beeinflusst oder in Gang gesetzt.
Die Sonne stellt also die Verbindung zwischen den einzelnen Wetterelementen her und steht daher in unserem „Puzzle" in der Mitte.

Atmosphäre
Mehrschichtige, aus verschiedenen Gasen bestehende Lufthülle der Erde (bis zu 1000 km hoch), die uns vor gefährlichen Strahlungen aus dem Weltall schützt. In der untersten Schicht, der Troposphäre (0–10 km Höhe), spielen sich die Wettervorgänge ab.

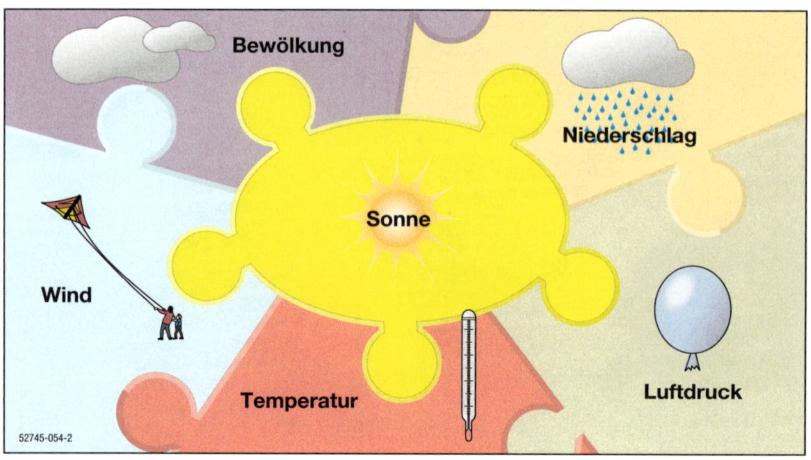

54.2 *Das Wetterpuzzle*

AUFGABEN >>

1 *Überlege dir das „Wunschwetter" für folgende Personen: Bauarbeiter, Gärtner, Freibadbesucher, Feriengast im Gebirge, Radfahrer, Kinobesucher, Skifahrer.*

2 *Schreibe fünf Berufe auf, für die das Wetter besonders wichtig sein kann.*

3 *Die Atmosphäre wird auch als unsere „Wetterküche" bezeichnet. Erkläre diese Bezeichnung.*

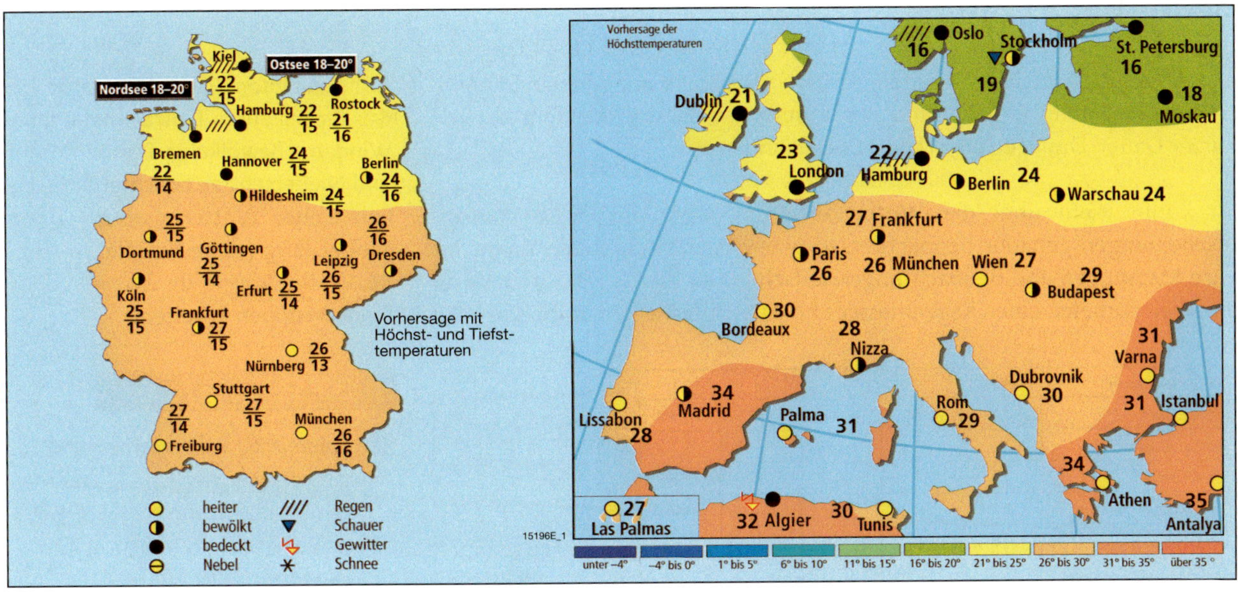

55.1 *Vereinfachte Wetterkarte aus einer Tageszeitung*

Wie wird das Wetter morgen und in den nächsten Tagen? Diese Frage beschäftigt nicht nur Saskia, Lea und Timo, sondern uns alle. Dies herauszufinden ist die Aufgabe von Meterologen (Wetterkundler). Sie beobachten in Tausenden von Wetterstationen auf der ganzen Welt die Wettererscheinungen. Es werden Daten gemessen, aufgezeichnet und dann weltweit an die Wetterdienste übermittelt.

Unterstützt werden die Meteorologen durch Wettersatelliten im Weltall. Sie fotografieren ständig das Wettergeschehen in der Atmosphäre und senden ihre Bilder zu den Empfangsstationen der Wetterdienste. Dort werden die Bilder mithilfe von Computern verarbeitet. Aus den gesammelten Informationen entstehen dann die Satellitenbilder, die Aufschluss über das aktuelle Wetter geben. Aus Satellitenbildern, Wettermessungen am Boden und langjähriger Erfahrung können die Meteorologen die Wettervorhersage für eine bestimmte Region erstellen. Diese Wettervorhersagen werden mithilfe von Wetterkarten dargestellt (Abb. 55.1).

Die Wetterlage
Heute ist es überwiegend stark bewölkt. Die Temperaturen liegen tagsüber um 24 °C, nachts um 15 °C. Der Wind weht mäßig aus westlichen Richtungen.

Die weiteren Aussichten
Morgen ist es stark bewölkt und es regnet immer wieder. Am Freitag wird es freundlicher. Sonne und Wolken wechseln und es bleibt meist trocken.

55.2 *Wetterbericht aus einer Tageszeitung*

55.3 *Satellitenfoto: Wolken über Europa*

AUFGABEN >>

1 *Beschreibe mithilfe von Abb. 55.1 das Wetter in Moskau, Frankfurt, London, Madrid und Rom.*

2 *Beschreibe das heutige Wetter an deinem Schulort. Benutze dabei Begriffe wie „warm", „kalt", „windig", „stürmisch", „regnerisch" usw.*

3 *Ordne diese Begriffe anschließend den einzelnen Teilen des Wetterpuzzles zu.*

Wetterbeobachtung

Wenn wir über das Wetter reden, meinen wir Erscheinungen wie Sonnenschein, Bewölkung, Regen, Wind, Hitze und Kälte. Sie sind meistens nur von kurzer Dauer. Das Wetter verändert sich ständig.

Ihr könnt mehr über das Wetter erfahren, wenn ihr diese Wettererscheinungen genauer beobachtet. In einem Wettertagebuch könnt ihr eure Messungen und Beobachtungen aufschreiben. Als Geräte braucht ihr ein Thermometer, einen Regenmesser und eine einfache Windfahne.

Auf den Seiten 56 bis 59 erfahrt ihr, was ihr bei euren Eintragungen über Wind und Bewölkung, Temperaturen und Niederschläge beachten müsst. Führt euer Wettertagebuch einen Monat lang (siehe Beispiel in Abb. 56.1). Ihr könnt in Zweier- oder Dreiergruppen arbeiten.

Wettertagebuch	**Name:**				
Monat: Juli	1. Juli	2. Juli	3. Juli	…	31. Juli
Temperaturen					
um 7 Uhr (°C)	10	11	11		9
um 14 Uhr (°C)	24	26	22		20
um 21 Uhr doppelt (°C)	18 18	19 19	16 16		15 15
Tagesdurchschnitts-temperaturen (°C)	18	19	16		16
Niederschlag (mm)	5	0	7		13
Niederschlagsart	●	–	●		▼
Windrichtung	W	–	W		W
Windstärke	▶	▷	▶		▶▶
Bewölkung	◔	○	◐		●

Art des Niederschlags:
● Regen
▼ Schauer
Hagel
III Niesel
✱ Schnee
≡ Nebel

Bewölkung:
○ klar, wolkenlos
◔ teilweise bedeckt
◐ halb bedeckt
● vollständig bedeckt

Windstärke:
▷ windstill
▶ mäßiger Wind
▶▶ starker Wind
▶▶▶ stürmischer Wind

52745-056-1

56.1 *Beispiel für ein Wettertagebuch*

AUFGABEN >>

1 *Sammle die Wettervorhersage für die nächsten drei Tage (Tageszeitung oder Fernsehen). Schreibe jeweils einen kurzen Bericht über das tatsächliche Wetter. Vergleiche deinen Bericht mit der Wettervorhersage.*

2 *Beschreibe mithilfe der Seiten 56 bis 59 das optimale Wetter für eine Fahrt mit dem Heißluftballon.*

Wetterelement Wind

Wind ist bewegte Luft. Der Wind wird in zwölf Stärken eingeteilt und erhält seinen Namen von der Richtung, aus der er kommt. Ein Ostwind weht also aus Osten, ein Westwind aus Westen. Liegt die Windrichtung zwischen den Himmelsrichtungen, wird der Wind danach benannt (z. B. Südwestwind).

Stärke	Geschw. (km/h)	Bezeichnung	Auswirkungen
0	0 – 1	Windstille	Rauch steigt senkrecht empor
1	2 – 6	leiser Zug	Rauch zeigt Richtung an
2	7 – 12	leichter Wind	Wind gerade fühlbar
3	13 – 20	schwacher Wind	Blätter und Wimpel bewegen sich
4	21 – 28	mäßiger Wind	Bewegung von Zweigen
5	29 – 39	frischer Wind	Bewegung schwacher Laubbäume
6	40 – 50	starker Wind	Bewegung starker Äste
7	51 – 62	steifer Wind	Schwierigkeiten beim Gehen
8	63 – 75	stürmischer Wind	Bewegung ganzer Bäume, Zweige brechen ab
9	76 – 88	Sturm	Kleinschäden an Häusern
10	89 – 102	schwerer Sturm	Bäume werden entwurzelt, schwere Hausschäden
11	103 – 117	orkanartiger Sturm	Schäden schwerster Art
12	über 117	Orkan	Verwüstungen

Der Bodenwind sollte beim Start als auch bei der Landung nicht schneller als 10 Knoten wehen, das sind knapp 18 km/h.

56.2 *Windfahne*

Wetterelement Temperatur

Wer im Zusammenhang mit dem Wetter von der Temperatur spricht, meint die Lufttemperatur. Für die Erwärmung der Luft ist die Sonnenstrahlung verantwortlich (Abb. 57.1). Die Lufttemperatur kann im Laufe eines Tages ganz unterschiedlich sein. Deshalb messen Meteorologen die Temperatur stündlich und berechnen daraus einen Durchschnitt, die Tagesmitteltemperatur. Zur Vereinfachung beschränken sie sich auf drei Messungen pro Tag.

Damit der Ballon aufsteigen kann, muss die Luft darin wärmer sein als außerhalb. Daher starten die Ballons im Sommeram frühen Abend oder morgens.

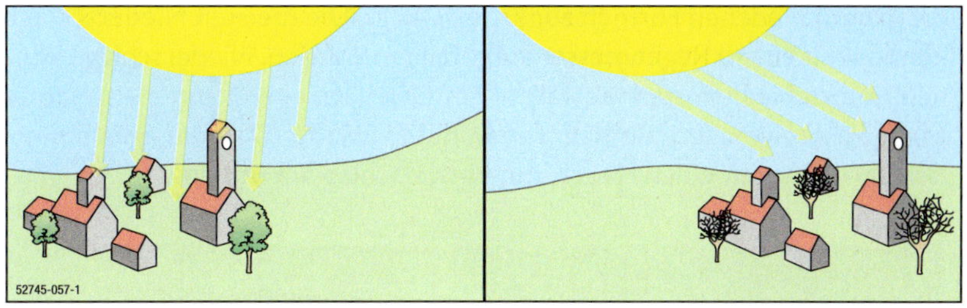

57.1 *Sonneneinstrahlung im Sommer und Winter*

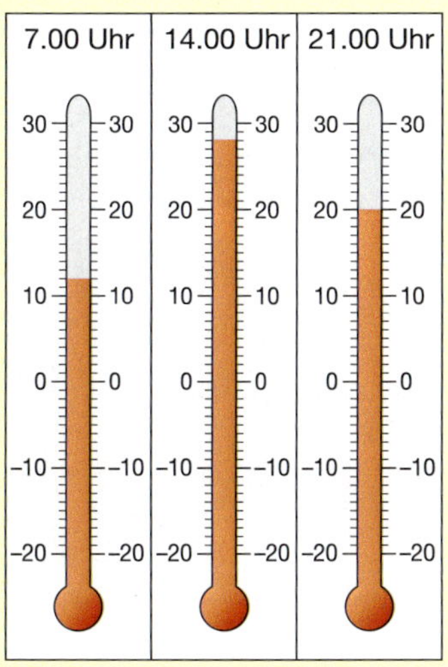

Die Meteorologen messen dreimal am Tag die Temperatur: um 7, 14 und 21 Uhr.
Aus diesen Messwerten berechnen sie die Tagesdurchschnittstemperatur, das Tagesmittel. Der Wert von 21 Uhr wird doppelt genommen, damit niemand nachts eine Messung durchführen muss. Dann werden die Messwerte zusammengezählt und abschließend durch vier geteilt.

7.00 Uhr:	12°C
14.00 Uhr:	28°C
21.00 Uhr:	20°C
21.00 Uhr:	20°C
	80°C

80°C : 4 = 20°C Tagesmittel

57.3 *Wetterhäuschen*

57.2 *Ermittlung der Tagesdurchschnittstemperatur*

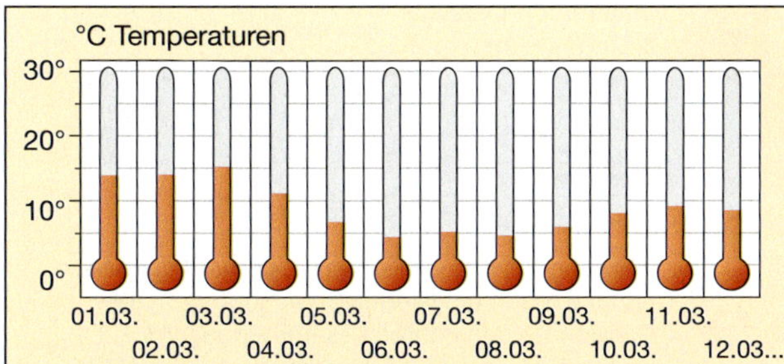

Monatsdurchschnittstemperatur

Die Tagesmittel eines Monats werden zusammengezählt und durch die Anzahl der Tage des Monats geteilt.

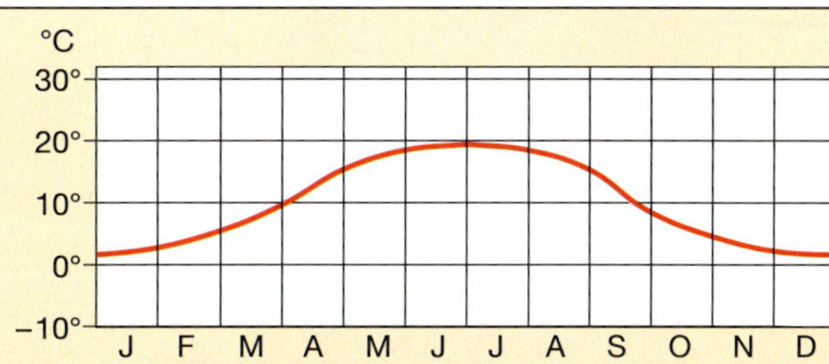

Jahresdurchschnittstemperatur

Die Monatsmittel werden zusammengezählt und durch die Anzahl der Monate (12) geteilt.

52745-057-3

57.4 *Ermittlung der Monats- und Jahresdurchschnittstemperatur*

Wetterelement Niederschlag

Je höher die Luft steigt, umso mehr kühlt sie ab. Die Wolken werden immer schwerer und dichter. Irgendwann sind die Wolken so schwer, dass sie als Regentropfen wieder auf die Erde fallen. Ist die Luft in der Höhe extrem kalt, entstehen keine Wassertröpfchen, sondern Eiskristalle. Oft beginnt der Regen seinen Weg zur Erde als Eiskristall. Wenn die Luft bis zum Boden kalt bleibt, fällt Schnee. Niederschlag ist also die Feuchtigkeit, die in verschiedenen Formen zur Erde gelangt. Die meisten Niederschläge können mit einem Regenmesser aufgefangen werden. Niederschläge können unterschiedlich stark ausfallen. Ein Gewitterregen kann die gesamte Menge eines Monats innerhalb von Minuten abladen. Tau dagegen hinterlässt morgens nur einen Hauch von Niederschlag am Boden.

Die Ballonhüllen sind speziell beschichtet, damit die warme Luft nicht so schnell hindurchgeht. Nässe kann die dünne Ballonseide schädigen. Außerdem ist die Sicht bei Regen meistens nicht gut.

58.1 *Niederschlagsarten*

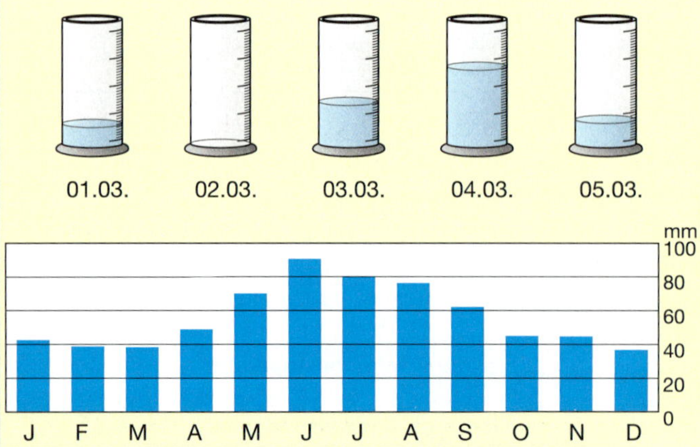

Berechnung der monatlichen Niederschlagsmenge:
Dazu wird der Niederschlag aller Monatstage zusammengezählt.

1. Tag - 3 mm
2. Tag -
...
31. Tag -
Summe:

Berechnung der jährlichen Niederschlagsmenge:
Dazu werden die Niederschlagsmengen aller 12 Monate des Jahres zusammengezählt.

Januar	46 mm
...	
Dezember	
Summe:	687 mm

52745-058-2

58.2 *Berechnung der Niederschlagsmengen*

Wetterelement Bewölkung

Es kann oft sehr schnell gehen. Gerade eben war der Himmel noch strahlend blau. Doch auf einmal ziehen Wolken auf. Aber bilden sich Wolken eigentlich?

Die Sonne erwärmt die Erdoberfläche und damit auch das Wasser von Meeren, Seen und Flüssen. Durch die Wärmeeinwirkung verdunstet das Wasser mit der Zeit, d.h., es wird zu Wasserdampf.

Seine unsichtbaren Wasserteilchen steigen mit der warmen Luft auf. In der Höhe sind die Luftschichten kälter. Aus dem unsichtbaren Wasserdampf werden wieder sichtbare Wassertröpfchen. Dieser Vorgang heißt Kondensation.

Eine Wolke ist eine Ansammlung vieler Wassertröpfchen. Nach ihrer Art und ihrem Aussehen werden Wolken in verschiedene Gruppen eingeteilt (siehe Beispiele unten). Sie geben uns Hinweise über die momentane Wetterlage oder die weitere Wetterentwicklung.

Wolken sind eigentlich etwas Schönes, solange sie sich nicht zu einem Regenguss oder Gewitter entwickeln.

Zur näheren Beschreibung der Bewölkung lässt sich diese in vier Stufen einteilen:

- wolkenlos
- heiter
- wolkig
- bedeckt

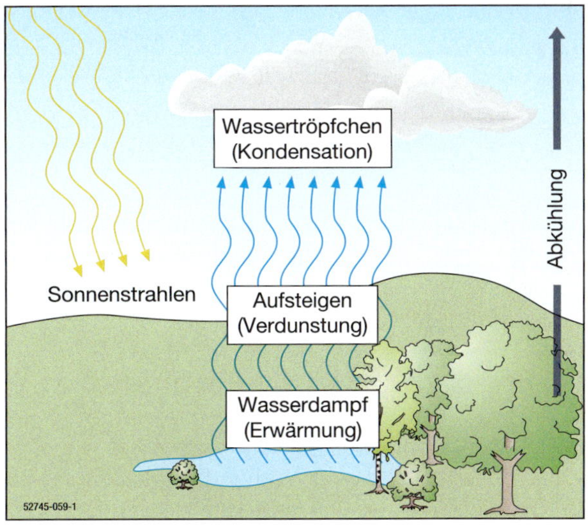

59.1 *So entstehen Wolken*

59.2 *Wolkenarten*

Z Steigungsregen – Wasserkreislauf – Großwetterlagen

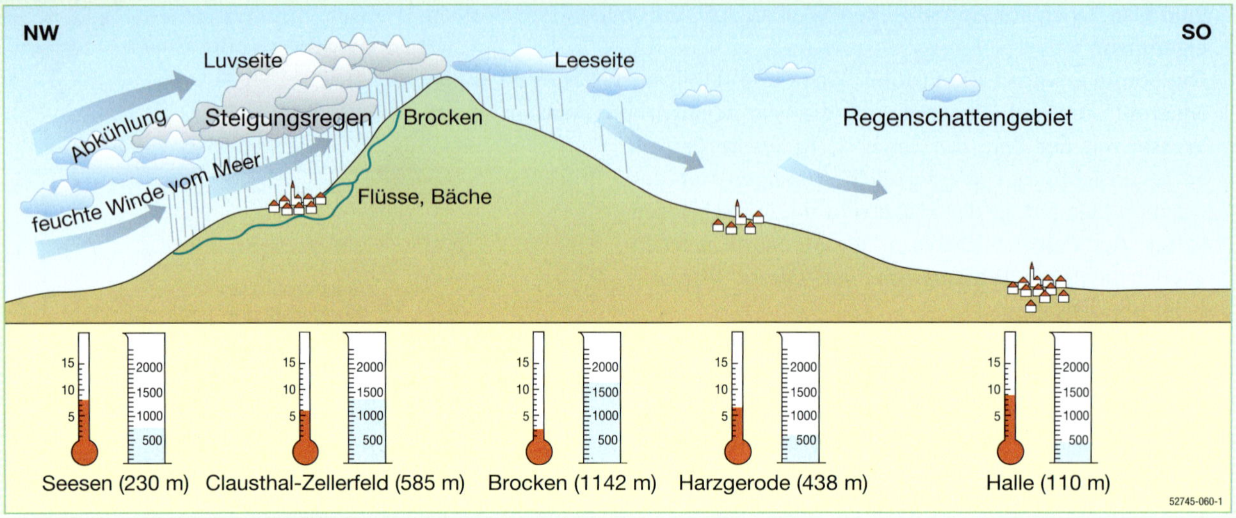

60.1 *Steigungsregen und Regenschatten im Harz*

In der Natur verhält sich feuchte Luft ähnlich wie in dem Versuch (Abb. 60.2, links): Wehen Luftmassen auf ein Gebirge zu, so müssen sie vor diesem Hindernis aufsteigen (Abb. 60.1). Im Tal ist es wärmer, als zur gleichen Zeit auf den Bergen. Deshalb kühlt sich die aufsteigende Luft ab.

Der erst unsichtbare Wasserdampf der Luft kondensiert zu kleinen Tröpfchen, die zunächst noch in der Luft schweben. Wir sehen dann Wolken, die sich an den Berghängen stauen. Bei weiterem Anstieg und zunehmender Abkühlung werden die Wassertröpfchen größer und schwerer. D ie Luft kann sie nicht mehr halten: Es regnet. Diesen Regen nennen wir Steigungs- oder Stauregen. Er ist an der windzugewandten Seite (Luvseite) der Gebirge zu beobachten. Die Gebiete im Wind- bzw. Regenschatten (Leeseite) sind dagegen regenärmer. Hier hat die Luft bereits das Gebirge überquert. Sie sinkt ab und erwärmt sich wieder. Dabei lösen sich die Wolken auf und die Wassertröpfchen verdunsten wieder zu unsichtbarem Wasser. Dieses Phänomen kann man z. B. am Harz beobachten (Abb. 60.1). Auch im Alpenvorland kennt man die Stauniederschläge bei NW-Winden.

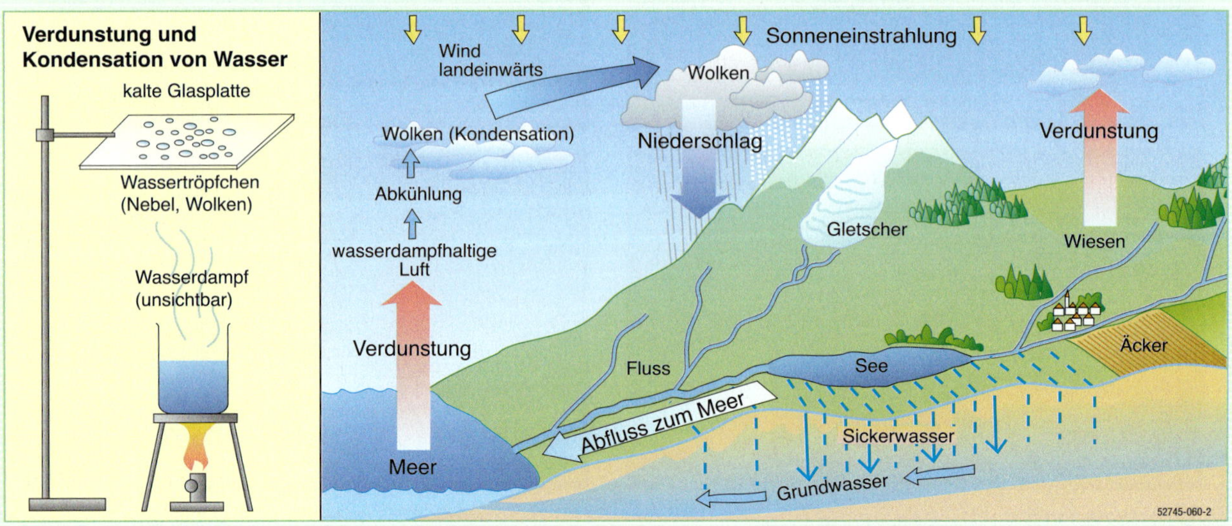

60.2 *Wasser ist immer in Bewegung (Kreislauf des Wassers)*

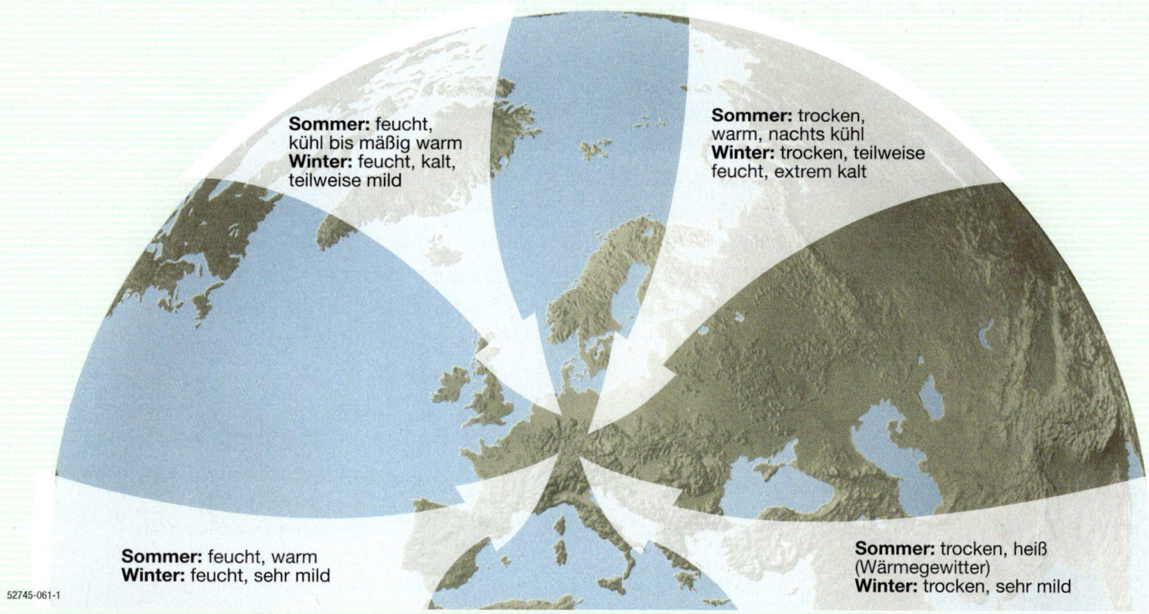

61.1 *Großwetterlagen in Deutschland*

Bezeichnung	Zeitraum	Wettererscheinungen	Ursachen
„Aprilwetter"	Ende März/April	Wechsel von Regen- und Schneeschauern	Tiefdruckgebiet aus Nordwesten
„Eisheilige"	um 11. bis 13. Mai	Kaltluft mit Nachtfrösten	Luftmassen aus Nordwesten
„Schafskälte"	Anfang Juni	Kaltlufteinbruch, sehr kühl, stark bewölkt	Polarluft aus Nordwesten trifft auf erwärmte Festlandsluft
„Hundstage"	Ende Juli bis Ende August	Hitzewelle, schön warm, oft sehr schwül	kontinentale und atlantische Luftmassen (Hochdrucklage)
„Altweibersommer"	Ende September bis Ende Oktober	sonnig, trocken, große Temperaturunterschiede zwischen Tag und Nacht	Einströmen kontinentaler Tropikluft, Hochdrucklage
„Weihnachts-Tauwetter"	ab Mitte Dezember	regnerisch, mild bis kühl, Tauwetter	Zufuhr von atlantischen Luftmassen aus Südwesten
winterliches Kältehoch	Ende Januar/Anfang Februar	Kaltlufteinbrüche, Frostwetter, wolkenlos	kontinentale Polarluft, Hochdrucklage

61.2 *Regelfälle der Witterung*

AUFGABEN >>

1 *Erläutere den Begriff Steigungsregen (Abb. 60.1). Vergleiche Durchschnittstemperatur, Jahresniederschlag und Höhenlage der fünf Orte.*

2 *Beschreibe den Kreislauf des Wassers mit eigenen Worten.*

3 *Lies den aktuellen Wetterbericht und stelle fest, welche Großwetterlage gerade herrscht.*

Wir zeichnen Klimadiagramme und werten sie aus

Unter Wetter versteht man den augenblicklichen Zustand der Wetterelemente an einem bestimmten Ort. Der Zustand der wichtigsten Bestandteile des Wetters wird Tag für Tag von Wetterstationen auf der ganzen Welt gemessen. Daraus errechnen Meteorologen Durchschnittswerte. Da diese Messungen teilweise schon seit über hundert Jahren durchgeführt werden, sind die gewonnenen Daten sehr verlässlich.

Den Zustand der Wetterelemente über einen längeren Zeitraum (30 Jahre) bezeichnet man als Klima eines Ortes oder eines Landes.

Mithilfe der gemessenen Durchschnittswerte kann man Klimadiagramme zeichnen. Sie informieren beispielsweise darüber, welches Klima an einem Urlaubsort herrscht oder ob Pflanzen an einem bestimmten Ort gute Wachstumsbedingungen haben.

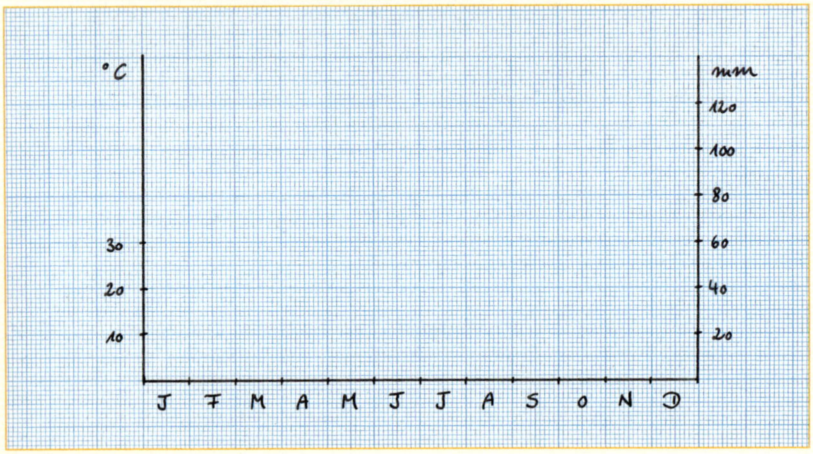

62.1 *Diagramm vorbereiten*

1. Diagramm vorbereiten
- Temperaturachse links, 1 cm entspricht 10 °C
- eine Einteilung bis 40 °C ist ausreichend
- prüfe die Klimadaten: bei Minustemperaturen muss unter der Jahresachse Platz bleiben
- Niederschlagsachse rechts, 1 cm entspricht 20 mm Niederschlag

Rom, 46 m

	Jan	Feb	Mär	Apr	Mai	Juni	Juli	Aug	Sep	Okt	Nov	Dez	Jahr
T (°C)	7	8	11	14	18	23	26	26	22	18	13	9	16
N (mm)	76	88	77	72	63	48	14	22	70	128	116	106	874

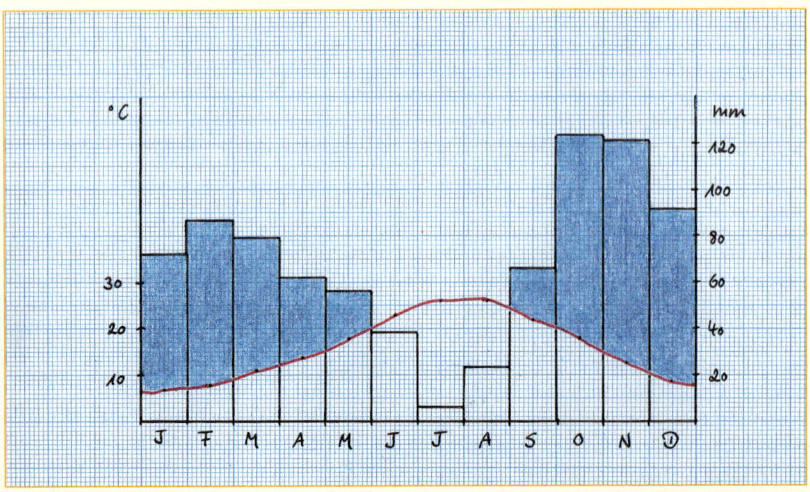

62.2 *Werte eintragen*

2. Werte eintragen

Temperaturkurve
- Werte ablesen und als Punkte genau in die Monatsmitte eintragen (Temperaturachse links beachten)
- Punkte mit Rot verbinden
- die Werte vom Dezember zum Januar verbinden

Niederschlagssäulen
- Werte ablesen und Säulen einzeichnen (Niederschlagsachse rechts beachten)
- Bereiche der Niederschlagssäulen, die über der Temperaturkurve liegen, mit blauem Buntstift ausmalen (nur bei Temperaturen im Plusbereich)

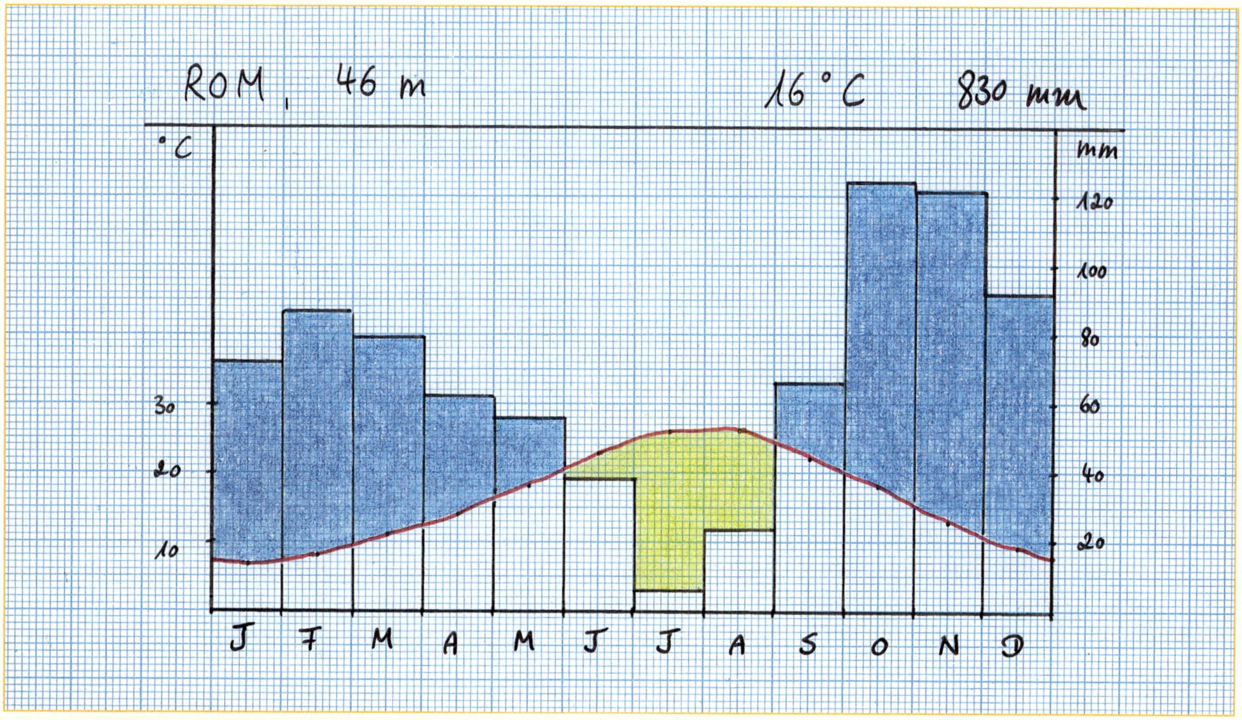

63.1 *Klimadiagramm vervollständigen*

3. Klimadiagramm vervollständigen

- Reichen die Niederschlagssäulen nicht bis zur Temperaturkurve, ist es für die meisten Pflanzen zu trocken. Dieser Bereich zwischen Niederschlagssäule und Tempaturkurve wird mit gelbem Buntstift ausgemalt. Ragen die Niederschlagssäulen über die Temperaturkurve hinaus, bietet der Monat ausreichend Niederschlag für Pflanzenwachstum.
- Notiere abschließend auf einer waagerechten Linie oberhalb des Diagramms den Namen der Station, die Höhe, den Durchschnitt der Temperatur und des Niederschlags.

Um ein Klimadiagramm auszuwerten, solltest du nach diesen Schritten vorgehen:

1. Schritt: Ordne die Klimadiagramme aufgrund der Jahresdurchschnittstemperatur einer der vier großen Klimazonen zu (> Seiten 66/67). Beachte hierzu auch die Höhenlage und den Jahresniederschlag.

2. Schritt: Beschreibe die Temperaturkurve. Gehe dabei auf die Temperaturen im Winter und im Sommer ein.

3. Schritt: Beschreibe den Verlauf der Niederschlagssäulen. Wann fällt der meiste Niederschlag im Jahr, wann eher wenig Niederschlag?

4. Schritt: Welche Auswirkungen haben der Temperaturverlauf und die Verteilung bzw. die Menge des Niederschlags auf den Menschen? Bei diesem Schritt beschreibst du, welche Möglichkeiten bzw. Probleme der Mensch hat, das Gebiet landwirtschaftlich zu nutzen.

Viel oder wenig Niederschlag?

- Manaus 2000 mm (Tropen)
- Assuan 26 mm (Wüste der Subtropen)
- in Mainz 600 mm (gemäßigte Zone)

2000 mm bedeutet, dass auf eine Fläche von einem Quadratmeter in einem Jahr 2000 Liter Niederschlag fallen.
Könnte dieser Niederschlag nicht abfließen oder versickern, entspräche das einer zwei Meter hohen Wassersäule.

64.1 *Urlaub im Dezember in Kenia*

Jedes Jahr verbringen viele Menschen aus Deutschland ihren Weihnachtsurlaub in Kenia, Thailand oder auf den Malediven. Sie liegen hier bei strahlendem Sonnenschein am Strand, während es zur gleichen Zeit bei uns so kalt sein kann, dass die Seen zufrieren. Das ist kein Zufall, denn all diese Urlaubsgebiete liegen in der Nähe des Äquators. Hier ist es das ganze Jahr über warm. Wie ist das zu erklären?

Auf der Erde ist es unterschiedlich warm

Alles auf der Erde hängt von der Sonne ab. Sie liefert die Energie, die wir als Licht und Wärme spüren. Obwohl die Strahlenmenge, die die Erde erreicht, überall gleich groß ist, sind das Licht und die Wärme nicht überall auf der Erde gleich verteilt.

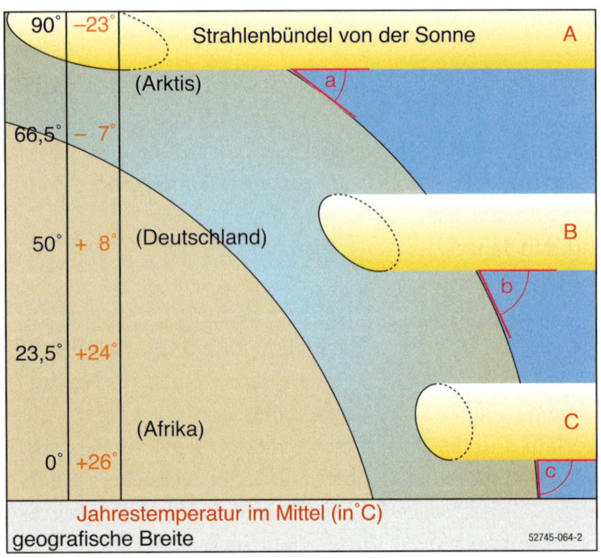

64.2 *Die Sonnenstrahlen fallen in unterschiedlichen Winkeln auf die Erde*

Das hängt mit der Kugelgestalt der Erde zusammen. Dadurch treffen die Sonnenstrahlen in verschieden großen Einfallswinkeln auf die Erdoberfläche. Zwischen dem nördlichen und dem südlichen Wendekreis ist der Einfallswinkel am steilsten, die Strahlenmenge fällt auf eine kleinere Fläche (Abb. 64.2). Die Wärmezufuhr ist sehr hoch. Nur innerhalb dieses Gebietes können die Sonnenstrahlen senkrecht auf die Erdoberfläche treffen. Wenn dies der Fall ist, sagt man: Die Sonne steht im Zenit.
Zum Nordpol und zum Südpol hin wird der Einfallswinkel immer kleiner, die Sonnenstrahlen fallen flacher ein. Die gleiche Strahlenmenge verteilt sich auf eine größere Fläche. Die Folge ist, dass die Temperaturen dort immer geringer werden.

Die Temperaturzonen

Die Bereiche unterschiedlicher Erwärmung auf der Erde lassen sich in Temperaturzonen abgrenzen. Sie verlaufen fast parallel zu den Breitenkreisen. In Äquatornähe ist es das ganze Jahr über heiß. An den Polen sind die Temperaturen dagegen das ganze Jahr über sehr niedrig. Dazwischen ist die Höhe der Temperaturen von der jeweiligen Jahreszeit abhängig.
Die Abfolge der Zonen vom Äquator zu den Polen gibt es auf beiden Erdhalbkugeln (Abb. 65.1).

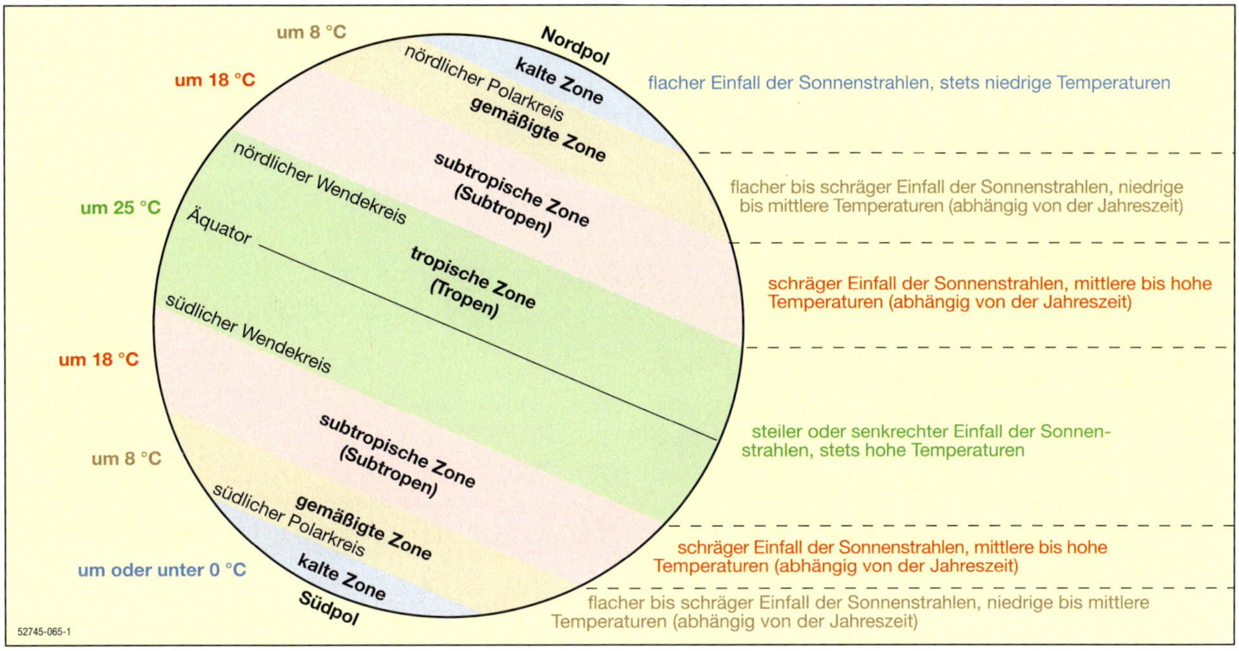

65.1 *Die Temperaturzonen*

a Experiment zur Beleuchtung der Erde

Material: Taschenlampe, Globus, Maßband

Durchführung:
- Richtet die Taschenlampe aus einer Entfernung von ca. 50 cm auf den Äquator. Messt mit dem Maßband den Durchmesser des Lichtkegels.
- Bewegt die Taschenlampe nun in Richtung Nordpol. Beobachtet, wie sich der Lichtkegel auf dem Globus verändert.
- Richtet die Taschenlampe auf den nördlichen Polarkreis. Messt mit dem Maßband den Durchmesser des Lichtkegels.
- Vergleicht die Messungen vom Äquator mit der vom nördlichen Polarkreis.

65.2 *Versuch*

Beachtet bei dem Versuch:
Die Entfernung der Taschenlampe zum Globus muss gleich bleiben. Haltet die Lampe immer waagerecht!

AUFGABEN >>

1 *Beschreibe mithilfe der Abb. 65.1 die Lage der vier Temperaturzonen.*
2 *In welcher Temperaturzone liegen die auf Seite 64 oben genannten Urlaubsländer?*
3 *Schreibe die Merkmale der vier Temperaturzonen auf.*
4 *Wie oft steht die Sonne zwischen den Wendekreisen pro Jahr im Zenit?*
5 *Erkläre, warum es in Äquatornähe immer warm und an den Polen ständig kalt ist.*

Die vier großen Klimazonen

Die kalten Zonen
Sie erstrecken sich von den Polen der Erde bis etwa zu den Polarkreisen. Es gibt große Temperaturunterschiede zwischen dem sehr kalten Winter und dem kurzen Sommer. Die Jahresmitteltemperatur liegt bei 0 °C oder darunter.

Die gemäßigten Zonen
Sie liegen zwischen den kalten und den subtropischen Zonen. Die Jahresmitteltemperatur beträgt ungefähr 8 °C. Es fällt ganzjährig Niederschlag.

Die subtropischen Zonen
Sie sind nahe der Wendekreise auf beiden Halbkugeln der Erde zu finden. Die Jahresmitteltemperatur liegt bei etwa 18 °C.

Die tropische Zone
Sie erstreckt sich zu beiden Seiten des Äquators jeweils bis zu den Wendekreisen. Es ist das ganze Jahr über warm.
In Äquatornähe fallen hohe Niederschläge.

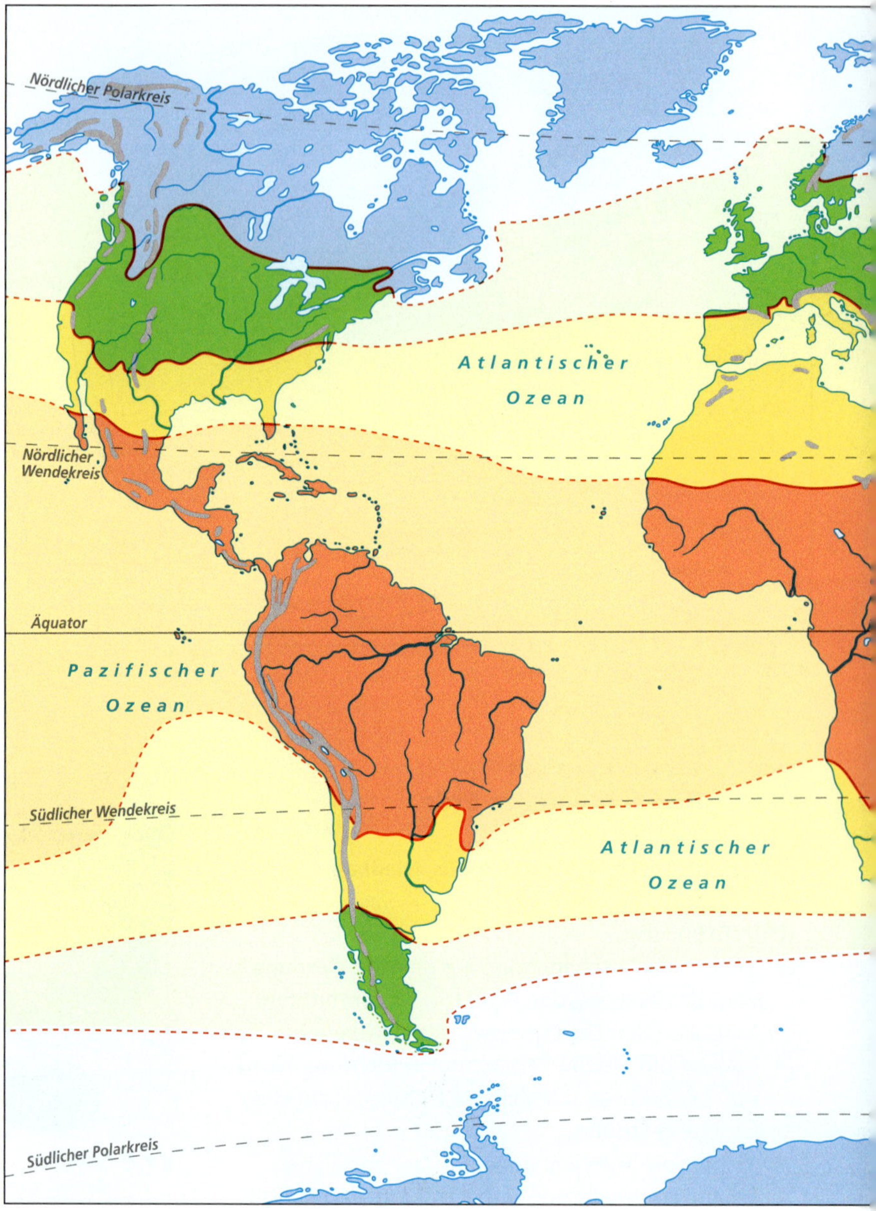

66.1 *Die Klimazonen der Erde*

Die unterschiedliche Erwärmung der Erdoberfläche ist die wesentliche Ursache dafür, dass das Klima auf der Erde sehr verschieden ist.
Neben den Temperaturen sind die Höhe der Niederschläge, die Niederschlagsverteilung sowie das Verhältnis von Niederschlag und Verdunstung wesentliche Merkmale des Klimas. Die Gebiete mit ähnlichen Werten können zu vier großen Klimazonen zusammengefasst werden. Sie verlaufen annähernd parallel zu den Breitenkreisen. Es sind aber auch deutliche Abweichungen festzustellen. Das zeigt, dass das Klima nicht nur von der Breitenlage abhängig ist, sondern noch von anderen Faktoren beeinflusst wird, z. B. von der Höhenlage der Landschaft, der Lage zu Gebirgen, der vorherrschenden Windrichtung, von der Entfernung zum Meer oder der Meeresströmung.

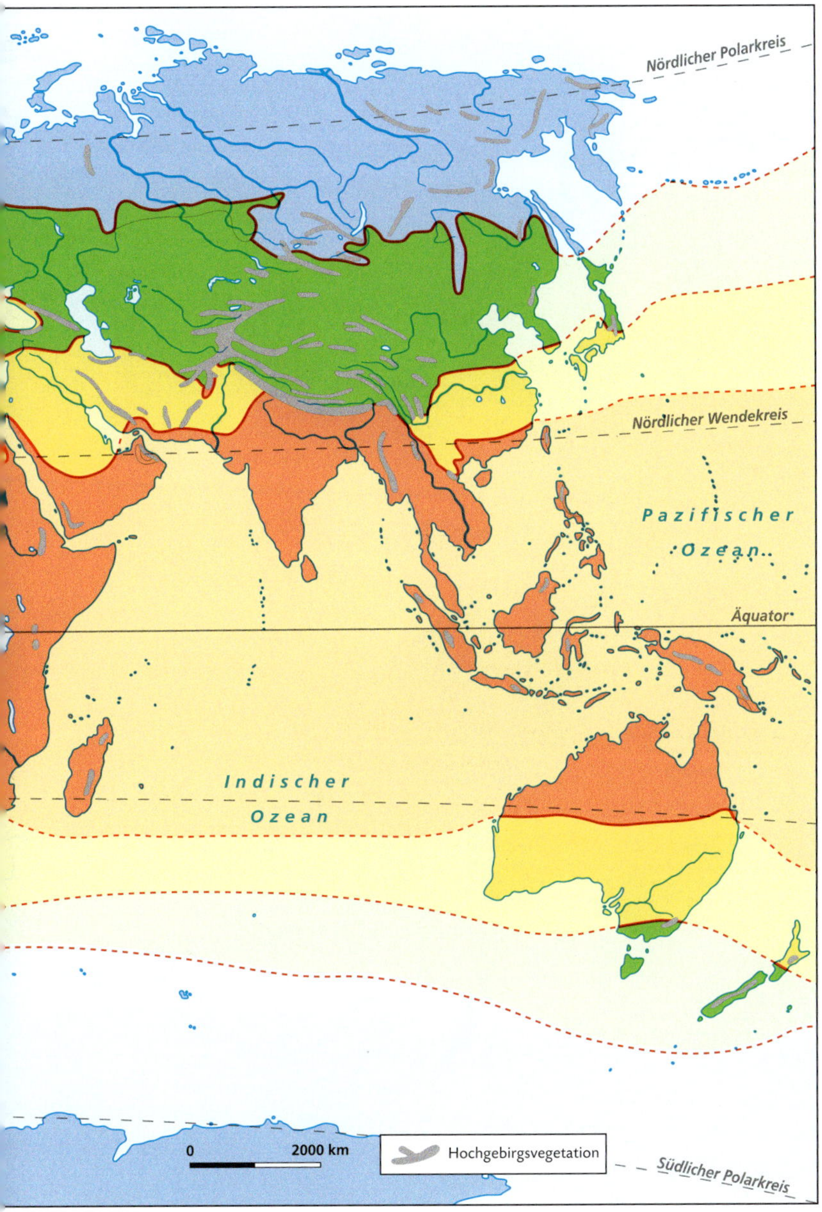

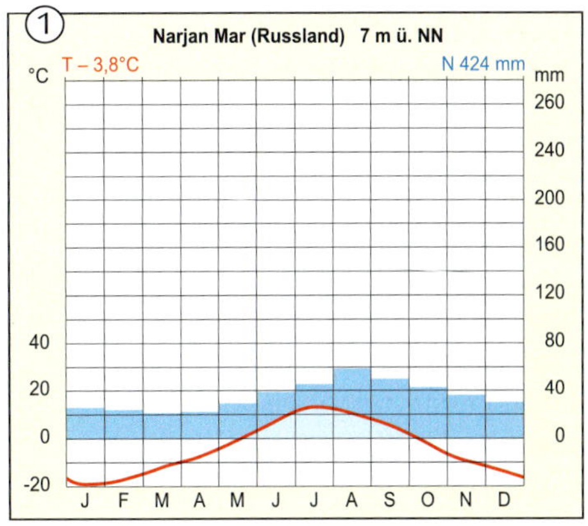

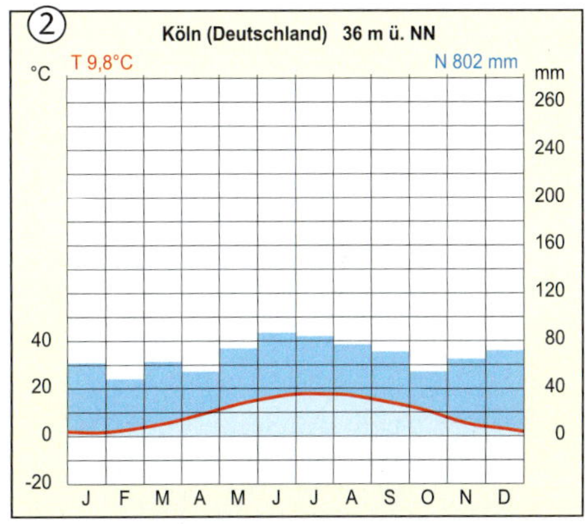

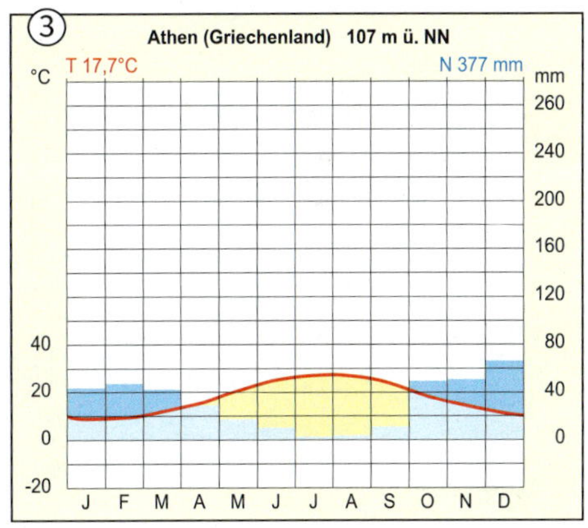

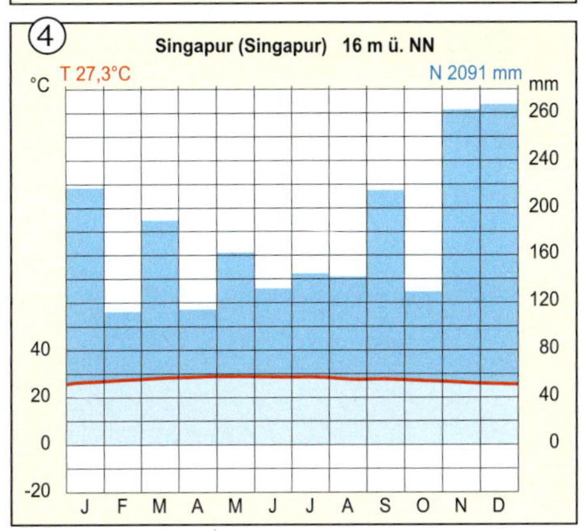

AUFGABEN >>

1. *Schreibe jeweils die Klimazonen auf, die in den einzelnen Kontinenten zu finden sind.*
2. *Erstelle eine Tabelle. Notiere darin die Merkmale der vier großen Klimazonen.*
3. *Warum verlaufen die Klimazonen nicht genau parallel zueinander?*
4. *Ordne die Klimadiagramme ① bis ④ den Klimazonen zu.*
5. *Überlege, in welcher Klimazone eine landwirtschaftliche Nutzung am besten möglich ist und in welcher am schlechtesten. Begründe deine Entscheidung.*

Die Vegetationszonen der Erde

Überall auf der Erde müssen sich die Pflanzen den Klimabedingungen anpassen. Ihr Wachstum ist abhängig von den vorherrschenden Temperaturen, den Niederschlägen und den Beleuchtungsverhältnissen.
Die Art der Pflanzenwelt, die Vegetation, ist abhängig vom Klima. Der enge Zusammenhang wird in der Gliederung in Zonen deutlich.
Die Vegetationszonen der Erde und die Klimazonen haben einen ähnlichen Verlauf.

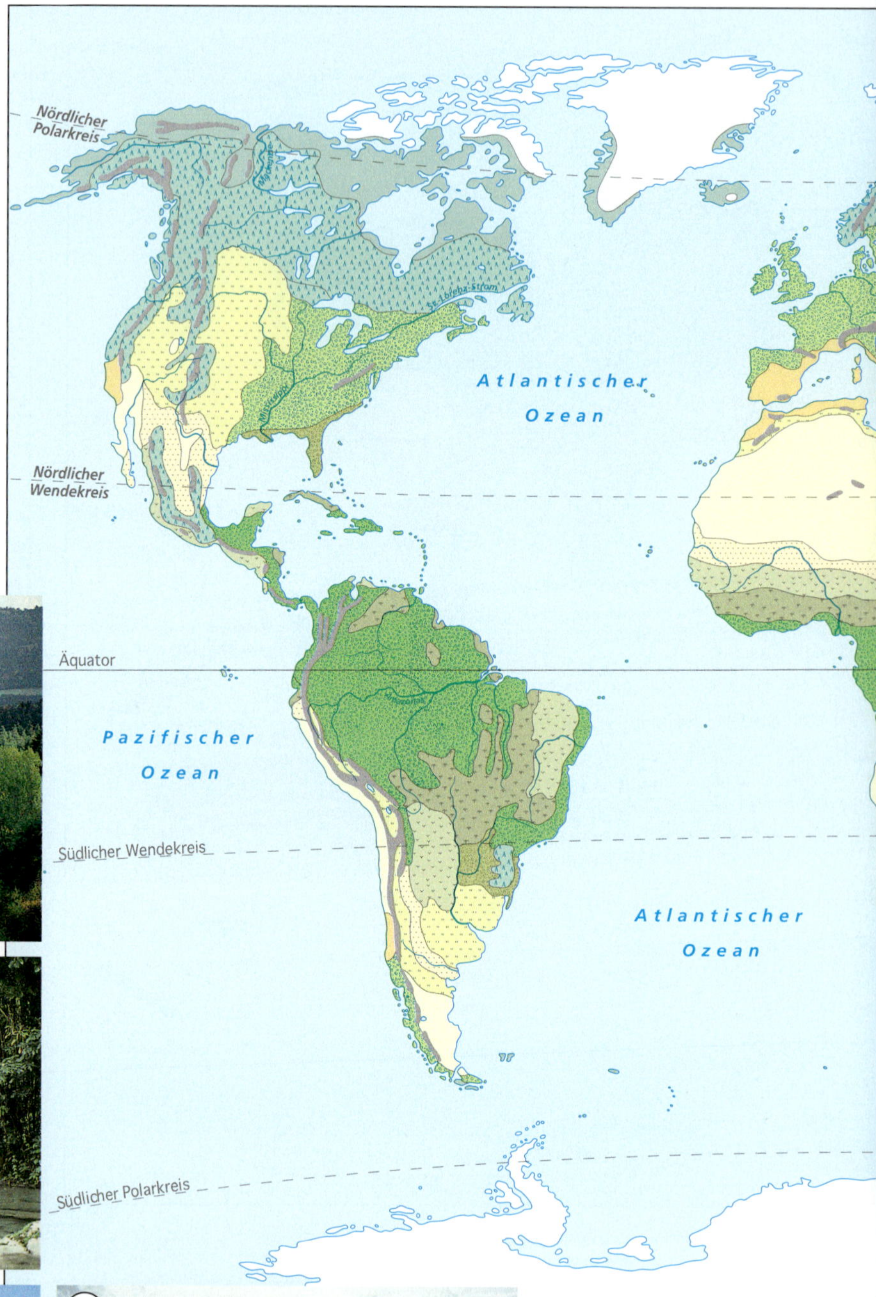

68.1 *Die Vegetationszonen der Erde*

Vegetationszone	Klimazone
Fels- und Eisregion keine Vegetation	kalte Zone
Tundra fast baumlos, Flechten, Sträucher, Gräser, Moose	kalte Zone
nördlicher Nadelwald (Taiga), Gebirgswald Nadelwälder, wenig Laubbäume	kalte Zone
sommergrüner Laub- und Mischwald 6–7 Monate Laubabwurf, Eichen, Buchen, Fichten, Kiefern	gemäßigte Zone
Steppe, Hochgebirgsgrasland baumarme Graslandschaft, Kräuter, Büsche	gemäßigte Zone
Halbwüste, Wüste vereinzelt Büsche und Dornsträucher	gemäßigte Zone
Hartlaubvegetation (Mittelmeervegetation) Stein- und Korkeichen, Ölbäume, Pinien, Zedern	subtropische Zone
subtropischer Regenwald immergrün, teilweise Nadelhölzer, weniger artenreich als tropischer Regenwald	subtropische Zone
Halbwüste, Wüste vereinzelt Büsche und Dornsträucher	subtropische Zone
Dornstrauchsavanne niedriges Gras, Sträucher, vereinzelt Bäume	tropische Zone
Trockensavanne, Trockenwald hohes Gras, Bäume	tropische Zone
Feuchtsavanne hohes Gras, Wälder	tropische Zone
tropischer Regenwald, Monsunwald immergrün, großer Artenreichtum, schnelles Wachstum	tropische Zone
Hochgebirgsvegetation	

AUFGABEN >>

1 *Ordne die Bilder 1 bis 4 den entsprechenden Vegetationszonen und den Klimazonen zu.*

2 *Schreibe die Kontinente auf, in denen*
a) es keinen tropischen Regenwald gibt,
b) der nördliche Nadelwald wächst,
c) Wüstengebiete liegen.

3 *Beschreibe die Veränderungen der Vegetation vom Nordpol bis zum Äquator.*

Üben und Wiederholen

Sortieraufgabe
Die Worte auf den Kärtchen gehören jeweils zu einem Wetterelement. Erstelle eine Tabelle und ordne die Begriffe auf den Kärtchen dem entsprechenden Wetterelement zu. Vielleicht findest du weitere passende Begriffe.

Tief – kühl – Barometer – bedeckt – Brise – Böe – bewölkt – Hagel – windstill – heiß – kalt – Nebel – Hoch – wolkenlos – Niesel

Das Wetterchaos
Füge die Sätze richtig zusammen. Schreibe sie nacheinander in dein Heft.
In der richtigen Reihenfolge ergeben die blauen Buchstaben den Namen eines Wetterelements.

① Federwolken am Himmel
② Wetterkundler nennt
③ In Deutschland kommt der Wind
④ Die Atmosphäre ist
⑤ Niederschläge werden in
⑥ Wettersatelliten fotografieren
⑦ Wind ist nichts anderes
⑧ Wird die Luft erwärmt,
⑨ Wolken sind Ansammlungen

kündigen schlechtes Wetter an. **B**
vieler kleiner Wassertröpfchen. **G**
man auch Meteorologen. **E**
hauptsächlich aus Westen. **W**
als bewegte Luft. **U**
die Lufthülle der Erde. **Ö**
einem Regenmesser aufgefangen. **L**
steigt sie auf. **N**
die Erde aus dem Weltall. **K**

Wetter oder Klima?
Entscheide, ob im Folgenden von Wetter oder Klima die Rede ist!
a) Auf der Zugspitze werden für morgen etwa 30 cm Neuschnee erwartet.
b) Die Landwirte klagten in diesem Jahr über ein zu trockenes Frühjahr.
c) In Mitteleuropa regnet es in den Sommermonaten am meisten.
d) An der Weinstraße sind die Winter meist sehr mild.
e) In Athen scheint die Sonne bei 32 °C.
f) Die diesjährigen starken Gewitter bereiteten den Weinbauern in Rheinhessen große Probleme.

Grundbegriffe Wetter
Atmosphäre
Luftdruck
Niederschlag
Temperatur
Verdunstung
Wetter
Wetterelemente
Wind
Wolken

Sommer oder Winter?
Die beiden Zeichnungen zeigen den Einfall der Sonnenstrahlen um 12 Uhr bei uns am Sommeranfang (21.06.) und am Winteranfang (21.12.). Ordne den Zeichnungen das entsprechende Datum zu und begründe deine Entscheidung.

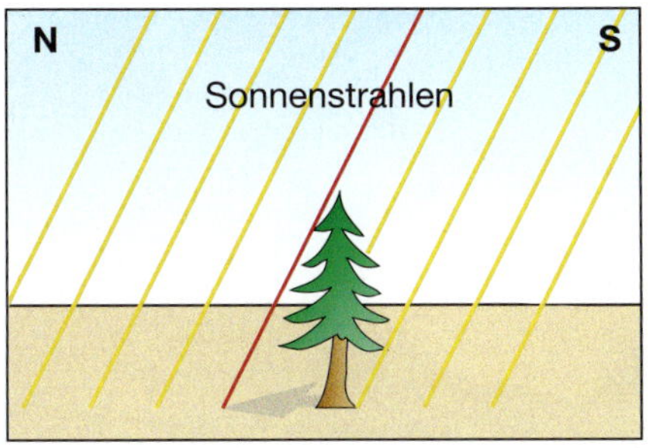

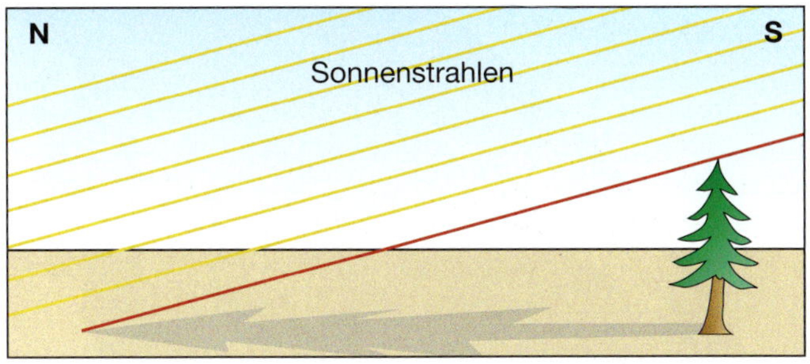

Richtig einsortieren
Ordne die folgenden Begriffe und Beschreibungen den vier großen Klimazonen zu (siehe Seite 66 und 67). Erstelle dazu eine Tabelle.

Nadelwald

Savannen

Steppe

Tundra

Trockengebiete der Erde

ständig warm und hohe Niederschläge

lange kalte Winter, kurze Sommer

Hartlaubvegetation

Mitteltemperatur von 18 °C

Das Klima beeinflusst das Leben
Die klimatischen Bedingungen beeinflussen nicht nur die Pflanzen- und Tierwelt. Auch die Menschen haben sich dem Klima angepasst, zum Beispiel bei der Nutzung der Natur.

a) Betrachte die Fotos. In welchen Klimazonen sind sie jeweils aufgenommen worden?
b) Überlege, inwiefern das Klima die Lebensweise der Menschen beeinflusst.

Grundbegriffe Klima

Äquator
gemäßigte Zone
kalte Zone
Klima
Klimazone
Klimadiagramm
Polarkreis
subtropische Zone
Temperaturzone
tropische Zone
Vegetation
Vegetationszone
Wendekreis
Zenit

Atlasarbeit
Notiere mithilfe des Atlasses:

a) die Namen von zehn Staaten, die in der tropischen Zone liegen,
b) die Klimazonen, in denen folgende Städte liegen: Lagos, Singapur, Sydney, London, Manaus, Peking, Chicago, Murmansk, Kairo.

4 Landnutzung in den Klimazonen

Die Klimazonen im Überblick

Wie ihr auf den Seiten 66/67 gelernt habt, unterscheiden wir auf unserer Erde vier große Klimazonen. Jede dieser Klimazonen bietet – in Abhängigkeit von Temperatur und Niederschlag – ihre ganz eigenen Voraussetzungen zur landwirtschaftlichen Nutzung.

Klimazone	Klima	Pflanzen-wachstum	Tiere	Länder
kalte Zone				
gemäßigte Zone				
Subtropen				
Tropen				

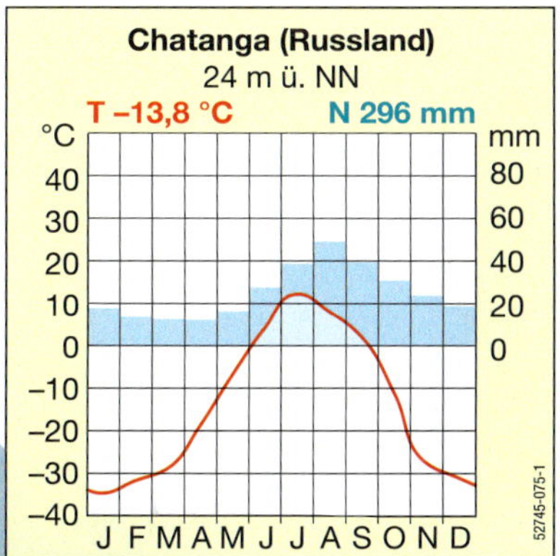

AUFGABEN >>

Arbeitet zu zweit und legt die Seiten 74/75 und 76/77 eurer Bücher passend zusammen:

1 *Beschreibt mithilfe der Materialien die vier Klimazonen.*

2 *Legt eine Tabelle an, in der ihr die Merkmale der einzelnen Zonen eintragt. Unterscheidet nach Klima, Pflanzenwachstum und Tieren. Notiert aus jeder Klimazone fünf Orte in einer Extraspalte. (In eurem Atlas findet ihr dafür eine Klimakarte der gesamten Erde.)*

3 *Wo ist Landwirtschaft am besten möglich, wo am schlechtesten? Begründet eure Meinung.*

Kalte Zone (0 °C)

Die Wachstumszeit der Pflanzen in der kalten Zone schwankt zwischen 0 und 100 Tagen pro Jahr. (Pflanzen brauchen mindestens 5 °C, um wachsen zu können.) Die Niederschläge in der kalten Zone sind meistens gering. Landwirtschaft ist aufgrund der Kälte nur am Rande zur gemäßigten Zone möglich. Traditionell leben die Menschen in der kalten Zone vom Fischfang, der Jagd und der Holzwirtschaft.

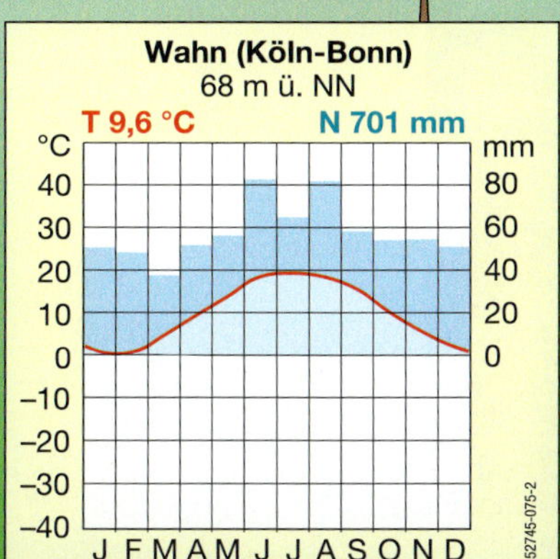

Gemäßigte Zone (8 °C)

In der gemäßigten Zone können die Temperaturschwankungen innerhalb eines Jahres recht hoch sein. Es gibt also ausgeprägte Jahreszeiten. Niederschläge gibt es über das ganze Jahr verteilt. Wo es ausreichend regnet, sind die Bedingungen für die Landwirtschaft sehr gut. Die Wachstumszeit liegt meist über 170 Tage pro Jahr. In der gemäßigten Zone wird viel Getreide angebaut, aber auch Kartoffeln und verschiedene Obst- und Gemüsesorten.

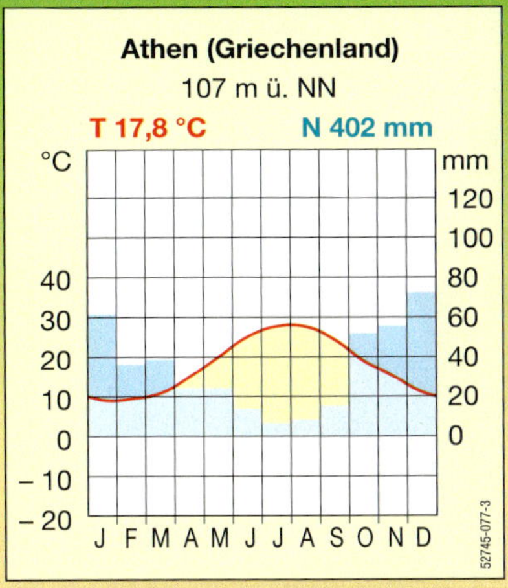

Subtropische Zone (18 °C)

In den Gebieten nahe der gemäßigten Zone regnet es besonders im Winter, es gibt nur selten Frost. Die Sommer sind heiß und trocken.

Hier können Pflanzen angebaut werden, die bei uns nicht gedeihen, doch müssen sie regelmäßig bewässert werden. Dazu zählen beispielsweise die Zitrusfrüchte, wie Orangen und Zitronen.

In den Subtropen gibt es aber auch Wüsten. Dort ist es für den Anbau von Pflanzen zu heiß und zu trocken.

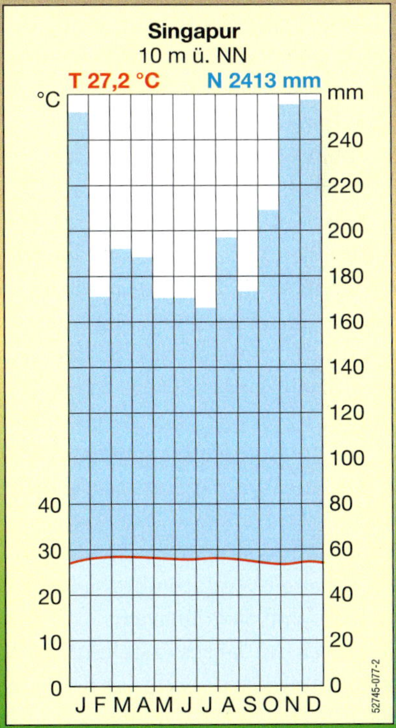

Tropische Zone (25 °C)

In den Tropen ist es im Jahresdurchschnitt am wärmsten. Es gibt niemals Frost. Die Temperaturen schwanken das Jahr über nur wenig. In Äquatornähe regnet es jeden Tag. Das Klima ist dort feucht-heiß, sodass Pflanzen in dieser Klimazone sehr gute Bedingungen finden. Hier kann das ganze Jahr über Landwirtschaft betrieben werden. Zu den bekanntesten Anbauprodukten aus den Tropen zählen Kaffee, Kakao und Bananen.

78.1 *Same mit Rentier*

Könige der Tundra

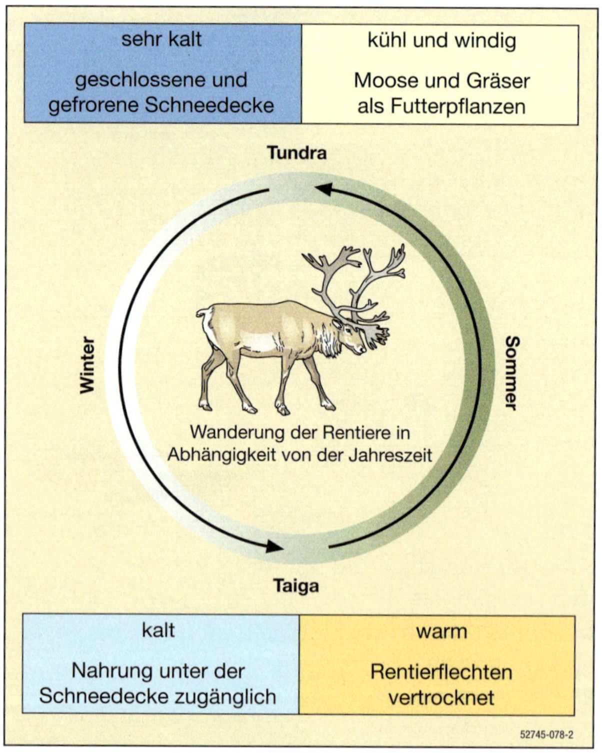

78.2 *Wanderung der Rentiere*

Auf der Südhalbkugel gibt es keine Taiga und keine Tundra, da dort in den entsprechenden Temperaturzonen keine Landmassen vorhanden sind.

Auf der Nordhalbkugel lässt sich die kalte Zone in drei Vegetationszonen untergliedern: Die Eisregion umfasst das Gebiet der Arktis. Hier fegen eisige Stürme über die Landschaft. Pflanzen haben keine Chance zu überleben. Es ist einfach zu kalt. Südlich davon schließen sich Tundra und die Taiga an. Hier leben die Sami mit ihren Rentierherden.

Das traditionelle Leben der Sami

Früher waren die Sami Jäger und Sammler. Ihre wichtigste Beute waren die halbwilden Rentiere. Während die Männer auf die Jagd gingen, hatten die Frauen die Aufgaben, Felle zu bearbeiten, Fische zu fangen und die Tiere zu hüten. Der Umstand, dass die Rentiere auf der Suche nach Nahrung zwischen zwei Vegetationszonen „pendeln", entwickelte bei den Sami das Nomadentum. Im Sommer ziehen die Rentiere in die nördlichen Berggegenden. Das Wachstum der Pflanzen ist hier auf ein bis drei Monate beschränkt, sodass nur Sträucher, Moose und Flechten wachsen können. Diese baumlose Landschaft heißt Tundra.
Die Winter verbringen die Rentiere weiter südlich, in der Taiga. Hier gibt es ausreichend warme Sommer, sodass sich der Gürtel des nördlichen Nadelwaldes entwickeln konnte. Fichten, Lärchen und Kiefern wachsen am besten. Diese Zone mit sehr kalten Wintern umfasst weite Gebiete Russlands, Kanadas und Skandinaviens.
Die Sami lebten den Großteil des Jahres in Zelten. Feste Häuser dienten nur als Winterquartier und für die Rast im Frühjahr und im Herbst.

79.1 *Landschaften in der kalten Zone*

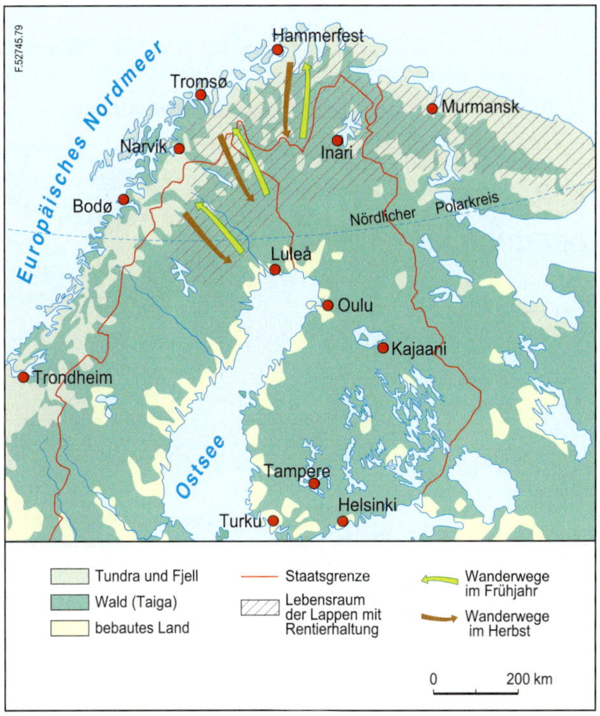

79.2 *Siedlungsraum und Wanderwege der Sami*

So leben die Sami heute

Bei der Rentierzucht steht heute die Fleischproduktion im Vordergrund. Mit dem Hubschrauber, Geländewagen, Motorrad und Schneemobil überwachen die modernen Sami ihre Herden.

Die natürlichen Wanderwege der Rentiere werden immer öfter von Feriensiedlungen oder der Industrie versperrt, sodass einige Sami ihre Herden mittlerweile mit Lastwagen und Schiffen in die flechtenreiche Tundra bringen.

Der Rentierzucht gehen nur noch 10 % der Sami nach. Die meisten arbeiten als Fischer, Holzfäller, Bergarbeiter, in der Industrie oder leben und arbeiten in den Städten. Wer noch Rentiere hat, wandert nicht mehr mit seiner Herde. Ihre Zelte und Holzhäuser haben die Sami mittlerweile gegen moderne Wohnungen eingetauscht.

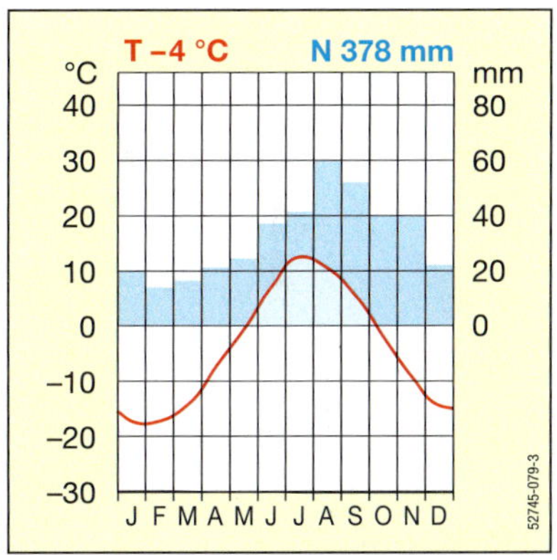

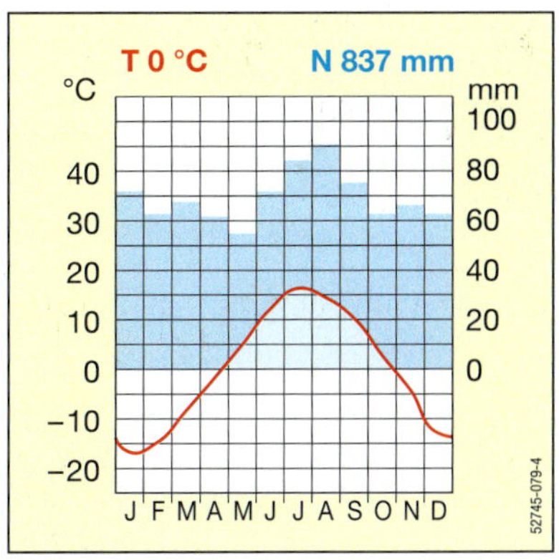

79.3 und 4 Klimadiagramme

AUFGABEN >>

1 *Der Lebensraum der Sami ist Lappland. Fertige eine Lagebeschreibung zu Lappland an. Notiere dazu, über welche Länder sich das Gebiet der Sami erstreckt (Atlas).*

2 *Das Gebiet der Sami erstreckt sich über die Grenzen mehrerer Staaten. Welche Probleme entstehen dadurch für die Sami?*

3 *Erkläre, wodurch das Wanderverhalten der Rentiere beeinflusst wird.*

4 *Vergleiche das Leben der Sami mit dem der Inuit. Beschreibe Gemeinsamkeiten und stelle Unterschiede heraus.*

5 *Die kalte Zone untergliedert sich in drei Vegetationszonen. Beschreibe.*

6 *Ordne die Klimadiagramme den Fotos 79.1 zu.*

Z

Der Golfstrom – die Warmwasserheizung Europas

80.1 *Auf dem Markt von Trondheim*

Atlaskarten zeigen euch: Nirgends sonst auf der Erde reichen Besiedlung und Ackerbau so weit nach Norden wie in Norwegen. Bis zum 64. Breitengrad werden an der Küste Obst und Gemüse angebaut; Gerste, Roggen und Kartoffel gedeihen fast bis zum Nordkap. Wie kommt es zu dieser Erscheinung?
Der Golfstrom beeinflusst sehr stark das Klima im nördlichen Europa. Mit zunehmender Breitenlage sinken die Temperaturen von Süd nach Nord immer mehr. Dennoch unterscheiden sich hier die Winter in Härte und Dauer von West nach Ost fast mehr als von Süd nach Nord. Dies bewirkt der Golfstrom. Oft wird dieser warme Meeresstrom als Warmwasserheizung Europas bezeichnet. Auch im Winter bleibt deshalb die gesamte Küste Norwegens eisfrei.

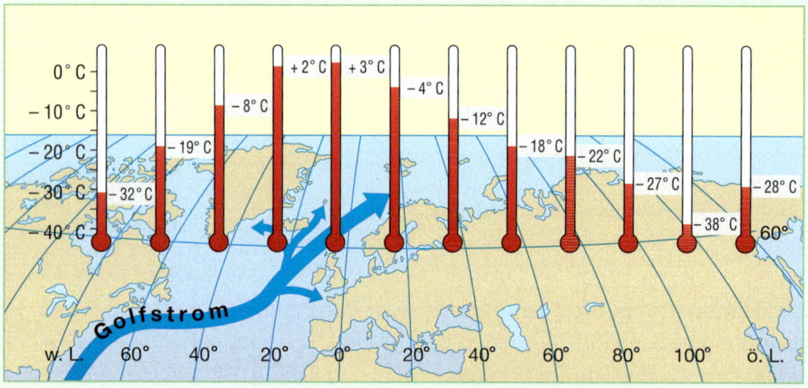

80.2 *Mitteltemperatur im Januar entlang des 60. Breitengrades*

Niederschlagsverteilung

Die Niederschläge nehmen auf der Skandinavischen Halbinsel von West nach Ost deutlich ab. Die feuchten Winde vom Atlantik verursachen am Skandinavischen Gebirge Steigungsregen (vgl. mit dem Harz, Seite 60). Die Gebiete östlich des Gebirges liegen im Regenschatten und erhalten demnach weniger Niederschläge.

80.3 *Obstanbau in der Nähe von Bergen*

AUFGABEN >>

1. *Beschreibe anhand des Atlasses den Verlauf des Golfstroms. Zeichne eine Skizze des Golfstroms in dein Heft.*
2. *Beschreibe die Auswirkungen des Golfstroms auf die Meeresvereisung in Europa.*
3. *Zeichne Klimadiagramme von Haparanda und Bergen.*
4. *Belege mithilfe der Klimadiagramme und der durchschnittlichen Dauer der Meeresvereisung die Auswirkungen des Golfstroms.*

81.1 *Narvik am 30. Januar*

81.2 *Luleå am 30. Januar*

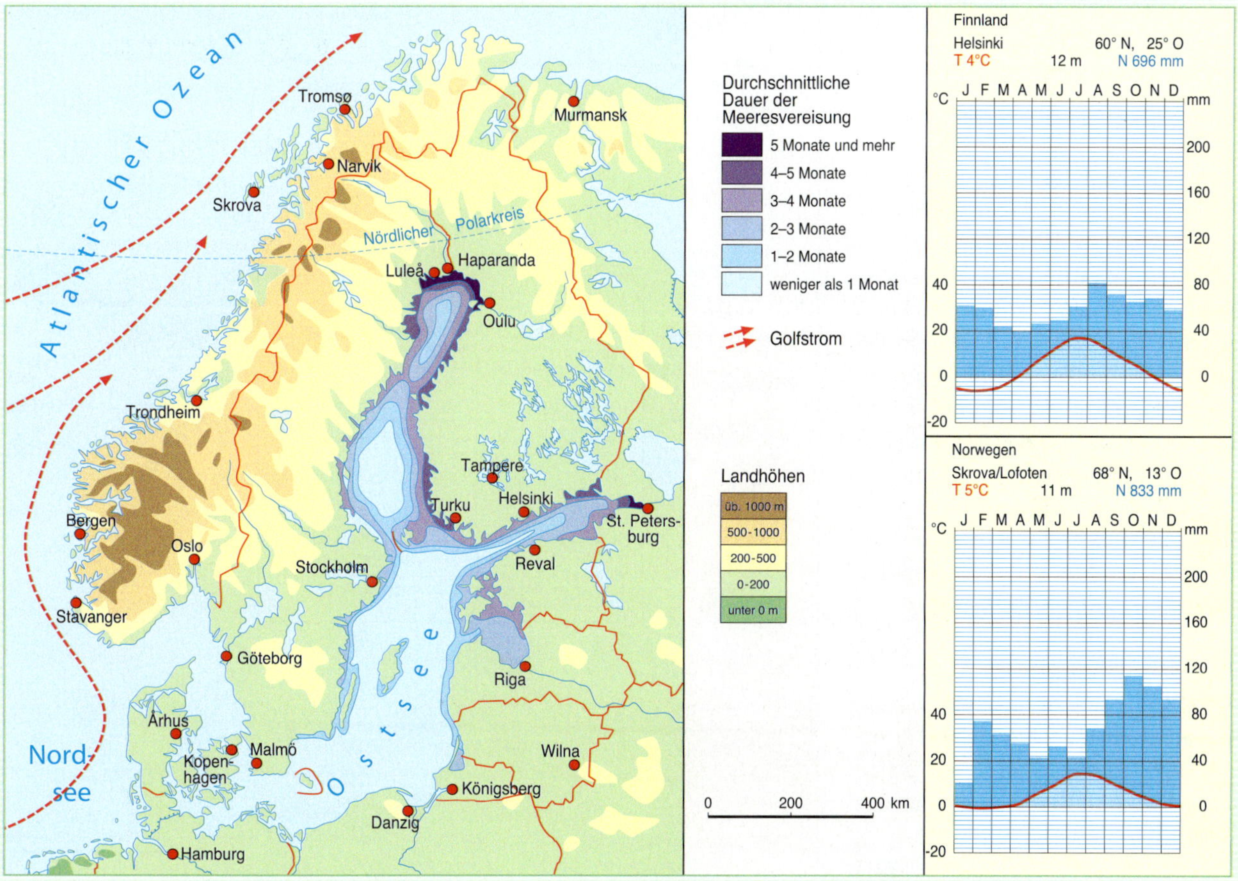

81.3 *Klima in Skandinavien*

		J	F	M	A	M	J	J	A	S	O	N	D	Jahr
Bergen	T (°C)	1,5	1,3	3,1	5,8	10,2	12,6	15,0	14,7	12,0	8,3	5,5	3,3	7,8
	N (mm)	179	139	109	140	83	126	141	167	228	236	207	203	1958
Haparanda	T (°C)	– 10,9	– 11,1	– 7,8	– 1,1	5,8	12,3	16,3	14,0	8,5	2,8	– 2,9	– 7,0	1,6
	N (mm)	40	37	24	34	29	41	54	71	65	53	58	46	552

81.4 *Klimatabellen*

a

Das Klima der gemäßigten Zone – überall gleich?

Ist das Klima in der gemäßigten Zone überall gleich? Wahrscheinlich nicht. Wir wollen auf diesen Seiten überprüfen, ob es Unterschiede zwischen den einzelnen Klimastationen gibt und worin sie bestehen. Vielleicht gibt es ja sogar Regeln für die unterschiedlichen Temperatur- und Niederschlagswerte.

Übertragt dazu Tab. 82.2 in euer Heft und vervollständigt diese. Dazu gibt es ein paar Tipps:

Zeile 1:
Anhand der Karte 82.1 lassen sich die Entfernungen der einzelnen Messstationen zur Atlantikküste errechnen. (Tipp: gemessene Entfernung [cm] x 20 000 000 [Maßstabszahl]). Nun habt ihr die Strecke in Zentimeter. Streicht von eurem Ergebnis fünf Nullen und ihr bekommt die Entfernung in Kilometer. Ihr könnt aber auch die Maßstabsleiste zur Berechnung nutzen.

Zeilen 2, 3 und 4:
Diese Daten könnt ihr alle aus den Klimadiagrammen ablesen.

Zeile 5:
Der Temperaturunterschied wird in Grad Celsius (°C) angegeben. Er ergibt sich aus den Werten der Zeilen 3 und 4. (Achtung bei negativen Zahlen!)

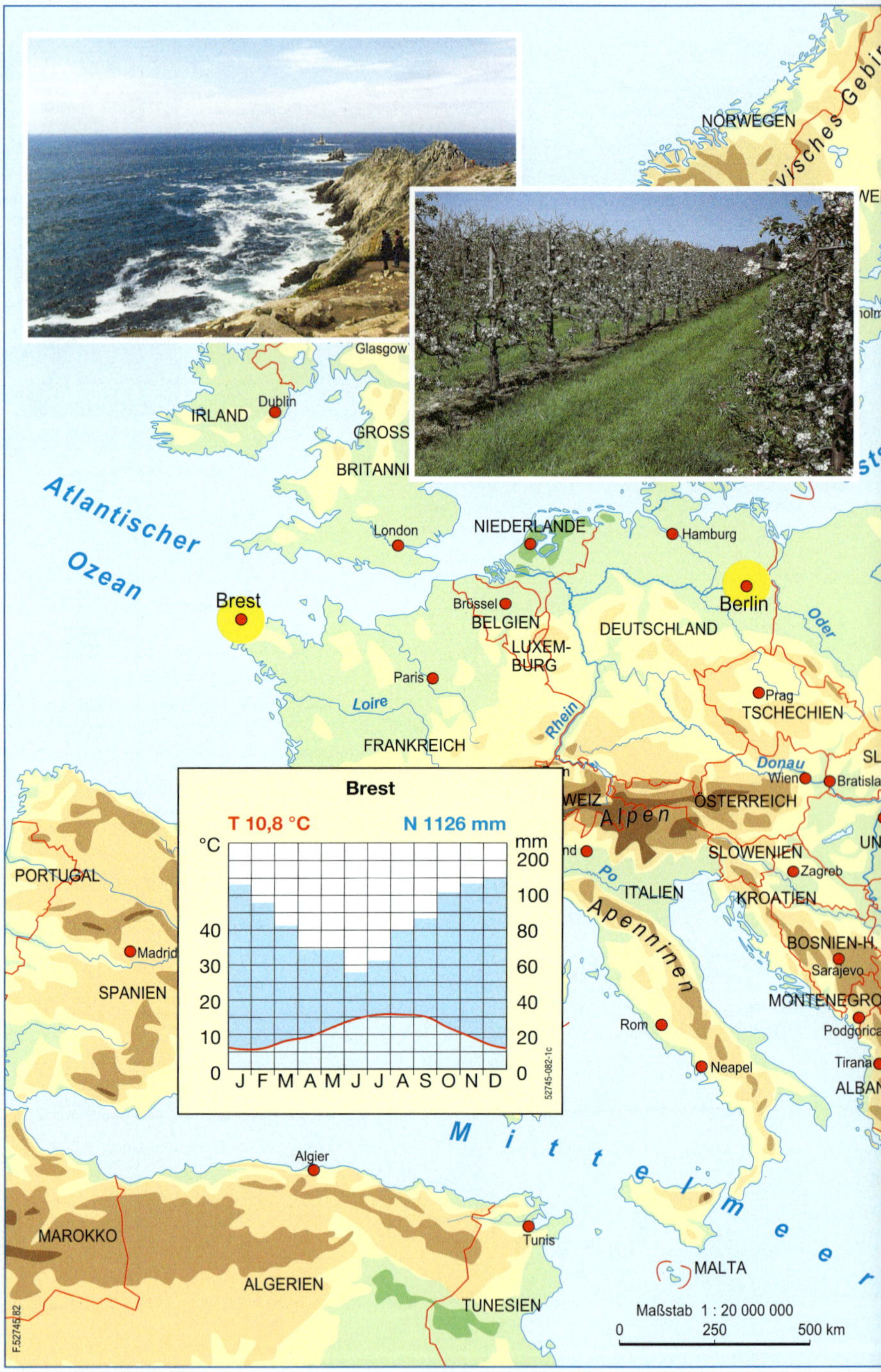

82.1

Nr.		Brest/F	Berlin/D	Charkow/Ukraine	Ksyl-Orda/Kasachstan
1	Entfernung vom Atlantik				
2	Jahresniederschlag				
3	Januar-Temperatur				
4	Juli-Temperatur				
5	Temperaturunterschied (Juli/Januar)				

82.2

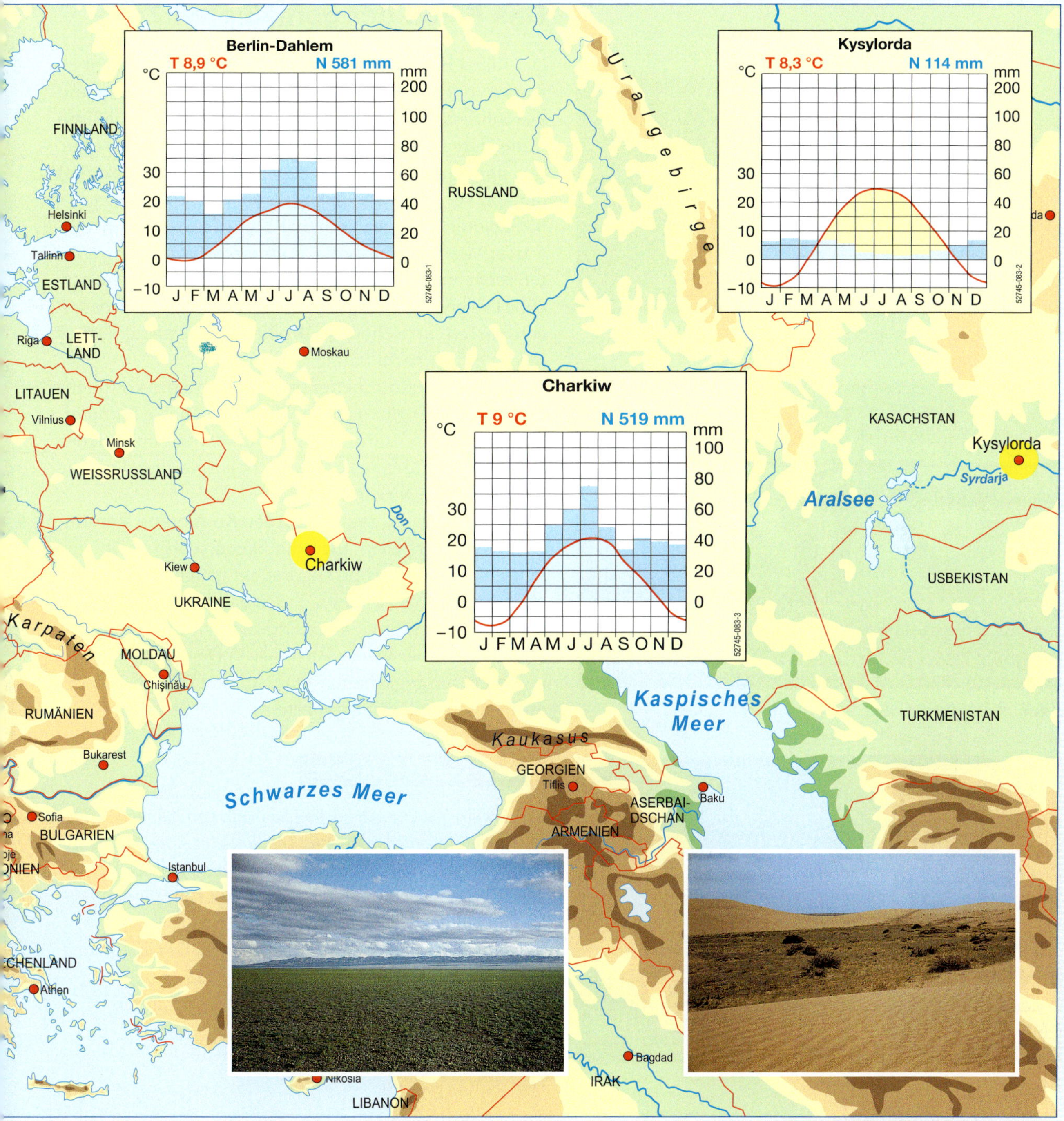

AUFGABEN >>

1 *Formuliert anhand von Zeile 2 eine Aussage zur Entwicklung des Niederschlags. Beachtet dabei auch Zeile 1 der Tabelle 82.2.*

2 *Formuliert anhand der Zeilen 3, 4 und 5 eine ähnliche Aussage zur Entwicklung der Temperatur.*

3 *Beantwortet die Frage der Überschrift.*

Ihr habt nun ermittelt, worin die Unterschiede zwischen der „kontinentalen“ und der „ozeanischen“ Ausprägung des Klimas in der gemäßigten Zone bestehen. Habt ihr eine Idee, wie es zu diesen Unterschieden kommt?

84.1 *Getreideanbau in der Ukraine*

84.2 *Reisernte in China*

84.3 *Schafschur in Neuseeland*

Das Klima der gemäßigten Zone

Das Klima bei uns ist nicht zu kalt oder zu heiß, nicht zu trocken oder zu feucht – also gemäßigt. Gleichzeitig sind die Jahreszeiten deutlich ausgeprägt. Die gemäßigte Zone lässt sich in unterschiedliche Klimate unterteilen. Das sind hauptsächlich das ozeanische Klima (Seeklima) und das kontinentale Klima (Landklima).

In Gebieten mit ozeanischem Klima speichert das Meerwasser Wärme, sodass die Temperaturen auch im Winter recht mild sind. Dagegen sind die Sommer relativ kühl. Die großen Mengen Wasser, die über den Ozeanen verdunsten, erreichen als Wolken das Festland. Daher regnet es hier recht häufig.

Im Inneren der Kontinente treffen wir auf das kontinentale Klima. Hier gibt es kalte Winter und heiße Sommer, da Landmassen Wärme schnell aufnehmen und wieder abgeben. Die Ozeane können nicht ausgleichend auf die Temperaturen wirken.

Je weiter man in das Innere der Kontinente kommt, desto geringer fallen auch die Niederschläge aus, weil sich viele Wolken schon abgeregnet haben.

In Europa gibt es zwischen diesen beiden Klimaten noch das Übergangsklima. Hier sind die Winter mäßig kalt und die Sommer warm. Auch wir in Deutschland leben in diesem ausgeglichenen Klima ohne extreme Temperatur- und Niederschlagswerte.

AUFGABEN >>

1 *Erkläre die Entstehung von See- und Landklima.*

2 *Lokalisiere die Länder aus Tab. 84.4 im Atlas. Beschreibe die weltweite Verbreitung der gemäßigten Zone.*

3 *Die gemäßigte Zone ist die wichtigste Zone für die Produktion von Nahrungsmitteln. Erkläre, warum.*

4 *Nenne wichtige Landwirtschaftsgebiete Frankreichs und erläutere die jeweilige Nutzung (Seite 85).*

5 *Beschreibe die Faktoren, die die Landwirtschaft in Frankreich begünstigen (Seite 85).*

Gerste		Hafer		Roggen		Weizen		Mais	
1. Russland	15,5	1. Russland	5,3	1. Russland	3,9	1. China	109,3	1. USA	331,1
2. Spanien	11,5	2. Kanada	4,6	2. Polen	3,1	2. Indien	75,8	2. China	152,4
3. Deutschland	10,4	3. Polen	1,5	3. Deutschland	2,6	3. USA	55,8	3. Brasilien	52,1
4. Frankreich	9,5	4. USA	1,3	4. Weißrussland	1,3	4. Russland	49,4	4. Mexiko	23,5
5. Türkei	7,3	5. Spanien	1,3	5. Ukraine	0,6	5. Frankreich	32,8	5. Argentinien	21,8

84.4 *Die weltweit fünf größten Produzenten für ausgewählte Getreidesorten (2007, in Mio. Tonnen, Quelle: FAO)*

85.1 *Käse aus Frankreich – weltberühmt*

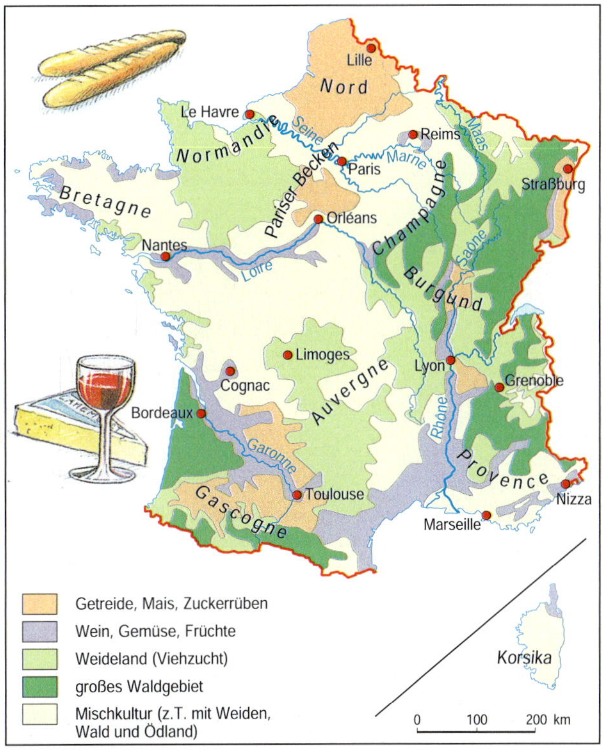

85.2 *Landwirtschaftsgebiete Frankreichs*

Frankreich deckt den Tisch

Ein Blick auf eine Europakarte zeigt: Frankreich liegt südlicher als Deutschland. So ist es nicht verwunderlich, dass das Klima wärmer ist als bei uns. Im Westen grenzt Frankreich an den Atlantik. Das ganze Jahr über bringen Winde aus westlichen Richtungen milde Meeresluft nach Frankreich. Die vom Meer kommenden Winde bringen auch ergiebige Niederschläge mit. Je weiter man nach Osten kommt, umso mehr nimmt der Einfluss des ozeanischen Klimas ab. Südfrankreich liegt im Bereich des Mittelmeerklimas. Hier sind die Sommer heiß und trocken, im Winter ist es mild und es regnet häufig.

In den Mittelgebirgen, den Pyrenäen und in den Alpen ist das Klima für die Landwirtschaft ungünstig. Oft kann nur Weidewirtschaft betrieben werden. Aber in Frankreich überwiegen die weiten Tieflandebenen, die Beckenlandschaften, die Hügelländer und die Plateauflächen. Auf ihnen haben sich fruchtbare Kalk-, Löss- und Lehmböden gebildet.

Diesen natürlichen Gegebenheiten entspricht auch die landwirtschaftliche Nutzung. Die besten Voraussetzungen für den Ackerbau hat das Pariser Becken mit seinem Zentrum, der „Ile-de-France". Beste Ernteerträge bei Weizen, Mais und Zuckerrüben haben das Gebiet zur „Kornkammer" und „Zuckerstube" Frankreichs gemacht. Anders dagegen sind die Bedingungen im Zentralmassiv. Die Einkommen aus der Landwirtschaft sind dort zehnmal niedriger als im Pariser Becken.

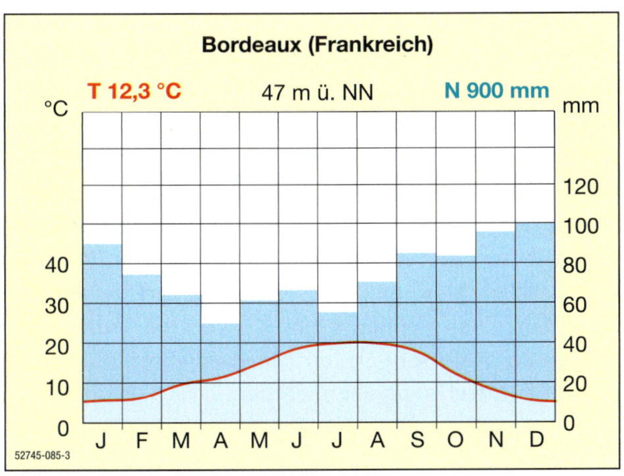

85.3 *Klimadiagramm von Bordeaux*

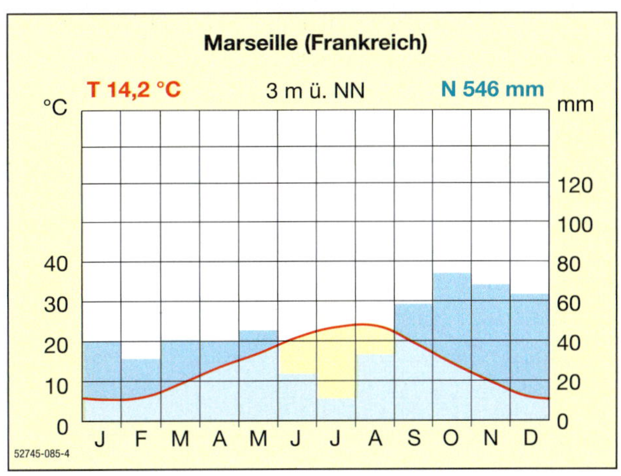

85.4 *Klimadiagramm von Marseille*

86.1 *In einer Huerta bei Valencia*

86.2 *Bewässerungstechniken (C: Detailaufnahme)*

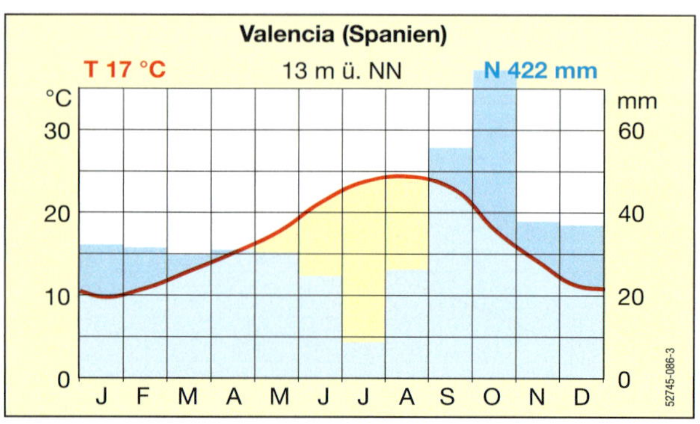

86.3 *Klimadiagramm von Valencia*

Huertas im Wandel

Wasser war an Spaniens trockener Ostküste schon immer das kostbarste Gut. Die Bezeichnung „Huerta" (von lat.: hortus = Garten) geht auf die Römer zurück, die als Erste die Kanalbewässerung einführten. Seither wurde das Bewässerungsnetz ständig verbessert und erweitert. Wer ein Stück Land in der Huerta besitzt, hat Anrecht auf kostenlose Wasserzuteilung. Doch nur zu bestimmten Zeiten darf der Huertano die Schieber der Bewässerungsgräben an seinen Feldern öffnen. Durch umfangreiche Maßnahmen ist Wassermangel selten geworden: Man baute Staudämme und führte das Wasser durch moderne Kanäle und Verteilersysteme auf die Felder. Zusätzlich haben viele Bauern eigene Brunnen mit Motorpumpen auf ihren Feldern, um ihren Wasserbedarf zu ergänzen.

Bei der Furchenbewässerung (Abb. 86.2 A) und auch bei Beregnungsanlagen versickert und verdunstet jedoch ein großer Teil des Wassers ungenutzt.

Deshalb arbeiten heute viele moderne Betriebe in der Huerta mit der Tropfenbewässerung (Abb. 86.2 B und C). Auf dem Boden liegende Plastikschläuche geben aus feinen Düsen nur so viel Wasser ab, wie die Pflanzen auch wirklich benötigen. Der Wasserbedarf der einzelnen Pflanze kann genau gesteuert werden. Außerdem können dem Wasser gelöster Mineraldünger und Pflanzenschutzmittel zugegeben werden.

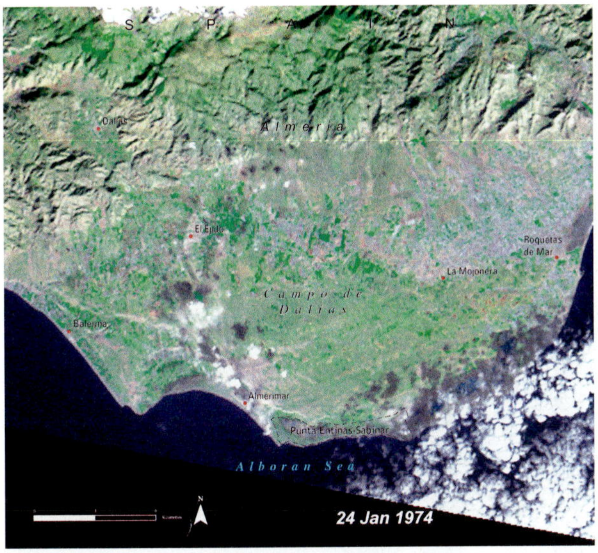

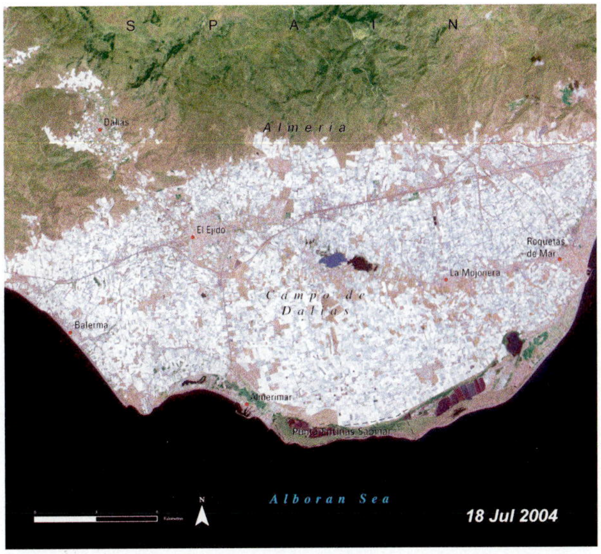

87.1 und 2 *Satellitenbilder aus Südspanien*

Ein Huertano berichtet

„Wir alten Huertanos sterben langsam aus", erzählt Carlos Alonso, „immer häufiger geben Besitzer kleiner Huertas auf. Die Betriebe sind einfach zu klein, um eine Familie zu ernähren. Und mit den neuen Großbetrieben können wir sowieso nicht mithalten. Viele Kleinbauern verkaufen deshalb ihre Felder als Bauplätze oder lassen sie verwildern und suchen sich eine andere Arbeit."

Carlos Alonso macht sich auch Sorgen darüber, wie sich die Landschaft weiterentwickelt. Er berichtet weiter: „Da die landwirtschaftlichen Großbetriebe über viel Geld verfügen, konnten sie ehemaliges Trockenland aufkaufen. Mit modernen Anbaumethoden und Maschinen können diese Betriebe viel günstiger produzieren als wir Kleinbauern. Diese Großbetriebe produzieren hauptsächlich für den europäischen Markt und bauen genau die Produkte an, für die es eine erhöhte Nachfrage gibt. Finden Sie, dass es bei uns noch schön aussieht? Große Flächen der Huerta sind heute bereits mit Plastikgewächshäusern und Folientunneln überdeckt, damit empfindliches Gemüse auch im Winterhalbjahr geerntet werden kann. Wo sollen wir mit den ganzen Plastikabfällen hin? Die Entsorgung stellt für die Region ein großes Problem dar."

87.3 *Plastikgewächshäuser*

AUFGABEN >>

1. *Beschreibe, was eine Huerta ist.*
2. *Begründe die Notwendigkeit der Bewässerung. Verwende dazu auch das Klimadiagramm.*
3. *Beschreibe die Satellitenbilder 87.1 und 2.*
4. *Erstelle eine Liste mit den Vor- und Nachteilen der verschiedenen Bewässerungstechniken.*
5. *Vergleicht die traditionellen Huertas mit den modernen Plastikgewächshäusern. Diskutiert die Vor- und Nachteile.*

88.1–3 *Kautschukgewinnung auf einer Kautschukplantage*

Auf einer Kautschukplantage in Malaysia

Kilometerlange Baumreihen prägen das Bild einer Kautschukplantage in den malaysischen Tropen. Die Plantagen erstrecken sich über eine Fläche von mehreren Tausend Hektar und gehören wohlhabenden Einheimischen, Ausländern oder Gesellschaften. Sie benötigen viele Arbeitskräfte. Produziert wird fast nur für den Export.

Kautschuk erobert die Welt

Lange Zeit war der Kautschukbaum nur in Brasilien heimisch. Da Brasilien und insbesondere auch die Stadt Manaus davon stark profitierten, wurde die Ausfuhr von Kautschuksamen oder Setzlingen des Kautschukbaums mit der Todesstrafe geahndet. 1876 gelang es dem Engländer Henry Wickham, die wertvollen Samen in ausgestopften Krokodilen aus dem Land zu schmuggeln. Die in englischen Gewächshäusern aufgezogenen Kautschukpflänzchen wurden in die britischen Kolonien Ceylon (heute Sri Lanka) und Malaysia verschifft. Heute stammen über 90 % der weltweiten Naturkautschukproduktion aus Südostasien.

Z Kleine Geschichte des Kautschuks

- 1492: Kolumbus beschreibt Gegenstände aus einem „eigenartigen", elastischen Stoff.
- 1844: Charles Goodyear gelingt es, verderblichen Rohkautschuk in haltbares Gummi zu verwandeln (Vulkanisation).
- 1876: Kautschuksamen werden aus Brasilien herausgeschmuggelt.
- 1888: John B. Dunlop erfindet den mit Luft gefüllten Gummireifen.
- 1895: Kautschukbaum wird in Plantagen (Südostasien) gepflanzt.
- 1909: Dem deutschen Chemiker Fritz Hoffmann gelingt die Herstellung von künstlichem (synthetischem) Kautschuk aus Erdöl.
- 1930: Der südamerikanische Wildkautschuk ist inzwischen bedeutungslos geworden.
- 1963: Erstmals wird mehr synthetischer Kautschuk als Naturkautschuk hergestellt (> 50 %). Er ist billiger und von immer gleich bleibender Qualität. Doch die beste Qualität liefert nach wie vor der Naturkautschuk (Flugzeugreifen, Formel-1-Reifen, medizinische Handschuhe, Kondome ...).
- 2000: Weltweit werden rund 1/3 Naturkautschuk und 2/3 synthetischer Kautschuk produziert.

Der Kautschukzapfer Kensiu Jahai erzählt:

„Unsere Arbeit beginnt zwischen vier und fünf Uhr morgens. Mein Vorarbeiter weist mir den Plantagenabschnitt zu. Dort muss ich zunächst vorsichtig die Rinde der Kautschukbäume anritzen. Jetzt kann der austretende „Wundsaft", der Latex, in den am Stamm hängenden Latexbecher ablaufen.

Bei meinem zweiten Rundgang fülle ich den Latex in Eimer und bringe diese zu den Sammelstellen, wo er in große Tanks geschüttet wird. Die „Gummimilch" muss vor der Tageshitze eingesammelt werden, weil sie sonst eintrocknet. Mein Lohn errechnet sich aus der gewonnenen Latexmenge – ein Kautschukbaum gibt jährlich ein bis zwei Liter „Milch" ab. Alle zwei Wochen kann ich das Geld im Lohnbüro abholen. Meine Frau arbeitet drüben als Verkäuferin im Laden und mein Sohn in der Plantagenfabrik. Meine Tochter geht zur Schule."

Arbeiter Mendrik aus der Plantagenfabrik berichtet:

„Den angelieferten Latex gieße ich in große Gerinnungsbehälter. Dort bringe ich den Milchsaft zum Gerinnen, indem ich Ameisensäure zuschütte. In die nun langsam erstarrende Masse hänge ich Trennungsschirme, sodass der dicke Brei zum Schluss in Platten herausgezogen werden kann. Einige Platten werden flach und breit gewalzt und in gleich große Streifen zerschnitten, danach getrocknet und geräuchert. Zum Schluss werden sie in Behälter gefüllt, getrocknet und zu Ballen gepresst."

Der Manager Peruk Intan erklärt:

„Unsere Plantage ist rund 3200 Hektar groß. Momentan zählen wir etwas über 700 Beschäftigte. In Monokultur werden die neuesten Kautschuksorten angebaut. Sie geben deutlich mehr Ertrag als die alten Sorten, müssen aber gegen Schädlinge und Pflanzenkrankheiten behandelt werden. Die Verarbeitung des Latex erfolgt nach modernsten Verfahren. Für Personal, Gebäude und Technik geben wir eine Menge Geld aus. Das Latex-Konzentrat, aber auch der Rohkautschuk, werden zum größten Teil nach Europa oder Japan exportiert. Trotz der großen Konkurrenz des synthetischen Kautschuks ist der Absatz unseres Naturkautschuks in den letzten Jahren wieder etwas gestiegen. Aufgrund des Überangebots auf dem Weltmarkt sind die Preise allerdings stark gesunken."

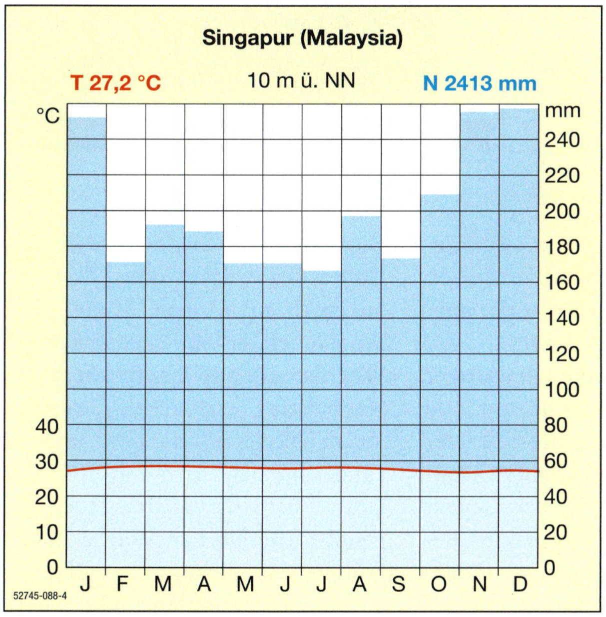

***89.1** Klimadiagramm*

Der Kautschukbaum ...

- wurde von den Ureinwohnern „ca hu chu" (weinendes Holz) genannt
- braucht hohe Temperaturen von 28 °C
- benötigt hohen Niederschlag (2000–4000 mm/Jahr)
- stellt nur geringe Ansprüche an den Boden
- wächst bis zu einer Höhe von 500 Metern ü. NN
- liefert nach 5 Jahren erstmals Latex
- stellt die Produktion nach 30 Jahren ein

AUFGABEN >>

1 *Nenne typische Merkmale einer Plantage.*

2 *Erkläre den Unterschied zwischen Naturkautschuk und künstlichem Kautschuk. Nenne für beide Kautschukarten Produkte.*

3 *Ordne die Naturkautschuk produzierenden Länder Kontinenten zu.*

4 *In welcher Klimazone kann der Kautschukbaum nur wachsen? Begründe.*

Z

In den Savannen

Aus einem Lexikon:

Savanne bedeutet „weite Ebene" und ist eine Vegetationszone in den wechselfeuchten Tropen. Sie grenzt beiderseits des Äquators an den tropischen Regenwald und reicht bis zu den Wendekreiswüsten. Geprägt ist sie durch relativ hohe Jahresdurchschnittstemperaturen und den Wechsel zwischen Regen- und Trockenzeit. Typisch sind daher Gräser, Büsche und vereinzelte Bäume.

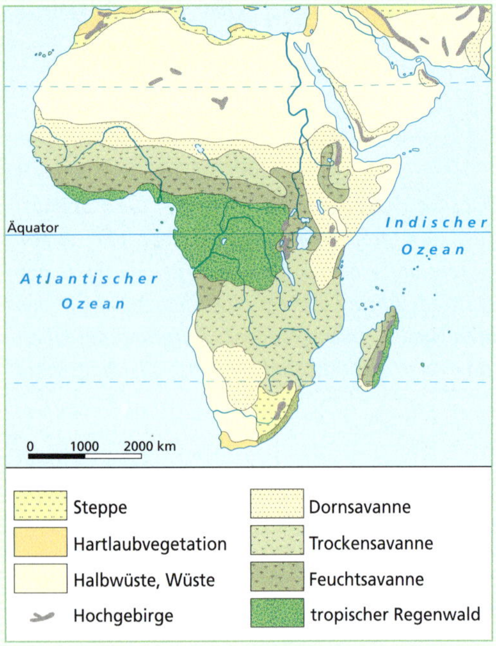

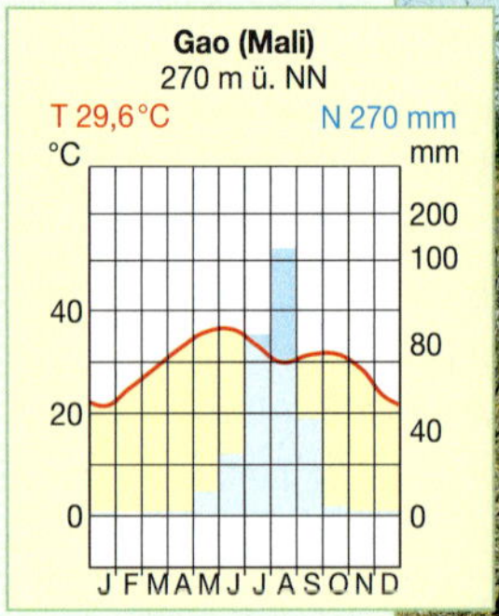

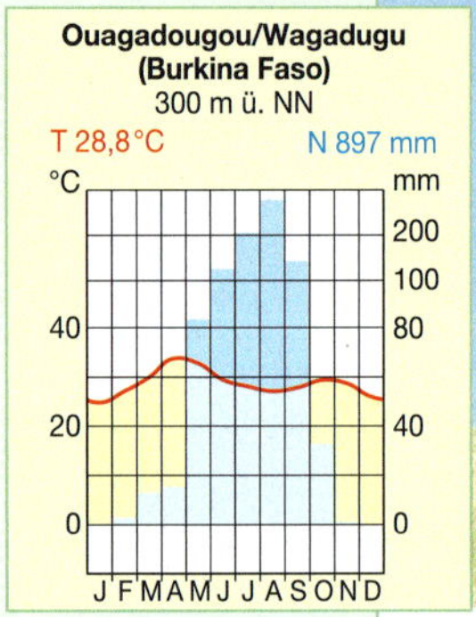

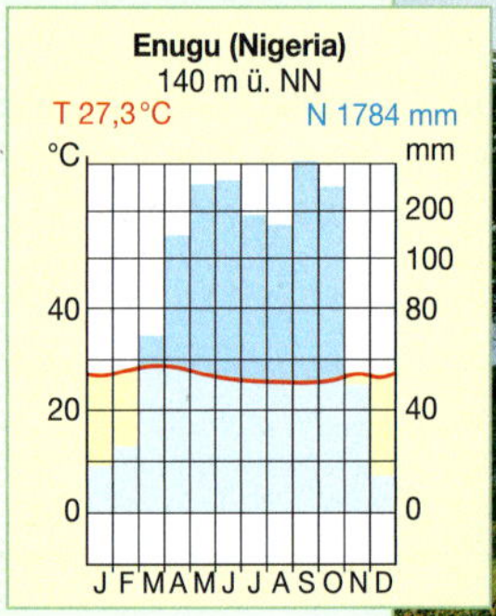

Seit Wochen ist kein Tropfen Regen gefallen. Unbarmherzig brennt die Sonne vom wolkenlosen Himmel. Das Thermometer zeigt 35 bis 40 °C im Schatten. Man ist geblendet, wenn man über das weite Land schaut. Die Luft flimmert über den gelben Gräsern, die in der sengenden Glut verdorren. Die Bäume haben ihr Laub abgeworfen und sehen wie abgestorben aus. Immer heißer werden die Tage, immer mehr füllt sich die Luft mit Staub. Selbst die Tiere scheinen verschwunden zu sein. Täglich ballen sich riesige Haufenwolken zusammen, zerstreuen sich aber immer wieder. Alles wartet ...

Schlagartig setzt ein gewaltiger Sturm ein und treibt Staub und Sand vor sich her. Bald prasselt der Regen – begleitet von lauten Donnerschlägen – mit solcher Gewalt hernieder, dass sich schon nach wenigen Minuten auf den Wegen und Plätzen kleine Seen und Bäche bilden. Durch die eben noch trockenen Flussbette wälzen sich schlammige Fluten. Die meisten Wege bestehen nur noch aus Morast, in den jeder Wagen tief einsinkt. In den nächsten Wochen entladen sich fast jeden Nachmittag schwere Gewitter. Schon bald sprießt das Gras, und das Land überzieht sich mit frischem Grün. Auch die Bäume legen ein neues Blätterkleid an. Wie bei uns im Frühling blühen unzählige Blumen, die von Schmetterlingen und Käfern umschwirrt werden.

Dornsavanne:

Trockenzeit: 7 – 10 Monate

Niederschläge: 250 – 500 mm

Vegetation: oft undurchdringliches Dorngestrüpp, nur etwa 25 cm hohes Gras, das den Boden nicht geschlossen bedeckt. Gewächse weisen Verdunstungsschutz auf (z.B. Verdickung der Rinde, Blätter mit Wachsüberzug) oder können in Stämmen (Flaschenbaum), Blättern (Agaven) oder Wurzeln Wasser speichern; schirmförmige Baumkronen.

Landwirtschaft: aufgrund geringer Niederschläge nur Viehzucht durch Nomaden.

Trockensavanne:

Trockenzeit: 5 – 7 Monate

Niederschläge: 500 – 1000 mm

Vegetation: brusthohes Gras, Bäume werfen Laub ab und wachsen im Abstand von 10 – 25 m; Blätter bilden eine Schirmkrone, die den Boden beschattet und Austrocknung verhindert. Typisch sind Schirmakazien, Affenbrot- (Baobab) und andere Flaschenbäume (speichern in dicken Stämmen Wasser), Ufer der nicht ganzjährig Wasser führenden Flüsse von dichten Baumstreifen (Galeriewälder) gesäumt.

Landwirtschaft: Ackerbau (nur eine Ernte möglich), Viehzucht durch die Tsetsefliegen behindert.

Feuchtsavanne:

Trockenzeit: 2 – 5 Monate

Niederschläge: 1000 – 1500 mm

Vegetation: offene Landschaft mit parkartigem Baumbestand, bis zu 6 m hohes Elefantengras, die Bäume behalten auch während der Trockenzeit ihre Blätter.

Landwirtschaft: hohe Niederschläge ermöglichen zwei Ernten im Jahr; zur Selbstversorgung Anbau von Hirse, Mais, Soja, Maniok, für die Ausfuhr z.B. Erdnüsse und Baumwolle; wegen der Tsetsefliegen kaum Großviehhaltung. Durch Brandrodung gewinnen Hackbauern zusätzliches Ackerland.

52867-060-061

91.1 *„The big five", die begehrtesten Ziele einer Safari*

AUFGABEN >>

1 *Erstelle mithilfe von Buch und Atlas eine Übersicht über die Savannen (Tabelle 91.2).*

2 *Nenne afrikanische Staaten, die alle Savannentypen aufweisen. Ermittle außerdem Gebiete außerhalb Afrikas, die von Savannen bedeckt sind (Atlas).*

3 *Die Savannen gehören zu den wechselfeuchten Tropen. Erkläre diesen Begriff mithilfe der Materialien auf diesen beiden Seiten.*

3 *Beschreibe die Lage der immerfeuchten Tropen. Welche Vegetationszone liegt dort?*

	Dorn-savanne	Trocken-savanne	Feucht-savanne
Trockenzeit			
Regenzeit			
Niederschläge			
Vegetation			
Landnutzung			

91.2 *Tabelle*

Z Alle Vegetationszonen unter einem Dach

„Selbst wenn man ihn nicht sieht, spürt man ihn. Wie eine Person, die an einen denkt, auch wenn sie nicht da ist." (Afrikanisches Sprichwort)

92.1 *Schneebedeckter Kilimandscharo*

Der Kilimandscharo ist nicht nur Afrikas höchster Gipfel, sondern auch der höchste frei stehende Berg der Erde. Der heilige Berg der Massai besteht aus drei erloschenen Vulkanen. Jedes Jahr lockt er über 20 000 Besucher an, die von ca. 54 000 einheimischen Trägern und Führern beim Aufstieg begleitet werden. Eine Besteigung des Kilimandscharos entspricht einer Durchquerung der Klimazonen vom Äquator zum Nordpol.

Wir wissen, dass sich die Temperatur mit zunehmender Höhe ändert. Aber auch andere Klimamerkmale, besonders die Niederschläge, verändern sich mit zunehmender Höhe. Dadurch entstehen Höhenstufen der Vegetation, die in allen Klimazonen zu beobachten sind. Die Anzahl der Höhenstufen nimmt zum Äquator hin zu.

Die „Eiskappe" des Kilimandscharos hat seit 1912 rund 80 % ihrer Größe verloren. Gründe dafür sind die allgemeine Klimaerwärmung sowie die Abholzung der Wälder an den Berghängen. Klimaforsch er haben berechnet, dass der Gipfel im Jahr 2020 eisfrei sein könnte.

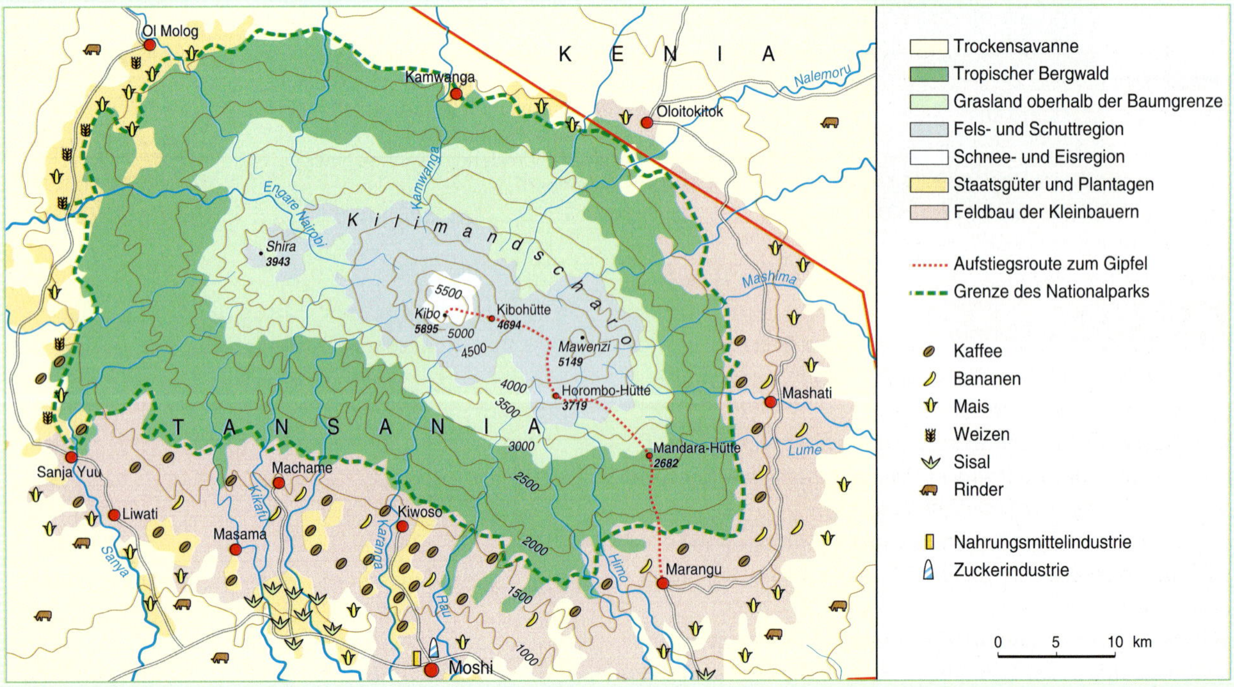

92.2 *Aufstiegsroute und Landnutzung am Kilimandscharo*

93.1 *Vegetation am Kilimandscharo*

Bergtour zum Gipfel

„Wir beginnen unseren Aufstieg in Marangu. Ab etwa 1800 Metern Höhe betreten wir einen dichten Wald: Das ständige leichte Nieseln aus den am Berg liegenden Wolken geht in heftigen Regen über. Wir schwitzen in der stickig schwülen Treibhausluft und erreichen abends die Mandara-Hütte.

Am nächsten Tag wird der Wald langsam lichter, bis er schließlich von der Mattenregion abgelöst wird. Hier wächst hohes Gras, durchsetzt von Farnen und Heidekraut. Die dünne Luft macht das Atmen immer schwerer. In der Horombo-Hütte schlafen die meisten schlecht und leiden durch die Höhe unter starken Kopfschmerzen. Um uns an die Höhe zu gewöhnen, legen wir hier einen Ruhetag ein.

Am folgenden Morgen wandern wir durch immer spärlichere Vegetation, bis wir schließlich die Felsregion erreichen. Die Pausen häufen sich. Erschöpft erreichen wir die Kibo-Hütte und verbringen dort eine kurze, fast schlaflose Nacht. Als wir nach Mitternacht zum Gipfel aufbrechen, ist es bitterkalt, ca. −15 °C. Jeder Schritt wird zur Qual. Zwei Mitglieder aus meiner Gruppe sind so höhenkrank, dass sie umkehren müssen. Um 6:20 Uhr belohnt uns ein herrlicher Sonnenaufgang. Wir erreichen den östlichen Kraterrand des Gillman's Point. Von dort aus sind es nur noch 215 Höhenmeter bis zum höchsten Punkt Afrikas, dem Kibo. Die Luft enthält hier nur noch halb so viel Sauerstoff wie auf Meereshöhe. Ich bin völlig fertig, aber glücklich."

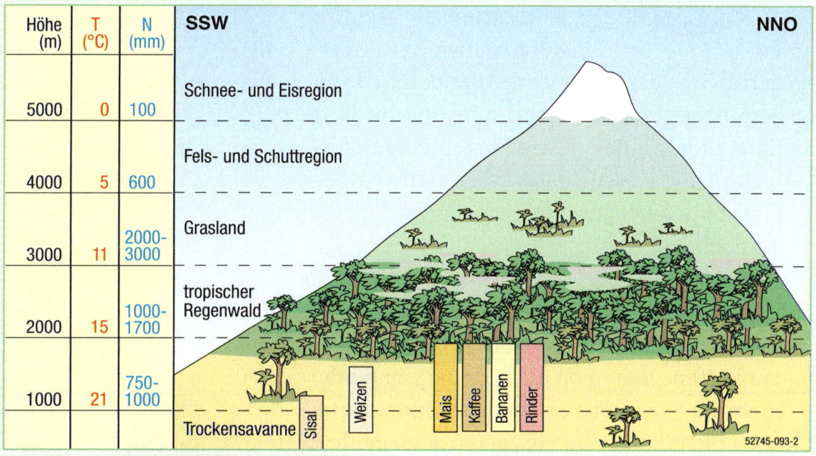

93.2 *Höhenstufen am Kilimandscharo und Landnutzung*

AUFGABEN >>

1 *Beschreibe die Lage des Kilimandscharos (Atlas).*
2 *Beschreibe die Höhenstufen, die beim Aufstieg auf den höchsten Berg Afrikas durchwandert werden. Ordne die Fotos A–D den jeweiligen Höhenstufen zu.*
3 *Schnee im tropischen Afrika? Erkläre, warum dies möglich ist.*
4 *Die fruchtbaren Berghänge des Kilimandscharo ernähren Tausende Menschen. Beschreibe mithilfe der Karte 92.2 die Landnutzung am Kilimandscharo.*
5 *Übertrage das Profil des Kilimandscharos (Abb. 93.2) in dein Heft und stelle ihm ein Höhenstufenprofil der Alpen gegenüber. Begründe die Unterschiede.*

Lernen mit Spielen

Eine gute Möglichkeit, Lernstoff zu wiederholen, ist es, eigene Spiele zu erstellen und gemeinsam in der Klasse zu spielen.
Je nachdem, was ihr wiederholen wollt, eignen sich dafür unterschiedliche Spiele.
Alle abgebildeten Spiele sind einfach herzustellen. Außerdem haben sie gemeinsam, dass ihr sie zusammen in der Klasse spielen könnt und dass das Lernen mit ihnen Spaß macht.

Tabu
Bei Tabu kann man sehr gut Fachbegriffe wiederholen. Das können beispielsweise die Grundbegriffe aus dem Buch sein.
Ihr spielt in Gruppen gegeneinander. Eine Person erklärt den Begriff, die anderen im Team versuchen, ihn zu erraten. Dabei dürfen die Begriffe auf der Spielkarte nicht genannt werden.

94.1 *Tabukarte*

Wer wird Geograf?

Wie beim bekannten Wer-wird-Millionär-Spiel aus dem Fernsehen muss auch hier für eine Frage aus vier möglichen Antworten die richtige herausgefunden werden. Beim Original muss der Kandidat 15 Fragen richtig beantworten, um eine Million Euro zu gewinnen. Diese Fragen fangen einfach an und werden dann immer schwieriger. Das sollte auch auf die Fragen zutreffen, die ihr euch überlegt.

Fragen entwerfen
Es gibt mehrere Möglichkeiten, die Fragen zu entwerfen: Jeder von euch steuert eine oder mehrere Fragen bei, darf diese dann später aber nicht selbst beantworten oder helfen. Oder eine Gruppe entwirft Fragen für ihre Mitschüler. Wichtig ist es dabei, die Fragen mit einem Schwierigkeitsgrad zu verstehen.
Neben den Gruppen, die gegeneinander antreten, braucht ihr noch ein oder zwei Moderatoren, die die Fragen vorstellen, z. B. am Tageslichtprojektor.
Spannend ist es auch, eine Frage nicht nur zu beantworten, sondern auch zu erklären, warum die anderen Antworten nicht richtig sind.

94.2 *Beim Quiz*

Memory

Das Memory-Spiel kann man überall dort einsetzen, wo zwei Dinge einander zugeordnet werden. Ein Land und eine Hauptstadt, ein Klimadiagramm und eine Klimazone. Auch einfache Skizzen können gut auf den Memory-Kärtchen dargestellt werden. Das Erdkunde-Memory kann man zu zweit oder auch in einer Gruppe spielen.

95.1 *Memory-Spiel*

Brettspiele

Um gemeinsam spielerisch die ganze Welt oder auch nur ein Land zu erkunden, müsst ihr zunächst ein Spielbrett gestalten.
Als Nächstes denkt ihr euch Fragen aus, die im Verlauf des Spiels beantwortet werden müssen. Auch hier müsst ihr euch nicht nur auf normale Fragen beschränken, sondern könnt auch Skizzen, Diagramme oder Bilder auf eure Fragekarten malen. Besonders gut geht dies bei dem Kapitel zur Landnutzung in den Klimazonen.
Zum Spielen braucht ihr noch einen Würfel und Spielfiguren.

95.2 *Der Atlas dient als Vorlage*

95.3 und 4 *Die Gruppe beim Entwerfen des Spiels*

W Üben und Wiederholen

Bedrohte Naturvölker

Sami in traditioneller Kleidung

Wir, die Sami, sind ein Volk, vereint in unserer eigenen Kultur, Sprache und Geschichte.
Wir leben in Gebieten, die seit undenkbaren Zeiten von uns allein bewohnt und genutzt worden sind.
(Aus dem politischen Programm des Sami-Rates)

Bedrohte Naturvölker gibt es in allen Klimazonen.

gesellschaft für **bedrohte völker**

a) Nimm Stellung zur Aussage der Sami.
b) Informiere dich im Internet über die Gesellschaft für bedrohte Völker (http://www.gfbv.de). Wähle ein weiteres Volk aus und vergleiche dessen Situation mit der der Sami.

Richtig zuordnen

Welchen Klimazonen können die Lebensräume dieser Menschen zugeordnet werden?

Grundbegriffe

Eiswüste
gemäßigte Zone
Landklima
Plantagen
Seeklima
Subtropen
Taiga
Tropen
Tundra

Sätze bilden
Vervollständige die beiden Sätze sinnvoll im Heft:
a) Wasser erwärmt sich ... das hat zur Folge, dass ...
b) Land erwärmt sich ... das hat zur Folge, dass ...

Landnutzung in verschiedenen Klimazonen
Erkläre, welche Klimastation zu welchem Foto gehören kann.

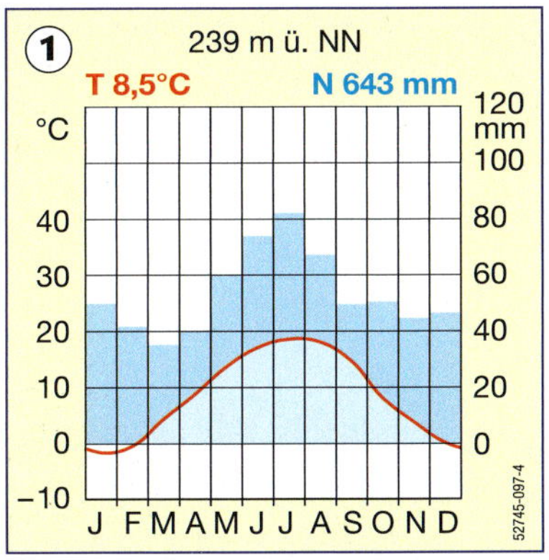

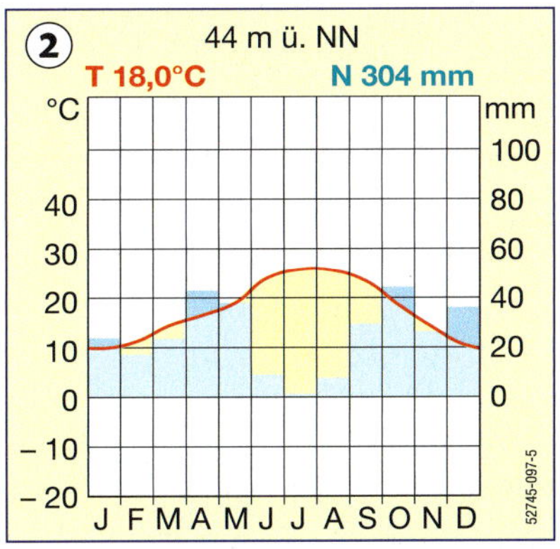

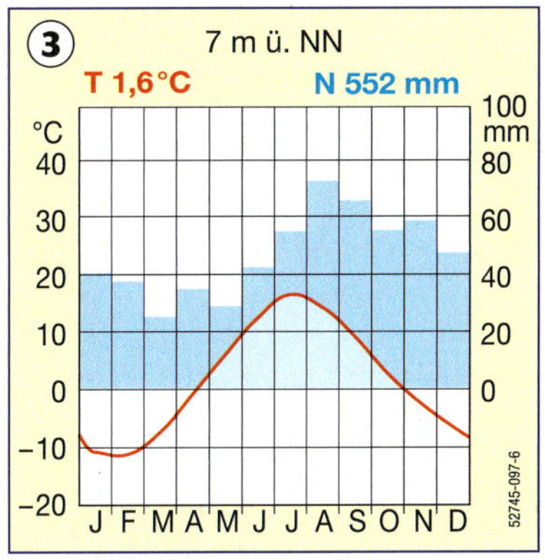

Richtig sortieren
a) Vom Nordpol bis zum Äquator erstrecken sich verschiedene Klima- und Vegetationszonen. Bringe diese in die richtige Reihenfolge.
b) Welche Landschaftszonen fehlen auf der Südhalbkugel? Begründe.

Subtropen | Taiga | Eiswüste | Savannen | gemäßigte Zone | Steppe | Tundra | Wüste | Tropen

5 Erschließung und Umwertung von Räumen

Norilsk – die nördlichste Großstadt der Erde

100.1 *In Norilsk (Mitte Januar 12:00 Uhr mittags)*

Sergej Iwanow, ein russischer Arbeiter, berichtet:

Endlich bin ich wieder zu Hause in Moskau. Einige Jahre habe ich in Norilsk, einer Industriestadt mit 200 000 Einwohnern, im nördlichen Sibirien unter extremsten Bedingungen gearbeitet. Das Klima dort ist nur schwer zu ertragen. So kann man sich bei starkem Frost nicht lange im Freien aufhalten. Wer z. B. außen mit bloßen Händen Eisen anfasst, bekommt „Brandblasen". Der sehr kalte Winter dauert neun Monate, in denen Temperaturen bis zu –55 °C auftreten. An 250 Tagen im Jahr liegt Schnee. Für die Kinder gibt es ab –50 °C schulfrei. Vom 20. November bis zum 20. Januar herrscht in der Stadt Polarnacht, die nur um die Mittagszeit durch eine kurze Dämmerung aufgehellt wird. Im kurzen Sommer steigen die Temperaturen auf bis zu 30 °C. Der Dauerfrostboden taut dann ein bis vier Meter oberflächlich auf. Straßen versinken im Morast. Häuser, die nicht auf Stelzen stehen, laufen Gefahr, ins Rutschen zu geraten oder einzustürzen.

Norilsk wurde 1935 gegründet, weil dort zahlreiche Bodenschätze gefunden wurden. Im Vergleich zu anderen Städten erhalten die Arbeitskräfte höhere Löhne und einen längeren Urlaub. Die Versorgung mit hochwertigen Lebensmitteln erfolgt per Bahn und Flugzeug aus über 2000 km Entfernung. Die wirtschaftliche Grundlage der Stadt beruht auf der Verhüttung und Verarbeitung der Metalle. Daneben gibt es eine Holzverarbeitung in Sägewerken. Neben den Wärme- und Wasserkraftwerken wird z. B. in Treibhäusern Gemüse angebaut. Geforscht wird in einem Institut für Landwirtschaft in Polargebieten.

Norilsk – nur schwer zu erreichen

Die Verkehrslage der Stadt ist äußerst ungünstig. Die Hauptverkehrsmittel sind Flugzeug und Hubschrauber. Einen direkten Anschluss an das Eisenbahnnetz und weiterführende Straßen gibt es nicht. Die Flussschifffahrt ist nur im Sommer für eine kurze Zeit möglich. Der Lkw-Verkehr findet überwiegend auf den zugefrorenen Flüssen statt. Flugverbindungen führen nach Moskau, Nowosibirsk und Murmansk.

Z

Bauen auf Dauerfrostboden

Beim Heizen taut unter den Häusern der Dauerfrostboden auf. Das Schmelzwasser kann aber nicht versickern oder zur Seite ablaufen. Durch Risse in der Bodenplatte dringt es in das Haus ein und gefriert. Außerdem können die Häuser ins Rutschen kommen. Deshalb werden Gebäude auf Betonpfählen errichtet, die tief in den Dauerfrostboden gerammt werden. Die Luftschicht zwischen Erdboden und Haus verhindert dann das Auftauen des Bodens.
Zur Vermeidung von Schäden müssen nicht nur Häuser, sondern auch Straßen und Eisenbahnen möglichst auf ebenem Gelände gebaut werden.

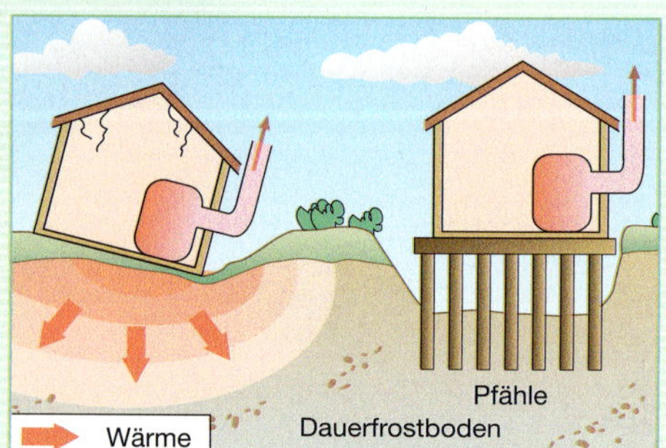

100.3 *Falsches und richtiges Bauen*

Umweltprobleme

Norilsk gilt als die schmutzigste Stadt Russlands. Aus den Industriebetrieben gelangen jährlich 3,4 Mio. t Schwefeldioxid in die Luft. Der entstehende „saure Regen" führt zum Waldsterben in der Region. Ungeklärte Abwässer gefährden das Trinkwasser. Die Wohnblöcke stehen in unmittelbarer Nähe zu den qualmenden Fabriken. Viele Menschen leiden unter Atemwegserkrankungen bis hin zu Krebs. Viele Arbeiter tragen deshalb in der vergifteten Fabrikluft Sauerstoffflaschen.

101.1 *Luftverschmutzung in Norilsk*

101.2 *Die Schwefeldioxidbelastung ist oft so hoch, dass Arbeiter extra Sauerstoff brauchen*

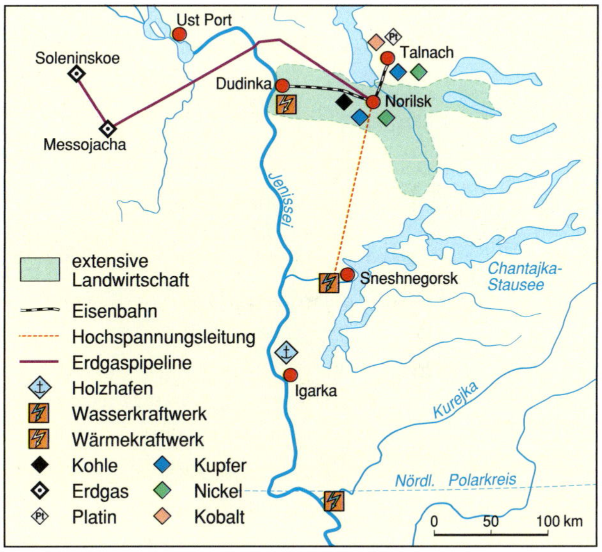

101.3 *Bodenschätze in der Nähe von Norilsk*

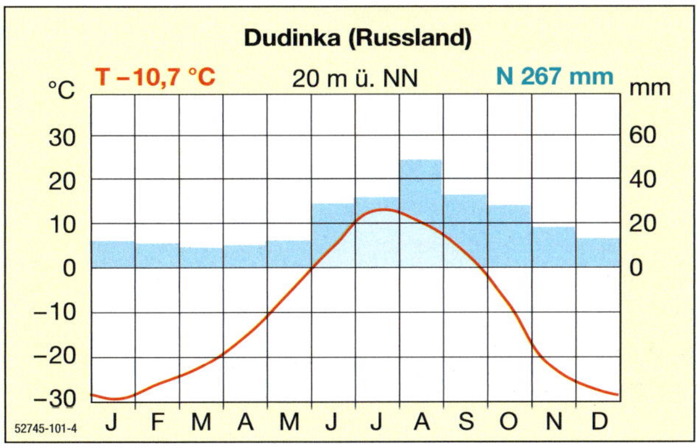

101.4 *Klimadiagramm von Dudinka*

AUFGABEN >>

1 *Beschreibe die Lage von Norilsk.*

2 *Warum kann man das dort herrschende Klima als lebensfeindlich bezeichnen?*

3 *Erkläre, wieso Norilsk überhaupt entstanden ist.*

4 *Notiere dir Orte, die in der Nähe von Lagerstätten liegen.*

5 *Erkläre, warum in Norilsk die Häuser auf Stelzen gebaut werden.*

6 *Fertige mithilfe des Textes und der Karte einen Steckbrief von Norilsk an. Berücksichtige dabei auch die Umweltbelastungen.*

> Als Gott die Welt erschuf, flog er mit einem Sack voller Schätze über Sibirien hinweg. Von der Kälte waren seine Hände so steif gefroren, dass er den Sack nicht mehr länger halten konnte. Diamanten, Edelsteine, Gold und andere Mineralien, die er darin aufbewahrt hatte, verteilten sich übers Land. Darüber geriet er so in Zorn, dass er Sibirien mit Dauerfrostböden, Sümpfen, Mooren, undurchdringlichen Wäldern und bitterer Kälte strafte.
>
> (nach einer russischen Legende)

Russland – Schätze aus dem Eiskeller

Russland ist das Land der riesigen Rohstoffvorkommen. In den Weiten Sibiriens gibt es nicht nur die größten Holzvorkommen der Erde und die meisten Bodenschätze, hier lagern außerdem noch 75 % der Energiereserven Russlands (Erdöl, Erdgas). Zur Förderung und zum Abtransport der Bodenschätze braucht man Straßen, Eisenbahnen und Schifffahrtswege. Nur so können die riesigen Entfernungen überwunden werden. Vor über 100 Jahren wurde mit dem Bau der Transsibirischen Eisenbahnlinie begonnen. Sie führt über eine Strecke von 10 000 km von Moskau nach Wladiwostok. Hier begann die Gewinnung der Bodenschätze. Der Transport über die Straßen gestaltet sich schwierig, weil sie im Sommer verschlammt und überschwemmt sind. Im Winter lassen sie sich besser befahren. Dann werden auch zugefrorene Flüsse von Lkws zum Transport genutzt. Es gibt nur wenige „Allwetterstraßen“, weil deren Bau und Erhalt zu teuer ist.

102.1 *Straße im auftauenden Dauerfrostboden*

102.2 *Allwetterstraße in der Tundra*

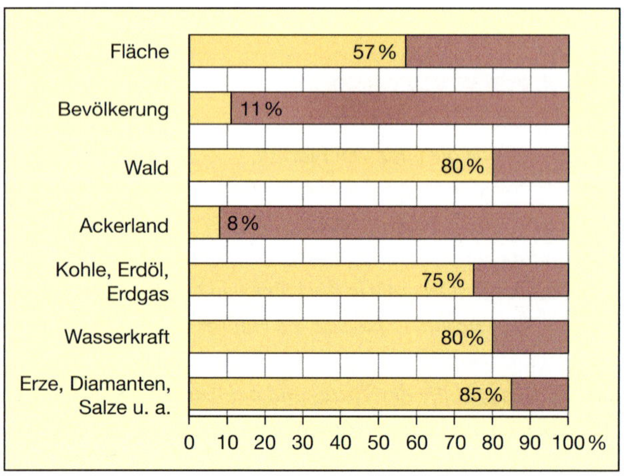

102.3 *Anteile Sibiriens an Russland*

AUFGABEN >>

1. *Erkläre die Aussage: „Sibirien ist ein Kühlschrank voller Schätze.“*
2. *Beschreibe, warum Verkehrsprobleme die Erschließung der Bodenschätze behindern.*
3. *Erstelle mithilfe der Karte 103.1 eine Tabelle, in der jeweils einer Stadt Bodenschätze und Industrien zugeordnet sind.*
4. *Bewerte mithilfe der Karten 103.1 und 2 die Verteilung der Bodenschätze/Industrien und der Bevölkerung/Verkehrswege.*

103.1 *Bodenschätze und Industrien in Russland*

103.2 *Bevölkerungsverteilung und Verkehrswege*

Nach Leitungsbruch in Russland dreißig Hektar ölverschmutzt

MOSKAU, 25. April. Beim Bruch einer Ölleitung in Westsibirien sind 30 Hektar Boden verschmutzt worden. Die Ursache sei Materialermüdung gewesen. Zwei Säuberungsmannschaften seien an Ort und Stelle, um die 1200 Kubikmeter Öl zu beseitigen. Erst im März war eine Pipeline im Bezirk Irkutsk in Sibirien gebrochen. Etwa 3500 Tonnen Öl liefen damals aus. Im August 1994 war es zum bislang schlimmsten Unfall dieser Art gekommen, als eine Leitung in Nordrussland bei der Stadt Usinsk mehrfach brach. Nach unterschiedlichen Schätzungen flossen damals zwischen 60 000 und 300 000 Tonnen Öl aus. Spezialunternehmen sind noch immer dabei, das ökologisch empfindliche Gebiet zu reinigen.

104.1 *Zeitungsmeldung*

Bedrohte Völker in Russland

In Teilen Russlands sind die Siedlungsgebiete der kleinen Völker durch die Erschließung von Bodenschätzen bedroht. Im Gebiet des Volksstammes der Nenzen liegen die größten Erdöl- und Erdgasvorkommen Russlands. Durch den Abbau wurde der Raum für etwa 100 000 Rentiere vernichtet. Auch die Jagd- und Fischgründe der dort lebenden Menschen fielen der Erschließung zum Opfer. Ganze Volksstämme wurden in Industriestädte umgesiedelt und verlieren langsam ihre Kultur und Sprache. Viele frühere Jäger und Fischer leben heute in Großstädte und sind dort nicht mehr, als unqualifizierte Hilfsarbeiter.

104.2 *Eine Rentierherde muss umgesiedelt werden*

Erschließung auf Kosten der Umwelt

Das Klima in Russland ist anders als bei uns. Es weist sehr lange und kalte Winter auf. Darauf folgen kurze und heiße Sommer. Auch Frühjahr und Herbst sind sehr kurz. Diese extremen Bedingungen sind mit ein Grund dafür, dass es in Russland zu Umweltverschmutzungen kommt. So wurden z. B. viele Pipelines nicht sorgfältig verlegt und gehen bei sehr hohen bzw. niedrigen Temperaturen zu Bruch. Ihre Reparatur ist oft schwierig. Man schätzt, dass in Russland hierdurch jährlich 5 Mio. Tonnen Öl auslaufen, das ist mehr, als in Deutschland gefördert wird. Ein Mitarbeiter des russischen Konzerns GAZPROM sagt hierzu:

„Soviel ich weiß, leben in Tundra und Taiga nur äußerst wenige Menschen – und diese leben auch nicht vom Ackerbau. Ich glaube deshalb, dass die Menschen, die dort wohnen, eine brennende Gasleitung oder ausgelaufenes Erdöl kaum stören wird."

AUFGABEN >>

1 *„Erdgas aus Sibirien – eine saubere Sache." – Nimm Stellung zu diesem Werbespruch. Beziehe auch die Meinung des GAZPROM-Mitarbeiters mit ein.*

2 *Nenne Auswirkungen der Erschließung Sibiriens auf die „Taiga-Völker".*

Z

Verschiedene Orte - verschiedene Zeiten

Bei ihrer Rotation dreht sich die Erde in 24 Stunden um 360°. Daraus ergibt sich eine Drehung von 15° pro Stunde. Also geht auch die Sonne alle 15 Längengrade eine Stunde zeitversetzt auf.
Bereits 1839 wurden nach einer internationalen Vereinbarung Streifen von je 15 Längengraden zu Zeitzonen zusammengefasst. Alle Orte innerhalb der gleichen Zeitzone haben seither die gleiche Uhrzeit. Um jedoch innerhalb kleiner Staaten keine unterschiedlichen Zeiten zu haben, wurden die „Zeitgrenzen" nicht geradlinig gezogen, sondern an die Staatsgrenzen angepasst. In großen Ländern wie Russland gibt es mehrere Zeitzonen. In Mitteleuropa haben sich mehrere Staaten auf eine Zeit geeinigt, die Mitteleuropäische Zeit (MEZ).

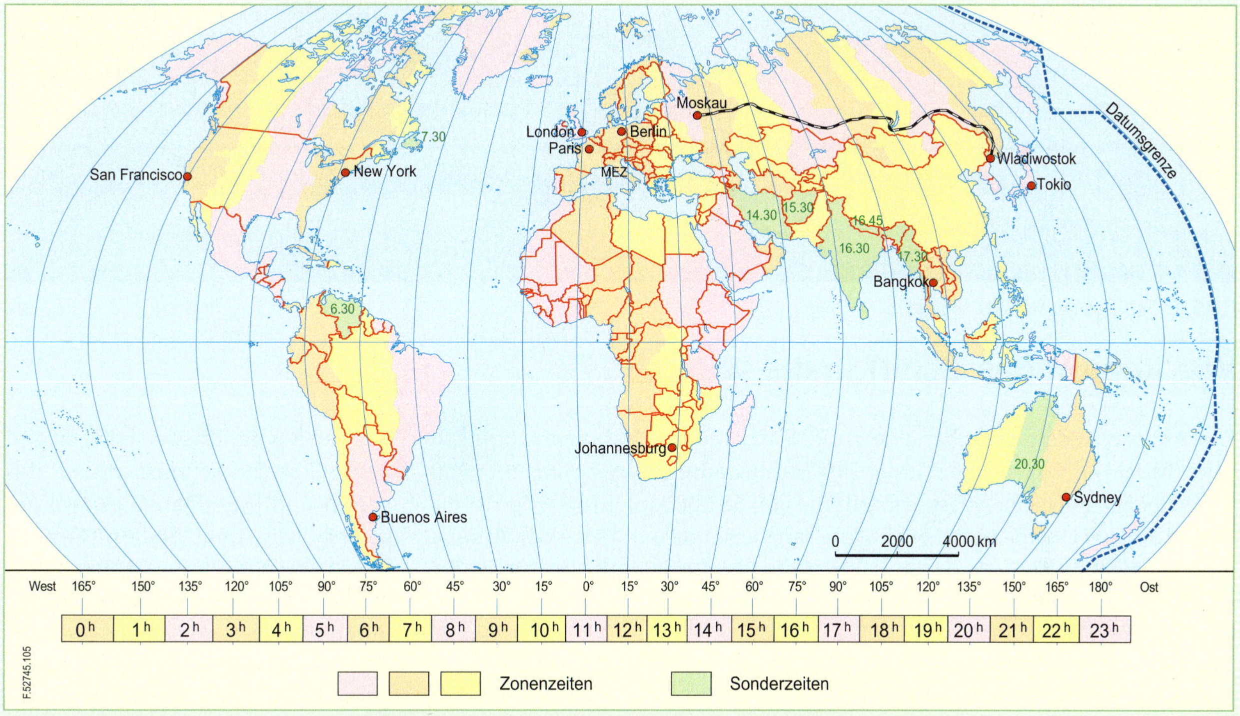

105.1 *Zeitzonenkarte von Russland und Streckenführung der Transsibirischen Eisenbahn*

105.2 *Die Transsibirische Eisenbahn*

AUFGABEN >>

1 *Durch wie viele Zeitzonen führt die Strecke der Transsibirischen Eisenbahn?*

2 *Wie spät ist es in Norilsk und Wladiwostok, wenn die Transsib um 19:00 Uhr in Moskau losfährt?*

3 *Ein Flugzeug startet um 14:00 Uhr in Frankfurt und benötigt für den Flug nach New York sieben Stunden. Wie spät ist es nach deutscher Zeit bei der Landung in New York?*

106.1 *Schiffswrack in der Wüste*

Wie kommt das Schiff in die Wüste?

Der Aralsee, in dem es früher eine große Fischereiflotte gab, schrumpft seit über 40 Jahren. So wurden mit der Zeit Hafenstädte zu Wüstenorten. 1960 hatte der See noch eine Wasseroberfläche von 68 000 km². Inzwischen ist die Fläche auf ein Drittel zurückgegangen. Jahrtausendelang hatte der Aralsee zwei kräftige Zuflüsse, die Ströme Amudarja und Syrdarja (Karte 106.2). Sie wurden aus den Niederschlägen und dem Gletscherschmelzwasser des Pamir- und Tian-Shan-G ebirges gespeist. Mit den beiden Flüssen konnte der See in der Wüste „überleben", denn Wasserverlust, der durch die Verdunstung in dem Wüstenklima entsteht, wurde so ausgeglichen.

106.2 *Bewässerungsflächen im Bereich des Aralsees*

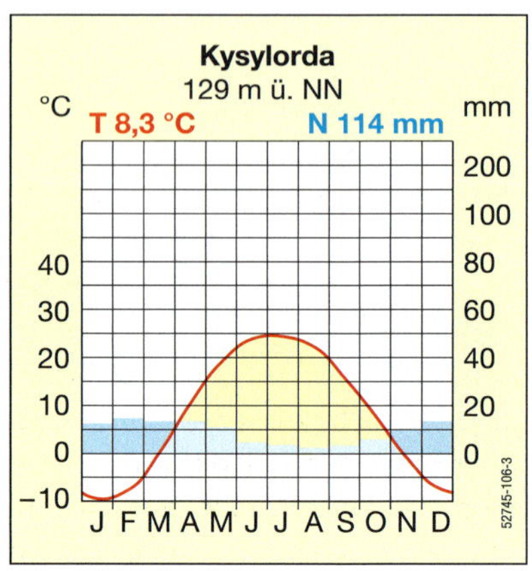

106.3 *Klimadiagramm*

107.1 *Aralsee 1976*

107.2 *Aralsee 2005*

Der Weg in die Katastrophe

Mitte der 1990er-Jahre schreckten Satellitenfotos vom Aralsee die Menschen weltweit auf. Die Wasserfläche schrumpfte mehr und mehr. Wie konnte es dazu kommen?

Ausgangspunkt war eine Entscheidung der Regierung der ehemaligen Sowjetunion rund 30 Jahre zuvor. Der Staat wollte sich von ausländischer Baumwolle unabhängig machen. Im Einzugsbereich der beiden Zuflüsse wurden neue Bewässerungsflächen für den Anbau von Baumwolle angelegt (Karte 106.2), denn für den Baumwollanbau wird viel Wasser benötigt. Über ein mehr als 1000 km langes Kanalsystem werden große Mengen des Flusswassers abgeleitet. Seitdem gelangte immer weniger Wasser in den Aralsee. Mittlerweile bringt der Amudarja nur noch etwa 10 % seiner Wassermenge in den See. Der Syrdarja erreicht ihn gar nicht mehr. Er endet in der Wüste.

Gleichzeitig verdunstet und versickert sehr viel Wasser ungenutzt. Die Bewässerungskanäle sind selten abgedeckt oder ausbetoniert. Ein weiteres Problem ist sich hohe Verdunstung an der Seeoberfläche während der heißen Sommer. Da der See größtenteils sehr flach ist und der Zufluss des Flusswassers fehlt, verringert sich die Wasserfläche seit dieser Zeit sehr schnell.

Z

Die Baumwollpflanze

Baumwolle wird insbesondere in den Trockengebieten der Erde angebaut. Die Trockenheit ist beim Ausreifen wichtig. Denn die Baumwollkapseln geben nur bei Wassermangel ihre flauschigen Samenfäden frei. Dagegen benötigt die Pflanze während der Wachstumsphase nicht nur Temperaturen von über 25 °C, sondern auch gut befeuchtete Wurzeln. Deshalb muss in dieser Zeit bewässert werden. Die Pflanze ist gegenüber Frost und Schädlingen sehr anfällig. Viele Insekten haben sie außerdem als Futterquelle auserwählt. Diesen Problemen versuchen die Baumwollbauern mit Pflanzenschutzmitteln Herr zu werden.

AUFGABEN >>

1. *Erkläre, warum der See verdurstet.*
2. *Nenne die Länder, in denen das Wasser der Flüsse Syrdarja und Amudarja zur Bewässerung verwendet wird*
3. *Atlasarbeit:*
   a) *Aus welchem Gebirge erhalten die beiden Flüsse Syrdarja und Amudarja ihr Wasser?*
   b) *Warum eignet sich gerade das Gebiet südöstlich des Aralsees für den Anbau von Baumwolle?*

Die Umweltkatastrophe am Aralsee

Ein Baumwoll-Landwirt aus Kysyl-Orda erzählt:
„Seit 1960 haben wir unsere Baumwollfelder. Andere Arbeit gibt es bei uns kaum. Wir benötigen deshalb der Wasser des Syrdarja und Amudarja Ein Leben ohne dieses Wasser wäre für uns unvorstellbar. So verdienen wir gut an der Baumwolle und können uns viele Dinge leisten, die wir uns sonst nicht kaufen könnten. Wir können doch den Baumwollanbau nicht einfach einstellen. Das wäre unser Ruin. Sollen doch die Fischer vom Aralsee ihren Beruf woanders ausüben."

108.1 *Baumwollernte in Kasachstan*

108.2 *Salzwüste auf dem ehemaligen Seeboden*

Herr Schadimentow von der Umweltstiftung „Ecosan" sieht es ander als der Landwirt:
„Es geht nicht mehr darum, den Aralsee zu retten, sondern um die Rettung der Menschen, die in dieser Region leben.
Der Anbau von Baumwolle und Reis ist nur mit Bewässerung möglich. Diese führt zur ***Verlandung des Sees***. Der trockengelegte Meeresboden ist von feinem ***Salzstaub*** bedeckt, der durch starke Winde und Stürme ausgeblasen wird. Man schätzt, dass 40–150 Mio. Tonnen Salz und Staub aus dem früheren Seeboden ausgeblasen werden. Mediziner führen viele ***Erkrankungen*** auf die zunehmende Staub- und Salzkonzentration in der Luft zurück.
Noch schlimmer sind die Auswirkungen der ***Pflanzenschutzmittel***, die beim Baumwollanbau eingesetzt werden. Diese Chemikalien ***belasten das Trinkwasser***, das die Menschen aus dem Flusswasser entnehmen. Die Folge sind häufige ***Krebserkrankungen*** und eine ***hohe Säuglingssterblichkeit***: 11 von 100 Säuglingen sterben. Nach Schätzungen sind 70 % der am Aralsee lebenden Menschen krank.
Beim ***Verdunsten des Sees*** bleiben die im Wasser gelösten Salze zurück. Das bedeutet auch einen Anstieg des Salzgehaltes. Er ist heute dreimal so hoch wie 1960. Das hat auch Folgen für den Fischfang. Lange war die Fischerei eine wichtige Lebensgrundlage für die Bevölkerung. Heute sind alle 24 ***Fischarten***, die früher im See lebten, ***ausgestorben***. Die ***Fischer sind arbeitslos*** geworden.
Den Preis für den staatlich geförderten Anbau von Baumwolle zahlt die gesamte Bevölkerung: Die bewässerten Felder bringen durch die Versalzung von Jahr zu Jahr ***weniger Ertrag***. Ebenso sinkt die Produktion auf den Gemüse- und Getreidefeldern. Dies hat eine ***Unterversorgung mit Lebensmitteln*** zur Folge."

AUFGABEN >>

1 *Sortiere die **kursiv** gedruckten Begriffe (bzw. die abgeleiteten Hauptworte) in einer Tabelle. Unterscheide sie nach den Bereichen Wirtschaft, Natur und Lebensbedingungen. Begründe deine Entscheidung.*

2 *Warum wird trotz der Umweltzerstörung der Baumwollanbau weiterbetrieben?*

109.1 *Der kleine Aralsee wächst (2009)*

Ist der Aralsee noch zu retten?

Der See teilte sich 1990 in zwei Gewässer, den „Kleinen Aralsee" im Norden und den „Großen Aralsee" im Süden (> Abb. 107.2). Eine Rückgewinnung des Sees zu alter Größe halten Experten nach dem derzeitigen Stand für ausgeschlossen. Allein um die jetzige Wasserfläche zu verdoppeln, müsste die gesamte Bewässerungswirtschaft für die nächsten Jahrzehnte strikt verboten werden. Die dortige Bevölkerung ist jedoch auf die Landwirtschaft angewiesen. Es geht vor allem darum, die weitere Verlandung und die hohen Wasserverluste der Zuflüsse zu stoppen.

Verschiedene Maßnahmen haben sich bereits positiv ausgewirkt, zumindest im nördlichen Teil des Sees. Die Regierung von Kasachstan baute mit finanzieller Unterstützung der Weltbank von 2001 bis 2005 einen 13 Kilometer langen und acht Meter hohen Damm zwischen dem nördlichen und dem südlichen Teil des Aralsees. Zudem besserte sie viele der veralteten Bewässerungskanäle entlang des Flusses Syrdarja aus, damit weniger Wasser verloren geht.

Ein Erfolg ist erkennbar. Der Syrdarja liefert nun wieder einen beständigen Strom in den See. Der Wasserstand im „Kleinen Aralsee" steigt seither und die Wasserfläche ist um etwa 30 % gewachsen. Durch den Zufluss frischen Wassers ist auch der Salzgehalt deutlich gesunken. Die Fische kehren langsam in diesen Teil des Sees zurück.

Flussdiagramm

Nachdem du das Thema „Aralsee" durchgenommen hast, kannst du die Folgen des Baumwollanbaus mit einem Flussdiagramm veranschaulichen. Der Vorteil einer solchen Darstellung liegt vor allem in seiner Übersichtlichkeit. In folgenden Arbeitsschritten gehst du vor:

Materialien:
Du benötigst DIN-A4-Blätter, Pappe und Schere.

Vorbereitung:
Beschrifte die Blätter mit den im Text auf Seite 108 ***fett/kursiv*** geschriebenen Begriffen.
Schneide dir aus einem Blatt Pfeile aus.

Durchführung:
Ordne die Blätter an der Tafel oder einer Stellwand so an, dass immer die Ursachen und die sich daraus ergebenden Folgen abzulesen sind. Ein Pfeil bedeutet dabei so viel wie: *...hat zur Folge, dass ...*

109.2 *Beim Erstellen des Flussdiagramms*

AUFGABEN >>

1 *Nenne Maßnahmen, die am „Kleinen Aralsee" eine weitere Schrumpfung verhindert haben.*

2 *Vergleiche das Satellitenbild 109.1 mit den beiden Bildern auf Seite 107.*

3 *Erstelle ein Flussdiagramm zur Umweltkatastrophe am Aralsee.*

Üben und Wiederholen

110.1 *Stumme Karte von Asien*

AUFGABE >>>

Bearbeite die stumme Karte. Lege dazu im Heft eine Legende an. Benutze auch deinen Atlas.

Wir „verlegen" den Baikalsee

Wenn wir den Baikalsee aus Südsibirien nach Deutschland verlegen könnten, würde er ungefähr seiner Länge nach zwei bekannte deutsche Städte verbinden. Um die Namen der beiden Städte herauszufinden, musst du die gesuchten Begriffe finden und in die Kästchen eintragen. Benutze dazu deinen Atlas.
Aus den nummerierten Buchstaben ergeben sich die beiden Lösungsworte.

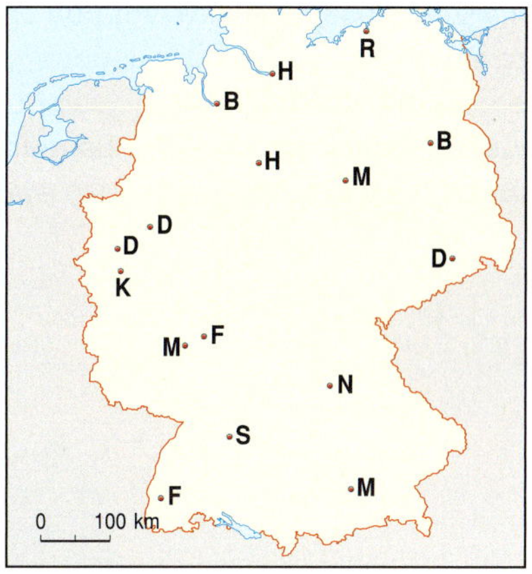

111.1

1. nördlichste Großstadt der Erde — ? ? ? ?(4) ? ? ?
2. Endstation der Transsib am Pazifik — ? ?(12) ? ? ?(13) ? ? ? ? ? ?
3. Dieser Fluss trägt einen Mädchennamen. — ? ? ?(14) ?
4. Dieses wertvolle Metall wird auch in Sibirien gefunden. — ?(8) ? ? ?
5. Grenzgebirge zwischen Europa und Asien — ? ?(2) ? ?
6. sibirischer Strom, der nach Osten fließt — ? ? ?(6) ?(7)
7. Meer, das im Norden von Sibirien liegt — ? ? ? ? ? ? ? ? ? ? ?(3) ? ?
8. Fluss in Westsibirien — ? ?(5)
9. baumlose Vegetationszone in der kalten Zone, in der vorwiegend Sträucher, Moose und Flechten wachsen — ? ? ? ? ?(11) ?
10. Abkürzung für Transsibirische Eisenbahn — ? ? ? ? ? ? ? ?(9)
11. Moor- und Sumpflandschaft zwischen dem Uralgebirge und dem Fluss Jenissei — ? ? ? ? ? ? ? ? ? ? ? ? ? ?(10) ? / ? ? ? ?(1) ? ? ? ?

Lösung: ? ? ? ? ? ? ? ? (1 2 3 4 5 6 7 8)   ? ? ? ? ? ? (9 10 11 12 13 14)

AUFGABE >>>

Zeichne eine Skizze von Deutschland mit den in der Karte 111.1 markierten Städten. Zeichne dann den Baikalsee entsprechend deiner Lösung in die Karte ein.

Grundbegriffe
Bodenversalzung
Dauerfrostboden
Pipeline

Australien - Down Under

112.1 *Roadtrains im Outback*

112.2 *Der berühmte Ayers Rock*

112.3 *Besondere Tiere*

112.4 *Aborigines*

AUFGABE >>>

Was wisst ihr bereits über Australien? Notiert auf Kärtchen alles, was euch einfällt. Schreibt aber auf jedes Kärtchen nur ein Wort. Sammelt diese nun an der Tafel oder Pinnwand und ordnet sie anschließend nach verschiedenen Themen.

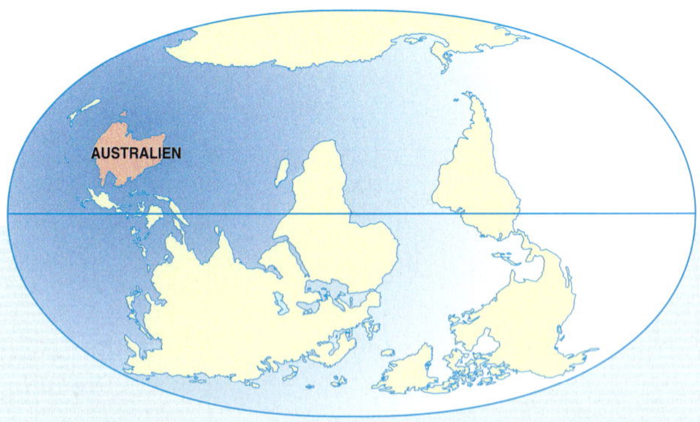

a Wir lernen an Stationen

Das Thema „Australien" könnt ihr euch selbstständig an verschiedenen Stationen erarbeiten. Dazu werden die Tische des Klassenzimmers in Stationen umgewandelt. Eine Station ist eine Seite im Buch mit ihren verschiedenen Materialien, wie Fotos, Zeichnungen, Texten und Aufgaben (Seiten 113–117). Die Überschrift der Seite gibt das jeweilige Thema an. An jeder Station liegen auch Atlanten und Schreibzeug bereit.

Zu Beginn erhält jeder einen Laufzettel mit den einzelnen Stationen, die nun von euch in einer vorgegebenen Zeit bearbeitet werden. Dabei könnt ihr die Reihenfolge selbst bestimmen. Die verschiedenen Aufgaben an den Stationen könnt ihr alleine oder mit Partnern bearbeiten. Die Stationen 1 bis 4 sind Pflicht, die Station 5 ist freiwillig und für diejenigen gedacht, die besonders schnell ihre Aufgaben erledigt haben.

Australien – Lernen an Stationen

Station 1:
Wir erkunden Land und Leute in Australien

113.1 *Sydney: Die ausgefallene Architektur der Sydney Opera soll an die Segelschiffe der europäischen Siedler erinnern.*

Land und Leute in ___________
Die ersten weißen Einwanderer kamen vor allem aus _______ und _______. In Australien leben die meisten Menschen an der _______. Das Innere des Landes, das sogenannte _________, ist fast menschenleer. Die Ureinwohner Australiens heißen _______. Viele von ihnen leben in extra ausgewiesenen __________. Diese befinden sich in den Bundesstaaten ________, ________ und _________.

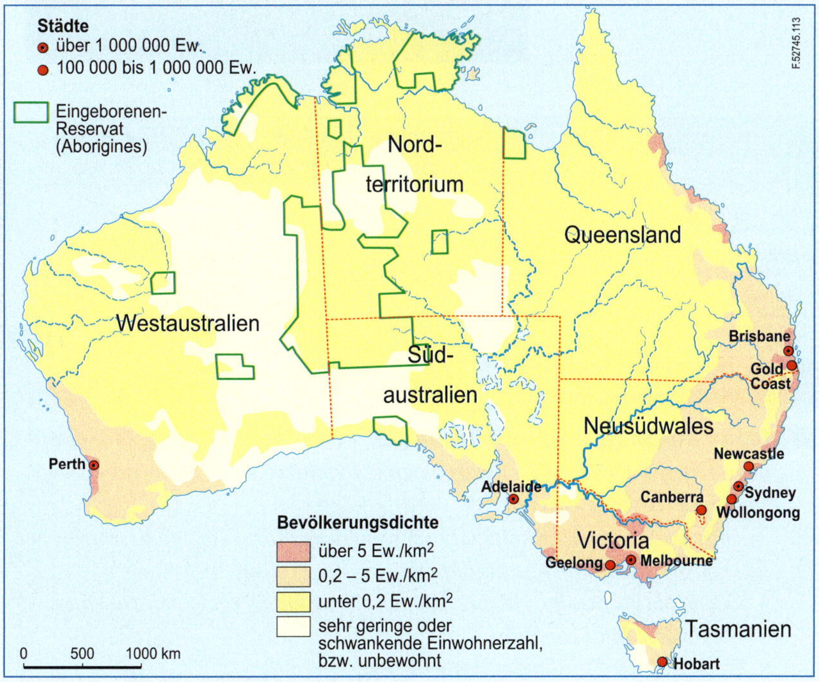

113.2 *Bundesstaaten und Bevölkerungsdichte Australiens*

Australiens Bevölkerung stammt aus 137 verschiedenen Ländern. Ursprünglich lebten auf dem kleinsten Kontinent schon seit über 40 000 Jahren die australischen Ureinwohner, die „Aborigines“. Ihre Vorfahren waren über eine Landbrücke von Asien nach Australien gekommen. Nachdem James Cook 1770 die Ostküste Australiens entdeckt hatte, errichteten im Jahr 1788 britische Behörden an der Küste Sträflingskolonien. Hier ließen sich 1793 auch die ersten freien Siedler aus Großbritannien nieder und bildeten die ersten Kolonien. Bis heute leben die meisten Menschen in Küstennähe, insbesondere an der Ostküste. Das Innere des Landes, das wüstenähnliche „Outback“, ist dagegen nur sehr dünn besiedelt.

AUFGABEN >>

1 *Erstelle eine einfache Skizze von Australien. Zeichne die Bevölkerungsdichte und die Reservate der Ureinwohner ein.*

2 *Notiere die Namen der Bundesstaaten und trage alle Städte, die über 100 000 Einwohner haben, in deiner Karte ein.*

3 *Fertige für deine Karte eine Legende an.*

4 *Schreibe den Lückentext ab und vervollständige ihn.*
Text und Karte helfen dir.

a

Australien - Lernen an Stationen

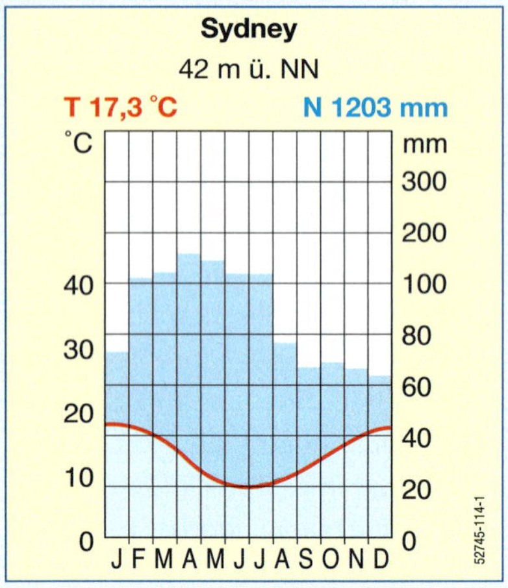

114.1 *Klimadiagramm Sydney*

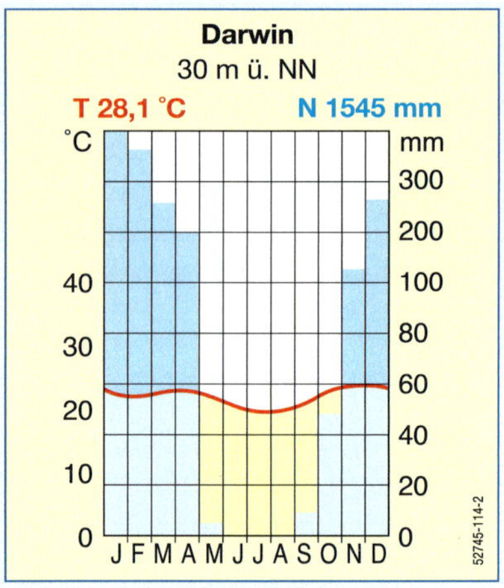

114.2 *Klimadiagramm Darwin*

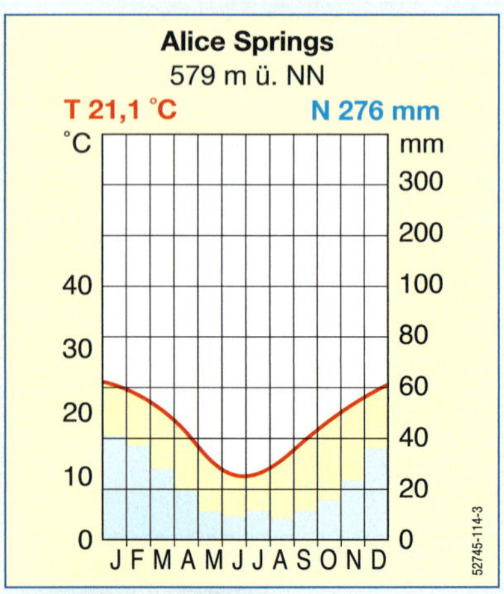

114.3 *Klimadiagramm Alice Springs*

Station 2:
Wir untersuchen
das Klima in Australien

114.4

114.5

114.6

Ort	Klima-zone	Vegetations-zone	Bild (Nr.)	Beschreibung (trocken – feucht)
Alice Springs				
Sydney				
Darwin				

114.7

AUFGABEN >>

1 *Fertige eine Skizze von Australien an und zeichne die Grenzen der Hauptklimazonen ein. Male die Klimazonen mit verschiedenen Farben und erstelle eine entsprechende Legende.*

2 *Zeichne die Städte der Klimadiagramme in deine Karte ein und beschrifte sie.*

3 *Zeichne die Tabelle ab und ergänze sie:*
- *Ordne die Städte den entsprechenden Klima- und Vegetationszonen zu. Nimm den Atlas zur Hilfe.*
- *Finde zu jeder Station das passende Bild.*
- *Ist es dort überwiegend feucht oder trocken?*

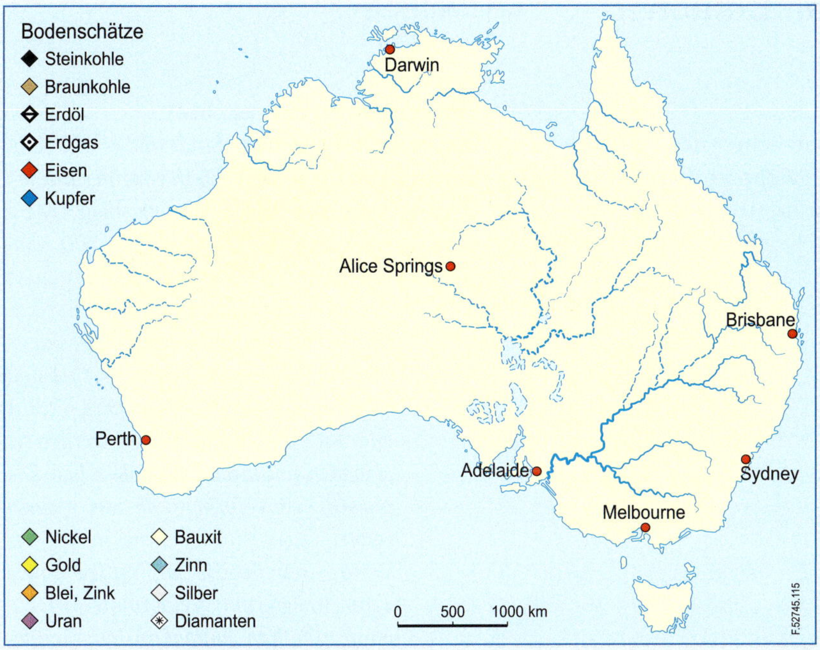

115.1 Bodenschätze in Australien

Station 3:
Wir suchen Bodenschätze in Australien

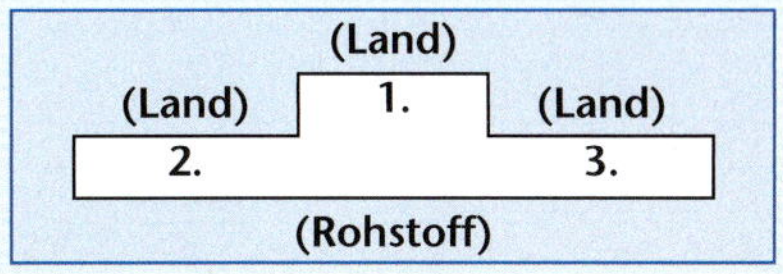

115.2 Siegertreppchen

Land	Gold	Silber	Bronze
...			

115.3 Medaillenspiegel

Australien gehört zu den wichtigsten Rohstofflieferanten der Welt. Bereits 1851 wurden im Westen des Landes, in Kalgoorlie, Goldlagerstätten entdeckt. Ein starker Bevölkerungsanstieg sowie der Bau von Siedlungen, Eisenbahnen und Straßen waren die Folge. Inzwischen wurden viele weitere Bodenschätze gefunden, die sich im Tagebau abbauen lassen. So gehört z. B. die Pilbara-Region in Westaustralien zu den erzreichsten Gebieten der Erde. Die Rohstoffe werden nur zum geringen Teil in Australien verarbeitet. Der größte Teil davon wird ins Ausland exportiert.

AUFGABEN >>

1. *Erstelle eine Skizze von Australien. Schreibe die Legende mit den Bodenschätzen dazu.*
2. *Trage die Rohstoffe, die in der Legende aufgeführt sind, in deine Karte ein. Der Atlas hilft dir dabei.*
3. *Notiere dir Orte, die in der Nähe von Lagerstätten liegen.*
4. *Finde aus Tab. 115.4 heraus, bei welchen Rohstoffen Australien einen „Medaillenplatz" erreicht.*
   Erstelle dann einen Medaillenspiegel für die USA, China, Brasilien und Australien.

	Bauxit (in Mio. t)	Blei (in Mio. t)	Diamanten (in Mio. Karat)	Eisenerz (in Mio. t)	Gold (in t)	Kupfer (in 1000 t)	Silber (in t)	Zink (in Mio. t)
Australien	62,30	0,69	47,69	275	247	875	1727	1,36
Brasilien	22,83	-	0,50	315	-	148	-	-
Chile	-	-	-	-	42	5361	1607	-
China	21,00	1,25	0,70	333	247	915	2600	3,00
Indien	13,94	0,07	-	165	-	-	-	0,51
Kanada	-	0,08	13,21	34	103	595	968	0,59
Mexiko	-	0,13	-	11	-	328	2700	0,48
Peru	-	0,31	-	-	203	1050	3471	1,20
Russland	6,40	0,03	60,00	104	159	675	1100	-
Südafrika	-	0,05	15,37	41	272	-	-	-
USA	-	0,45	-	53	242	1220	1140	0,73

115.4 Auswahl wichtiger Rohstoffländer (Fördermengen 2006) (- = nicht unter den größten zehn)

a

Australien – Lernen an Stationen

Station 4:
Wir erkunden die Landwirtschaft in Australien

Auf einer Schaffarm

Mr. Hyder ist einer der etwa 35 000 Schafzüchter des Landes. Seine Station, so heißen hier die Betriebe, ist ein reiner Viehzuchtbetrieb. Sie liegt im Südwesten Australiens, im Outback, und ist ca. 10 000 km² groß – doppelt so groß wie das Bundesland Hamburg. Mr. Hyder besitzt ca. 70 000 Schafe. Zur Station gehören neben dem Wohnhaus auch noch weitere Gebäude wie Ställe, Lagerhäuser, Werkstätten usw. Auch eineLandebahn gibt es hier.

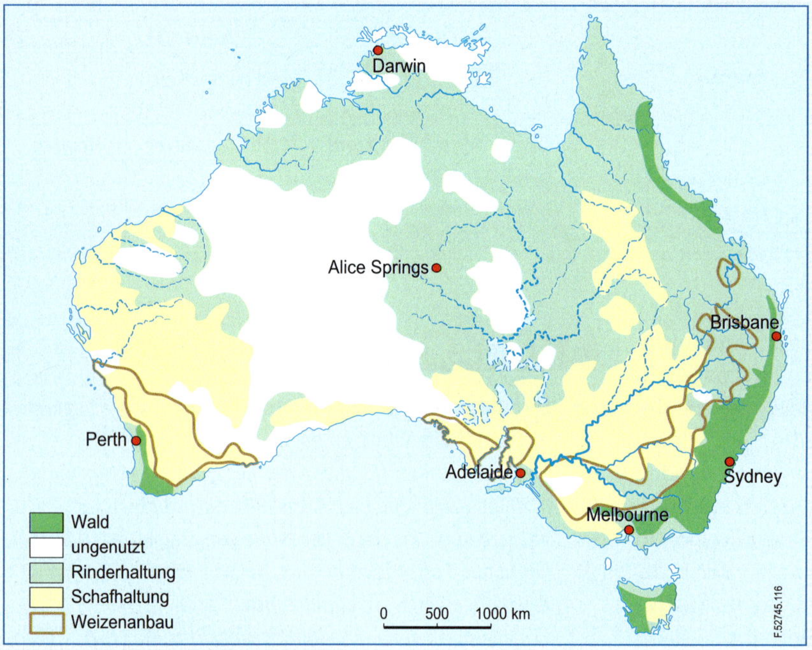

116.1 *Landnutzung in Australien*

- *Schafzucht befindet sich vorwiegend ...*
- *Große Waldgebiete findet man ...*
- *Die meisten ungenutzten Gebiete liegen ...*
- *Rinderfarmen gibt es besonders ...*
- *Ausreichend Niederschlag ermöglicht den Anbau von ...*

116.2 *Vervollständige die Sätze*

Mr. Hyder erzählt:

„Bis zur nächsten Stadt sind es 200 Kilometer. Die habe ich mit meiner kleinen Maschine schnell zurückgelegt. Mein nächster Nachbar wohnt ca. 100 Kilometer entfernt. Wenn die Zeit für einen Besuch fehlt, bleibt nur noch der Sprechfunk. Über den Sprechfunk findet auch der Unterricht meiner Kinder statt und die Hausaufgaben kommen per Luftpost oder Internet. Nächstes Jahr werden sie jedoch in eine Internatsschule gehen. Die meiste Zeit verbringe ich mit meinen zwölf „Grenzreitern" draußen auf der Weide, um Schafe zu impfen sowie Tränkstellen und Weidezäune in Ordnung zu halten. Einmal im Jahr werden die Schafe geschoren. Unsere Wolle wird über Sydney in die ganze Welt exportiert."

116.3 *Mr. Hyder bei der Schafschur*

Betriebsspiegel
Inhaber des Betriebes:
Betriebsform:
Arbeitskräfte:
Betriebsgröße:
Gebäude:
Tiere:

116.4 *Vorlage Betriebsspiegel*

AUFGABEN >>

1. *Fertige eine Skizze von Australien an. Trage danach in deine Karte die Landnutzung ein. Überlege dir geeignete Symbole für Tiere und Pflanzen.*
2. *Erstelle anschließend eine Legende für deine Karte.*
3. *Vervollständige die Sätze aus 116.2 und schreibe sie auf.*
4. *Verfasse einen Betriebsspiegel für die Farm von Mr. Hyder (vgl. Abb. 116.4).*

Station 5:
Die Ureinwohner Australiens

Die Besiedlung Australiens

Circa 300 000 Menschen lebten bereits zu Beginn der europäischen Besiedlung im 17./18. Jahrhundert in Down Under. Diese australischen Ureinwohner hatten sich in ihrer Lebensweise an die Natur angepasst. Gegen die weißen Einwanderer aus Europa hatten sie keine Chance. Wie die Indianer in Amerika wurden die Aborigines aus ihren Siedlungsgebieten vertrieben oder getötet.
Die Aborigines wurden lange Zeit als minderwertig betrachtet und in abgelegene Reservate eingewiesen. Erst 1967 wurden sie als australische Staatsbürger anerkannt, erhielten das Wahlrecht und wurden damit den anderen australischen Bürgern gleichgestellt.

117.1 *Aborigine am Rand der australischen Gesellschaft*

Aborigines als Außenseiter

Heute bilden die Aborigines nur noch 2 % der Bevölkerung Australiens. Zum Teil leben sie in traditioneller Weise abseits der weißen Siedlungen, wo elektrischer Strom und fließendes Wasser keine Selbstverständlichkeit sind. Zum Teil arbeiten sie als billige Arbeitskräfte auf den weitläufigen Farmen der weißen Siedler. Ein großer Teil von ihnen lebt aber inzwischen in den Armenvierteln der Städte und arbeitet für wenig Lohn. Trotz wachsender Anerkennung leben die meisten Aborigines immer noch am Rande der Gesellschaft:

- Ihre Arbeitslosenrate ist mit 20 % fast viermal so hoch wie die der Durchschnittsbevölkerung.
- Die Lebenserwartung der Aborigines beträgt bei den Frauen 62, bei den Männern 57 Jahre. Bei der weißen Bevölkerung beträgt die Lebenserwartung der Frauen 83 Jahre und der Männer 78 Jahre.
- Wesentlich geringer ist auch das Bildungsniveau der australischen Ureinwohner.
- Die Kindersterblichkeit ist doppelt so hoch.
- Anteil an den Gefängnisinsassen ist doppelt so hoch.
- Auffallend ist auch ihre hohe Todesrate in den Gefängnissen.
- Viele der Aborigines sind Alkoholiker.

117.2 *Traditionelle Tänze für Touristen am Ayers Rock*

AUFGABEN >>

1 *Die Ureinwohner Australiens sind in fast allen Bereichen des Alltags benachteiligt.*
Belege deine Aussagen anhand des Textes.

2 *Wo liegen die Reservate der australischen Ureinwohner? Schau auf der Karte 113.2 nach.*

3 *Die Aborigines wollen ein Flugblatt verfassen, um auf ihre Situation aufmerksam zu machen. Hilf ihnen dabei.*

Z Ozon – nützlich und schädlich

Slip, Slop, Slap – ein Slogan, der Australiern das Leben retten soll

Sommer in Australien. An den Stränden von Sydney suchen die Menschen Abkühlung im Meer. Die Gesichter glänzen unter einer dicken Schicht Sonnenblocker. Die Kinder toben in T-Shirts und knielangen Hosen in den Wellen. Auf dem Kopf tragen sie Kappen mit Nackenschutz.
An den Schulen gilt: *„No hat – no play"*. Wer keinen Hut aufhat, darf nicht auf dem Schulhof spielen.

118.1

Slip ... on a shirt,
Slop ... on sunscreen,
Slap ... on a hat

Die Sonne ist in Australien zur Gefahr geworden. Grund dafür ist das als Ozonloch bekannte Phänomen, das zu einer erhöhten UV-Strahlung führt. Das Land hat die höchste Hautkrebsrate der Welt. Die Australier werden daher seit Jahren in Gesundheitskampagnen aufgefordert, sich entsprechend zu schützen. Fernsehspots und Hinweistafeln über richtiges Verhalten gehören zum alltäglichen Leben.

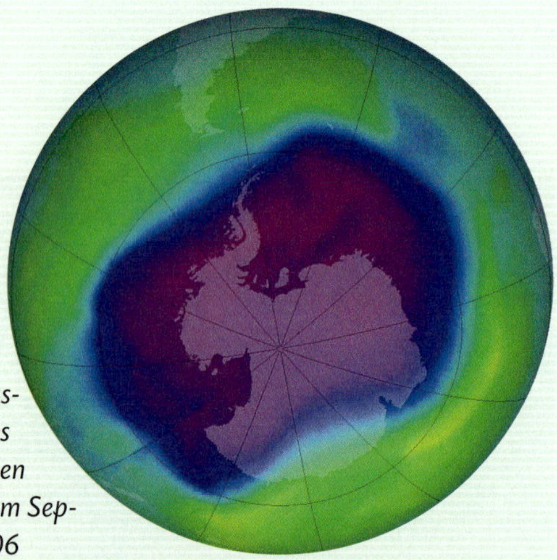

118.2 *Bislang größte gemessene Ausdehnung des antarktischen Ozonlochs im September 2006*

Eine Schutzschicht bekommt Löcher

Die Ozonschicht befindet sich in der Atmosphäre in einer Höhe von ungefähr 15 bis 50 km. Ozon ist ein farbloses Gas. Es hält die gefährlichen UV-Strahlen der Sonne ab und schützt so die Menschen, Tiere und Pflanzen.
Seit etwa 20 Jahren beobachten Wissenschaftler, dass die Ozondichte in dieser Schicht abnimmt. In einigen Bereichen ist die Abnahme so stark, dass regelrechte „Löcher" entstehen (Abb. 118.2).
Hauptverursacher für den Ozonabbau sind sogenannte Fluor-Chlor-Kohlenwasserstoffe (FCKW). Sie galten bis 1980 als ungefährlich und wurden als Treibgas in Spraydosen, als Kühlmittel in Kühlschränken und Klimaanlagen und als Feuerlöschmittel verwendet.

Gefährdung von	Schädigungen
	– Hautkrebs – vorzeitiges Altern der Haut – Schwächung des Immunsystems – Augenkrankheiten, Erblindung
	– Hautkrankheiten – Erblindung
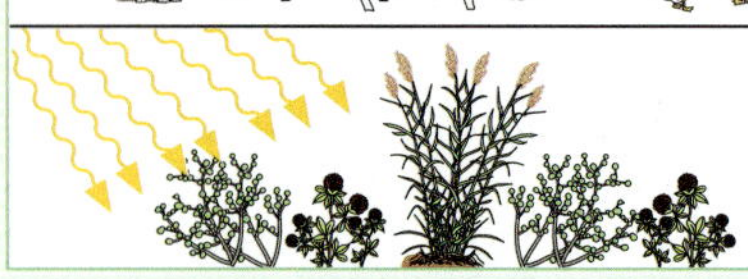	– Schädigung der Biomasse, Aussterben von einzelnen Pflanzenarten – verzögertes Pflanzenwachstum – verändertes Blühverhalten 3727E_4

118.3 *Wirkung und Folgen schädlicher UV-Strahlen*

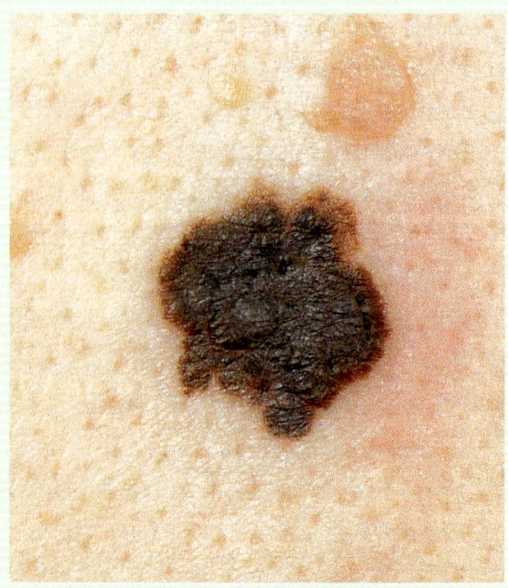

118.4 *Hautkrebs (Vergrößerung)*

Ozonalarm für weite Teile des Landes

Das Umweltbundesamt warnt vor Sommersmog aufgrund der großen Hitze, die bis Mittwoch noch größer werden soll. Die Ozonwerte erreichen langsam ein kritisches Niveau. In weiten Teilen Deutschlands werden mehr als 180 Mikrogramm Ozon pro Kubikmeter Luft erreicht werden – ein Wert, bei dem vor anstrengenden Tätigkeiten im Freien gewarnt wird. Stellenweise könnten es sogar 260 Mikrogramm pro Kubikmeter Luft werden. Am höchsten ist die Belastung in den Mittags- und Nachmittagsstunden. Kinder sollten wegen ihres starken Bewegungsdrangs davon abgehalten werden, zu viel im Freien zu toben. Autobesitzern wird geraten, ihr Fahrzeug stehen zu lassen.

(www.netzeitung.de, 4.08.2003, gekürzt)

119.1 „Ozonalarm"

Oben zu wenig – unten zu viel

So wichtig Ozon in der Atmosphäre ist, so schädlich kann es für Menschen in unmittelbarer Umgebung sein. Der natürliche Ozongehalt beträgt in Bodennähe 20 bis 40 Mikrogramm pro Kubikmeter Luft. Er erhöht sich besonders bei sonnenreichem Hochdruckwetter und Windstille. Aus den Abgasen der Kraftfahrzeuge, Kraftwerke und Industrieanlagen bildet sich dann unter Einwirkung der UV-Strahlung Ozon.

Bei erhöhten Werten reizt Ozon vor allem die Schleimhäute und Atemwege. Einschränkungen der Lungenfunktion, Entzündungen oder allergische Reaktionen sind die Folge. Bei einer höheren Konzentration kommen z. B. Schmerzen in der Brust hinzu. Bleibende Schäden der Atmungsorgane sind zu befürchten. Übersteigt der Ozongehalt eine bestimmte Grenze, wird die Bevölkerung von den Behörden informiert. Körperliche Anstrengungen wie Ausdauersportarten sollten dann vermieden werden.

119.2 *Sommersmog über einer Großstadt*

AUFGABEN>>

1. *Übersetze den Slogan aus Abb. 118.1. Welche drei Dinge sind als Schutz vor der Sonneneinstrahlung genannt?*
2. *Die Australier müssen sich stärker als andere vor der Sonneneinstrahlung schützen. Finde eine Erklärung dafür.*
3. *Schreibe Folgen auf, die eine erhöhte UV-Strahlung für die Menschen und die Umwelt hat.*
4. *Nenne die Hauptverursacher für die Bildung des bodennahen Ozons.*
5. *Ein hoher Ozonwert in Bodennähe wird auch „Sommersmog" genannt. Erkläre diese Bezeichnung.*
6. *Erkundige dich zusätzlich im Internet nach Gefahren, die durch die hohe Ozonbelastung entstehen (z. B. beim Bundesamt für Umwelt, Naturschutz und Reaktorsicherheit, www.bmu.de).*

120.1 Siedlung der Shoshonen, Foto um 1870

120.2 Den Trail entlang in den Westen (18

Indianer und Pioniere

„Go west!“ Dieser Ruf bestimmte lange Zeit die Geschichte Nordamerikas. Als am 4. Juli 1776 die 13 englischen Kolonien an der Ostküste Nordamerikas ihre Unabhängigkeit erklärt hatten, drängten immer mehr europäische Einwanderer in den neuen Staat. Auf der Suche nach Land und Bodenschätzen wandte sich ihr Blick nach Westen. Innerhalb eines Jahrhunderts wurde das gesamte Gebiet der heutigen USA in Besitz genommen. Nach den Waldläufern und Fallenstellern (Trapper) kamen die Siedlertrecks, die auf den großen Trails nach Westen bis zur Pazifikküste vordrangen. Viele Ortsnamen erinnern bis heute an die Herkunft der Siedler.
Den größten Schub brachte der Bau der großen Eisenbahnlinien. Die Eisenbahngesellschaften vergaben kostenlos oder gegen wenige Dollar Land entlang der Bahnstrecken. Hunderttausend billige Arbeitskräfte waren an dem Bau einer durchgehenden Eisenbahnstrecke vom Atlantik zum Pazifik beteiligt.

120.3 Besiedlung und Verkehrserschließung der USA

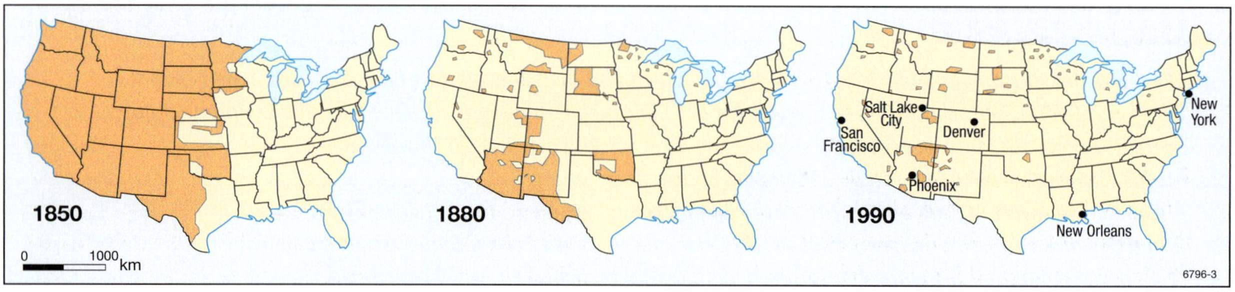

120.4 Gebiete der Indianer in den USA

121.1 *Bahnarbeiter (1878)*

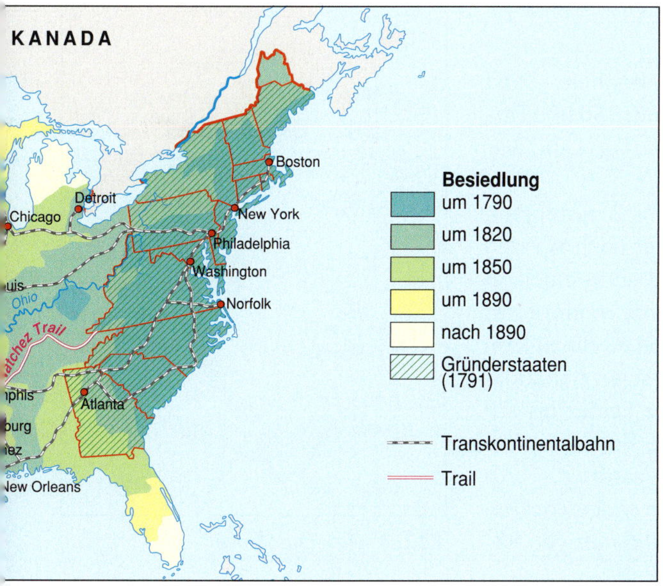

Folgen für die Indianer

Jahrhundertelang lebten die Ureinwohner Nordamerikas, die Indianer, im Einklang mit der Natur. Sie prägte und bestimmte den Ablauf ihres Lebens. Eigentum strebten die Indianer nicht an. Ihrer Ansicht nach gehörte das Land wie das Wasser und der Wind allen Menschen.

Bei der Ankunft der ersten Siedler lebten wahrscheinlich zwei Millionen Indianer im Gebiet der heutigen USA. Am Ende der erbitterten, aber aussichtslosen Kämpfe gegen die Eindringlinge waren es nur noch 200 000. Den Indianern blieben nur die von den Weißen zugeteilten, aber wirtschaftlich kaum nutzbaren Reservate. Verträge zwischen der Regierung und den Indianern wurden jedoch meistens von den Weißen gebrochen.

Bis heute ist die Zahl der indianischen Bevölkerung wieder auf zwei Millionen angewachsenen. Davon lebt der größte Teil unter ärmlichen Verhältnissen.

AUFGABEN >>

1 *Beschreibe die schrittweise Erschließung der heutigen USA. Welche Phasen lassen sich unterteilen?*

2 *Mit welchen Problemen und Gefahren mussten die Siedler auf ihrem Weg nach Westen rechnen?*

3 *In der Unabhängigkeitserklärung heißt es: „Alle Menschen sind gleich geschaffen. Sie sind von ihrem Schöpfer mit unveräußerlichen Rechten ausgestattet. Dazu gehören Leben, Freiheit und Streben nach Glück." Diskutiert, ob dieser Satz für alle galt.*

Z Die Flagge der Vereinigten Staaten

Heute zählen 50 Bundesstaaten zu den Vereinigten Staaten von Amerika (USA). Die Hauptstadt ist Washington. Jeder Staat wird durch einen Stern auf der Flagge symbolisiert. Die Streifen stehen für die 13 Gründerstaaten.

121.2 *„Stars and Stripes"*

„... Wir unterbrechen unsere Musiksendung. Achtung! Achtung! Die Staubstürme bedrohen nun auch Süddakota! Achtung, Oklahoma! Höchste Gefahr! Die Staubstürme, die seit Donnerstag weite Gebiete in den Great Plains, insbesondere in den Staaten Nebraska und Kansas, mit einem Staubschleier bedecken, weiten sich aus.
Warnung! Die heftigen Stürme hüllen weite Gebiete östlich der Rocky Mountains bis zum 100. Längengrad in nächtliches Dunkel und wirbeln wertvollen Boden in schwarzen Wolken weit über das zentrale Tiefland hinweg bis zum Atlantik im Osten. Gebäude, Zäune und Straßen wurden verweht. Menschen und Tiere leiden unter Atembeschwerden ...“

122.1 *Staubsturm über Kansas (1934)*

Erosion in den Great Plains

Sand- und Staubstürme sind in den Great Plains keine Seltenheit. „Dust Bowl" (= Staubschüssel) nannten deshalb die Farmer ihr Land. 350 000 Farmer mussten zwischen 1935 und 1939 ihren Besitz verlassen. Das Land war völlig unfruchtbar geworden.
Die Ursachen sind vielfältig. Lange Zeit waren die Great Plains Grassteppen, auf denen die Indianer Büffel jagten. Als immer mehr Siedler nach Westen vordrangen, wurden die Indianer vertrieben und das Land als Weideland genutzt. Da die Zahl der Rinderherden immer größer wurde, konnte das Gras kaum nachwachsen, der Boden war kahl und ungeschützt. Hinzu kam die Ausweitung des Ackerbaus in die Trockengebiete. Auf riesigen Anbauflächen wurde Weizen in „Monokultur" angebaut, sodass die Felder bis zur nächsten Saison brachlagen. Der kahle, oft ausgetrocknete Boden bildete eine ideale Angriffsfläche für die Erosion durch Wind und Wasser.
Besonders während der Dürreperioden wehten Stürme den ausgetrockneten Boden davon und beschädigten so die Anbauflächen. Die heftigen Regenschauer nach der Dürre konnten nun vom Boden nicht mehr aufgenommen werden. Das Wasser sammelte sich dann in Trockenrissen, riss Teile des Bodens mit sich und zerschnitt das Gelände. Nutzbare Gebiete wurden so zu landwirtschaftlich wertlosem Land, zu „Badlands".

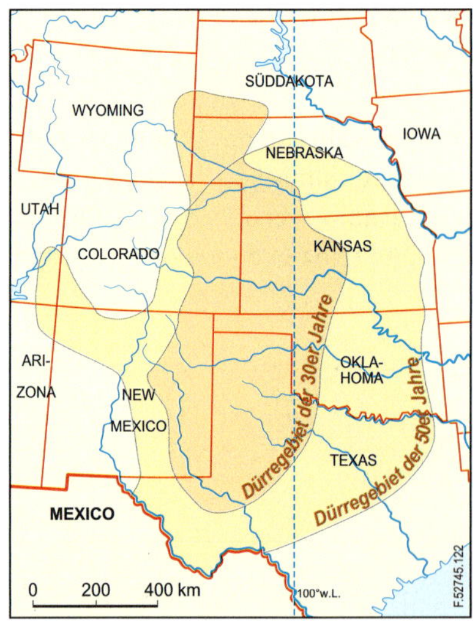

122.2 *Die „Dust Bowl"*

AUFGABEN>>

1. *Welche Bundesstaaten haben Anteil an der „Dust Bowl"?*
2. *Erkläre den Begriff „Erosion". Nenne die Ursachen.*
3. *Erkläre, warum nicht nur der Mensch Einfluss auf die Entstehung der Dust Bowl hatte, sondern auch natürliche Faktoren.*

122.3 *Durch Bodenerosion entstandene „Badlands"*

Maßnahmen zur Bodenerhaltung

Das Ausmaß der Bodenzerstörung veranlasste den Kongress der USA dazu, im Jahre 1935 ein Bodenerhaltungsgesetz zu verabschieden und das „Amt für Bodenerhaltung" (Soil Conservation Service) zu gründen, das die Farmer beraten soll.

Zur Bekämpfung der Bodenzerstörung werden seitdem verschiedene Anbaumethoden angewandt. Auf geneigten Flächen wird durch Pflügen parallel zu den Höhenlinien (Konturpflügen) das Eindringen des Wassers in den Boden gefördert und die Abtragung verringert.

123.1 *Konturpflügen*

Gleichzeitig werden Pflanzen mit unterschiedlicher Reifezeit angebaut, sodass die Abtragung des Bodens durch den Wind vermindert wird.

Das Trockenfarmsystem wird im Bereich der Trockengrenze des Ackerbaus angewandt. Hierbei wird der Boden während der Brache nach Regenfällen geeggt und gewalzt, damit Feuchtigkeit im Boden gespeichert wird. Außerdem werden oft anstelle der Brache bodenhaltende Pflanzen angebaut, z. B. Klee oder Luzerne.

Um die Erosion durch den Wind zu bekämpfen, werden Windschutzstreifen und Windschutzhecken angelegt. Sie sollen den Boden vor Ausblasung schützen.

Die Regierung empfiehlt weitere Maßnahmen:
- die Terrassierung oder Aufforstung besonders erosionsgefährdeter Hänge,
- die Umwandlung von Ackerland in Grünland,
- das Stehenlassen der Stoppeln als Windbremse nach der Ernte.

123.2 *Stoppeln als Erosionsschutz*

123.3 *Windschutzstreifen im Maisfeld*

AUFGABEN >>

1 *Beschreibe die Maßnahmen der Farmer zur Bekämpfung der Bodenzerstörung durch Wasser und Wind.*

2 *Zeichne ein Flussdiagramm zur Bodenzerstörung in den Great Plains.*

3 *Die bodenerhaltenden Maßnahmen sind notwendig. Begründe.*

124.1 *Weizenernte*

124.2 *Bewässerungsflächen*

124.3 *Landnutzung in den Great Plains*

Getreideanbau in den Great Plains heute

Die Farm der Gebrüder Lewis liegt im Westen des Bundesstaates Oklahoma. Henry Lewis berichtet:

„Ich bewirtschafte die Farm mit meinen Brüdern, meinem Schwiegersohn und zwei Arbeitern. Mit 6550 ha gehört sie zu den größten in der Region. 4850 ha nutzen wir als Ackerland, 1700 ha als Weideland. Weizen und Mais gedeihen hier in den Great Plains besonders gut. Unsere Farm liegt in der Nähe des 100. Längengrads, der Trockengrenze für den Getreideanbau. Hier ist das Dürrerisiko sehr hoch. Mehrere trockene Jahre hintereinander führten früher zu hohen Ernteausfällen. Hinzu kam, dass Stürme die ausgetrocknete Humusschicht des Bodens fortbliesen und einen großen Teil der Anbauflächen zerstörten.

Um hier trotzdem Getreide anbauen zu können, setzen wir auf besonders gezüchtetes Saatgut. Wir verwenden auch genetisch verändertes Getreide. Für den größten Teil des Ackerlandes nutzen wir die Karussellbewässerung. Unsere größte Anlage beregnet 85 ha! Das Wasser dafür pumpen wir aus einem riesigen Grundwasserreservoir hoch. Um an das Wasser zu kommen, müssen wir seit einigen Jahren immer tiefer bohren. Dies ist sehr teuer. Da der Mais besonders viel Wasser braucht, geben wir ihn wohl bald ganz auf. Für den Weizen reicht das Wasser noch. Aber wenn das Grundwasser einmal erschöpft sein wird, müssen wir wohl auf Rinderhaltung umsteigen."

AUFGABEN >>

1 *Beschreibe die Landnutzung in den Great Plains heute.*

2 *Erkläre den Begriff „Trockengrenze für den Getreideanbau". Mit welchen Maßnahmen wird versucht, diese Grenzen zu überschreiten?*

3 *Erläutere die Probleme des Getreideanbaus in den Great Plains. Wie könnte die Zukunft aussehen?*

4 *Ermittle im Atlas Getreideanbaugrenzen in Europa.*

a

Bodenexperimente

Experiment Winderosion

Die Wirkungsweise der Winderosion und die Gegenmaßnahmen, wie sie beispielsweise in den Great Plains durchgeführt werden, könnt ihr durch einen einfachen Versuch demonstrieren. Folgende Materialien braucht ihr dazu: Einen Modellkasten (etwa 60 cm x 40 cm), Vogelsand oder trockene Blumenerde, einen Föhn und „Windschutzhecken" aus stabilem Karton oder Sperrholz. Blast nun mit dem Föhn von schräg oben auf den Sandkasten und beobachtet den Wind vor und nach der „Windschutzhecke".
Falls ihr in eurer Schule Messgeräte besitzt, könnt ihr noch gleichzeitig die Feuchtigkeit des Bodens vor und hinter der „Windschutzhecke" messen.

125.1 *Versuch zur Winderosion*

Experiment Wassererosion

Das im Gebirge verwitterte Gesteinsmaterial gelangt über Erosionsrinnen und Bäche in die Täler. Erosionsrinnen entstehen, wenn starker Regen am Hang abfließt und das lockere Gesteinsmaterial abgetragen und mitgerissen wird. Besonders dort, wo die schützende Vegetation fehlt, ist dieser Materialtransport gut zu beobachten. Im Übergangsbereich vom Hang zum Talboden bilden sich dabei sogenannte Schwemmkegel, auch Schwemmfächer genannt.
Deren Entstehung könnt ihr leicht nachvollziehen. Begießt einen mit Gras bewachsenen Hügel und einen kahlen Sandhügel mit einer Kanne Wasser. Beobachtet und vergleicht die jeweilige Wirkungskraft des Wassers.

125.2 *Versuch zur Wassererosion*

Experiment Gletscherzunge

Die Landschaft formende Kraft der Gletscher könnt ihr ganz einfach simulieren. Eure Faust ist dabei die Gletscherzunge, die ihr langsam vorschiebt. Die Kraft der Faust (des Gletschers) wirkt in zwei Richtungen: nach vorne und nach unten. Dadurch wird der Untergrund ausgeschürft und das mittransportierte Material als Moränen abgelagert. Welche Arten von Moränen könnt ihr nach eurem Versuch im Sand erkennen?
Die so in der Eiszeit gebildeten Hohlformen haben sich nach dem Rückzug der Gletscher mit Wasser gefüllt. So entstanden die eiszeitlichen Zungenbeckenseen (z. B. Starnberger See, Bodensee).

125.3 *Versuch zum Gletscher*

126.1 *Ernte auf einem Gemüsefeld in den 1930er-Jahren*

126.2 *Abtransport maschinell geernteter Tomaten*

Kalifornien – Fruchtgarten der USA

Im Bundesstaat Kalifornien liegt das wichtigste landwirtschaftliche Anbaugebiet der USA. Hier werden 11 % aller Agrargüter der USA produziert. Und das, obwohl die landwirtschaftlich genutzte Fläche in Kalifornien nur 3 % des gesamten Ackerlandes der USA ausmacht.
Damit ist Kalifornien der US-Bundesstaat mit der höchsten Agrarproduktion. Über 400 verschiedene Nutzpflanzen werden angebaut. Bei zahlreichen Produkten nimmt Kalifornien eine unangefochtene Spitzenstellung innerhalb der USA ein. Ein Drittel der Produktion wird in mehr als 150 Länder verkauft. Mehr als 50 % werden an die drei größten Abnehmer, Kanada, Europa und Japan geliefert.
Die Produktion in Kalifornien konzentriert sich auf das über 600 km lange Zentraltal und das Imperialtal im Süden des Bundesstaates.
Trotz der guten Voraussetzungen in Kalifornien müssen die Menschen der Natur auch hier nachhelfen.

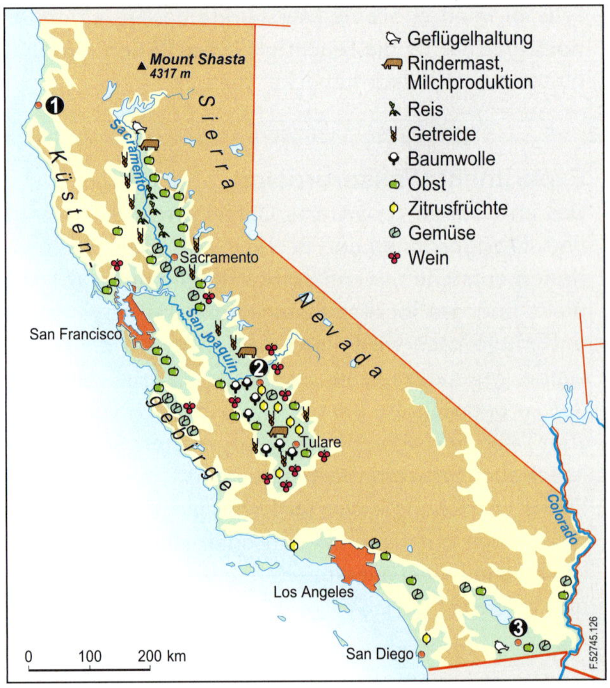

126.3 *Landwirtschaftliche Nutzung in Kalifornien*

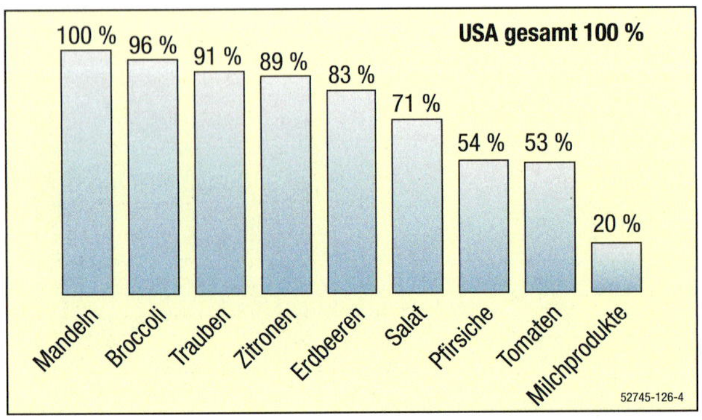

126.4 *Anteile Kaliforniens an der gesamten US-Produktion*

AUFGABEN >>

1 *Beschreibe die besondere Stellung der kalifornischen Landwirtschaft.*

2 *Nenne bedeutende Anbauprodukte. Sind diese auch bei uns erhältlich? Informiere dich im Supermarkt.*

3 *Beschreibe die Lage des Hauptanbaugebietes in Kalifornien.*

4 *Erstelle ein Klimadiagramm zu Los Angeles und beschreibe die klimatischen Voraussetzungen in Kalifornien.*

5 *Welche Möglichkeiten gibt es, der Natur nachzuhelfen?*

127.1 *Bewässerte Flächen im Kalifornischen Längstal*

127.2 *In einem Vorort von Los Angeles*

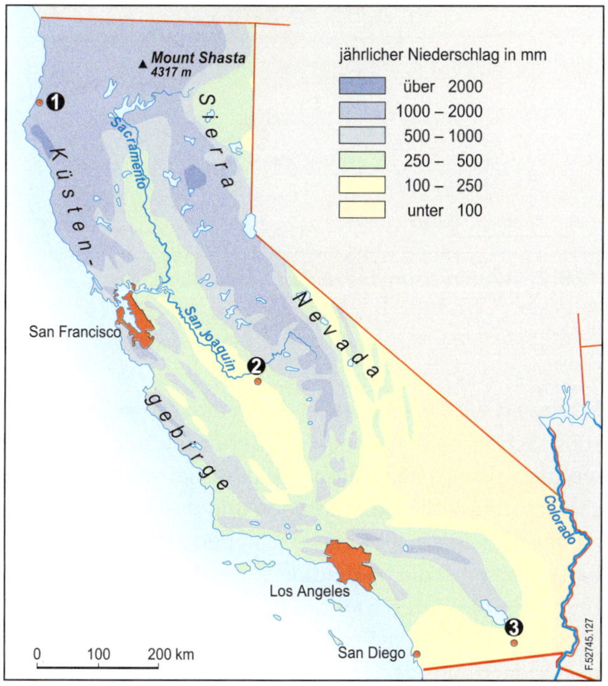

127.3 *Wasserverteilung und Niederschläge in Kalifornien*

760 Liter Wasser verbraucht ein Mensch durchschnittlich im südlichen Kalifornien pro Tag. Ein Deutscher hingegen 135 Liter. Zwar ist der Unterschied enorm, jedoch muss man auch die verschiedenen klimatischen Verhältnisse bedenken. Neben den Privathaushalten und der Industrie stellt die Landwirtschaft mit 80 % den größten Verbraucher in Kalfornien dar. Das warme Klima des Bundesstaates zieht nicht nur eine große Zahl von Touristen an, sondern ist auch eine wichtige Voraussetzung für die Landwirtschaft. Gerade die beiden zentralen Aspekte des Klimas, nämlich Niederschlag und Temperatur, stellen die Menschen aber auch vor große Probleme.

AUFGABEN >>

1. *Erkläre den hohen Wasserverbrauch in Kalifornien.*
2. *Ordne die Klimadiagramme den Zahlen 1 – 3 in der Karte 127.3 zu. Begründe deine Entscheidung.*
3. *Beschreibe die Klimadiagramme. Ordne ihnen zu: Wasserüberschuss – Wassermangel – extremer Wassermangel.*

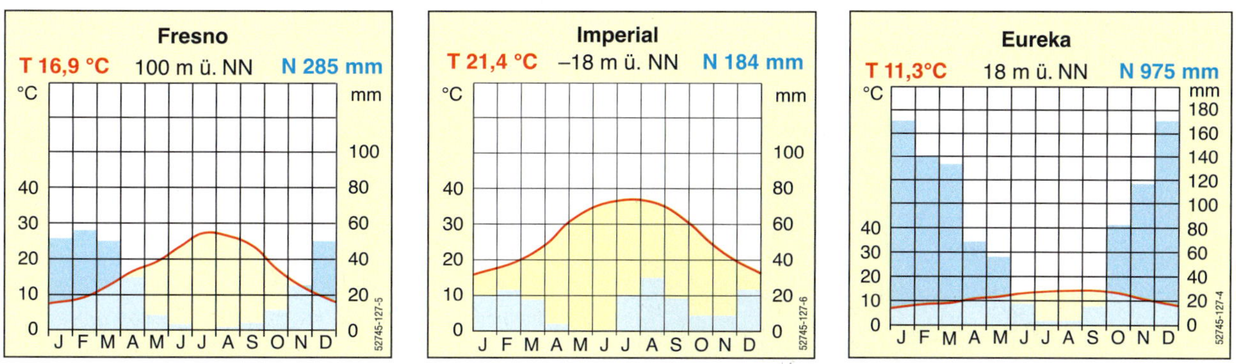

127.4 – 6 *Klimadiagramme*

128.1 *Staudamm am Colorado (216 Meter hoch)*

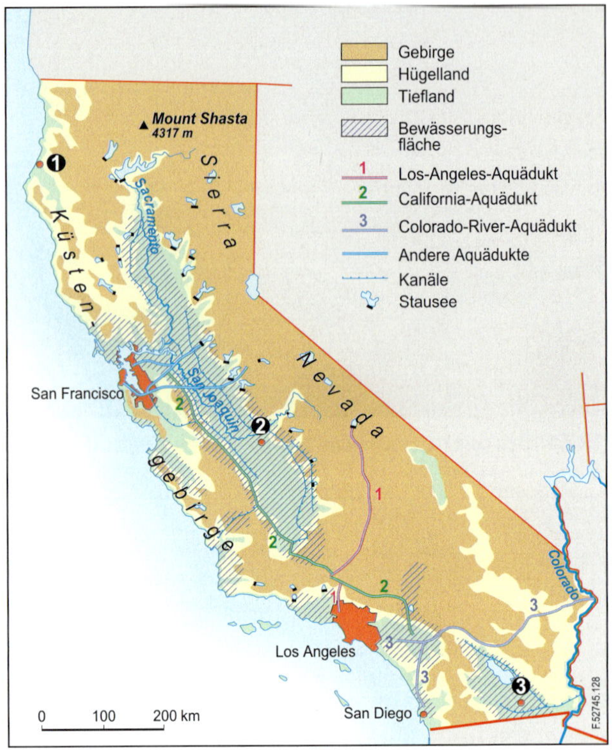

128.2 *Wasserversorgung und Bewässerungsfläche*

Kaliforniens Wüste wird bewässert

Mit einem umfangreichen System von Bewässerungsprojekten konnten die klimatischen Voraussetzungen in Kalifornien überwunden werden. Das Anzapfen der Wasservorräte bleibt jedoch nicht ohne Folgen. Da das gesammelte Wasser oft nicht reicht, wird Grundwasser verwendet. Im Zentraltal sind diese Vorräte schon vor 50 Jahren versiegt. Auch die Wasserentnahme aus dem Colorado birgt Probleme, da sechs US-Staaten und der Norden Mexikos auf das Wasser der wichtigsten Wasserader im amerikanischen Westen angewiesen sind.

128.3 *Bewässerungskanal zwischen Orangenplantagen*

Erschwert wird die Situation durch die stetige Zuwanderung. Schon 2020 rechnen die Behörden mit einer Einwohnerzahl von 30 Millionen Kaliforniern. Um die Wasserversorgung für die Menschen und die Landwirtschaft zu gewährleisten, gibt es verschiedene Ideen. So sollen beispielsweise die Aquädukte weiter in den regenreicheren Norden bis an die kanadische Grenze verlängert werden. Dieser Plan ist jedoch nicht nur aufgrund des Widerstands der Bevölkerung unwahrscheinlich. Die Kalifornier werden also lernen müssen, Wasser zu sparen. In den Schulen wird bereits gelehrt, wie dies geht. In der Landwirtschaft werden sich noch effektivere Bewässerungsmethoden durchsetzen.

AUFGABEN>>

1 *Erkläre mithilfe der Karte 128.2, wie das Problem der Ungleichverteilung des Wassers gelöst wurde.*

2 *Nenne Probleme, die durch die Bewässerungslandwirtschaft entstehen.*

3 *Nenne die US-Bundesstaaten, die am Colorado liegen.*

4 *Vergleiche die Länge einiger Aquädukte mit Entfernungen in Europa.*

Las Vegas – eine Metropole in der Wüste

129.1 *Wasserspiele vor einem Hotel in Las Vegas*

Las Vegas wurde 1905 gegründet. Es ist die Stadt des Glückspiels und der großen Shows. Inmitten der Wüste Nevadas stehen riesige Hotels. Bis zu 40 Millionen Touristen besuchen jedes Jahr Las Vegas.
Der Boom der Stadt ist auf zwei Dinge zurückzuführen. Zum einen wurde hier das Glücksspiel legalisiert, das in den USA nur in wenigen Staaten erlaubt ist. Zum anderen machte erst der Bau des Hoover-Damms, der auf 180 km Länge den Colorado aufstaut und den Lake Mead entstehen ließ, die Wasserversorgung von Las Vegas möglich.

Las Vegas wird immer größer und immer durstiger. Das Wasser sprudelt, doch der Schein trügt – die Wüstenstadt leidet unter akutem Wassermangel. Dennoch liegt der Pro-Kopf-Verbrauch täglich bei 720 Liter Wasser. Der Wasserpreis in Las Vegas ist einer der niedrigsten im US-amerikanischen Westen.
Um Wasserverschwender aufzuspüren, geht die Water Authority täglich 24 Stunden auf Patrouille. In den Wohngebieten sind Autowaschen und Rasensprengen streng reglementiert. Wer dagegen verstößt, muss mit hohen Strafen rechnen.
Auf der Unterhaltungsmeile in Downtown Las Vegas kann die Hotelindustrie jedoch nicht auf Wasser verzichten. Die Behörden sehen hier keine Probleme, denn es wurden Sparmaßnahmen ergriffen und 80 Prozent des Wassers können heute wiederaufbereitet werden.
Der Wasserverbrauch der großen Hotels beträgt 355 bis 570 Kubikmeter pro Zimmer pro Jahr. Große Mengen an Wasser werden verbraucht für Rasensprenger, künstliche Wasserfälle, Wasservernebelungsanlagen, künstliche Seen und Springbrunnen.

(nach: MDR-Manuskript vom 26.02.2005)

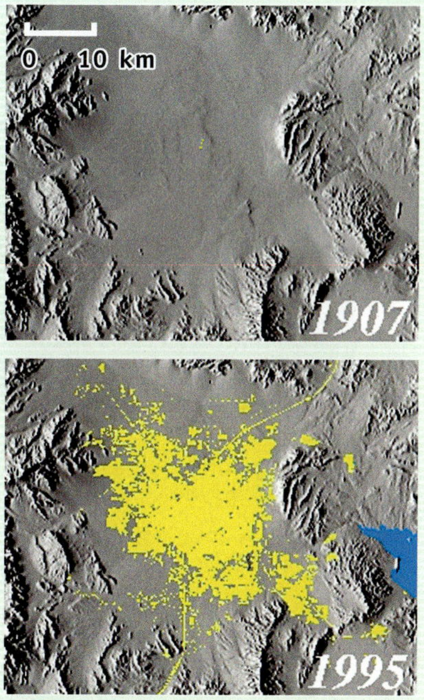

129.2 *Fläche von Las Vegas im Vergleich*

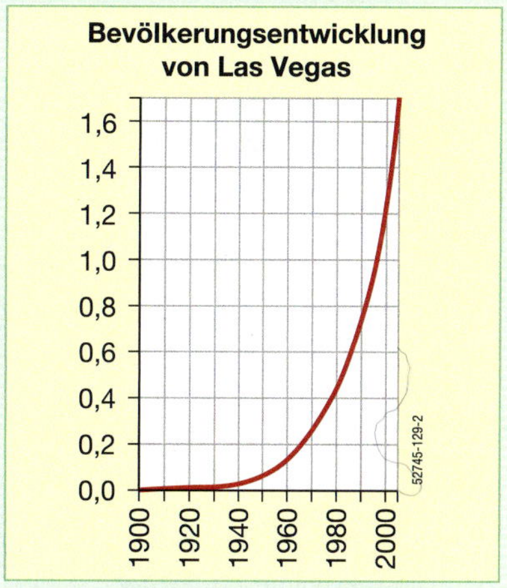

129.3 *Bevölkerungsentwicklung von Las Vegas*

AUFGABEN >>

1. *Beschreibe die Lage von Las Vegas.*
2. *Erläutere die Wasserprobleme der Stadt.*

Die Großlandschaften der USA

Rocky Mountains

Die inneren Ebenen
Lage und Aussehen: im Zentrum Nordamerikas, große weite Ebenen (Great Plains), Tiefland mit Mississippi und Missouri, Große Seen
Entstehung der Großen Seen: In der Eiszeit hobelten Gletscher mächtige Mulden aus, die sich nach dem Abschmelzen des Eises mit Wasser füllten. Die großen Ebenen waren früher das Hauptweidegebiet der heute fast vollständig ausgerotteten Büffel.

Gebirge und Becken im Westen
Gebirge: Rocky Mountains, Sierra Nevada …
Becken: Große Salzwüste, Death Valley …
Nationalparks: Grand Canyon, Yosemite, Yellowstone …
Städte: Los Angeles, San Francisco, Las Vegas
Besonderheiten: Im Küstengebirge gibt es viele Vulkane und besonders in Kalifornien ist die Gefahr von Erdbeben sehr hoch.
Industrie: Hightech-Industrie, Filmindustrie, Flugzeug- und Raumfahrtindustrie

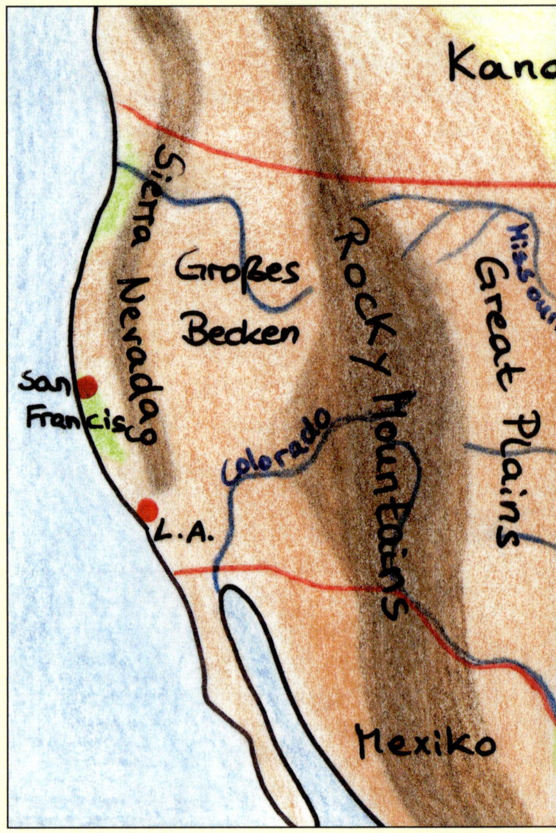

Grand Canyon

Die Großlandschaften der USA könnt ihr relativ einfach in einer Klassenkarte darstellen. Zeichnet auf Packpapier mithilfe des Tageslichtprojektors die Umrisse und gestaltet sie farbig. Die Kartenskizze kann durch weitere Informationen zu den einzelnen Großlandschaften vervollständigt werden. Außerdem könnt ihr die Karte mit neuen Inhalten aus der gesamten Unterrichtseinheit über die USA ergänzen.

Die Küstenebenen
Lage: Ostküste Nordamerikas
Ausdehnung: von Kanada bis Florida und weiter bis zur mexikanischen Grenze
Länge: über 3000 km
Städte: Boston, New York, Washington, New Orleans, Houston …
Flüsse: In den Golf von Mexiko mündet der Mississippi, einer der längsten Flüsse der Erde.
Rohstoffe und Industrie: Erdgas und Erdöl an der Golfküste, Raumfahrtindustrie

Atlantikküste

Die Appalachen
waldreiches, bis 2000 m hohes Mittelgebirge im Osten der USA
Ausdehnung: von der Mündung des St. Lorenz-Stroms in Kanada bis nach Alabama, paralleler Verlauf zur Atlantikküste
Rohstoffe und Industrie: große Kohlevorkommen, frühe Entstehung von Industriegebieten

Appalachen

AUFGABEN >>

1 *Fertige einen Steckbrief der USA an.*
2 *Beschreibe die Großlandschaften, die man auf einer Reise von der Ost- zur Westküste durchquert.*
3 *Ermittle die Ausdehnung der USA in nordsüdlicher und westöstlicher Richtung. Vergleiche die Entfernungen mit Beispielen aus Europa.*
4 *Zeichne eine Skizze mit den Großlandschaften der USA in dein Heft.*
5 *Erstelle einen Reisereportage zur „USA".*

Z

Die USA – von Stürmen heimgesucht

132.1 *New Orleans versinkt in den Fluten*

132.2 *Hurrikan „Katrina" über dem Golf von Mexiko*

(...) Mit sintflutartigen Regenfällen und Windgeschwindigkeiten von gut 230 Stundenkilometern brach der Hurrikan „Katrina" am 29.8.2005 über die Stadt New Orleans herein. Der 7 bis 8 Meter hohen Flutwelle hielten die Deiche nicht stand. Das Wasser bahnte sich fast ungehindert seinen Weg. Straßenzüge verwandelten sich in reißende Ströme. Häuser verschwanden bis zu den Dächern im Wasser. Die Großstadt lief wie „eine Wanne voll", da mehr als 70 Prozent des Stadtgebiets von New Orleans unterhalb der Meeresspiegelhöhe liegen. (...)

(...) Behörden hatten zwar zwei Tage vorher die Zwangsevakuierung der 485 000-Einwohner-Stadt angeordnet. Doch viele Bewohner wollten ihre Häuser nicht verlassen. Sie kamen in den Fluten um oder mussten lange auf den Dächern auf Hilfe warten, weil Rettungsboote knapp wurden. (...)

(nach Agenturmeldungen vom 30.8.2005)

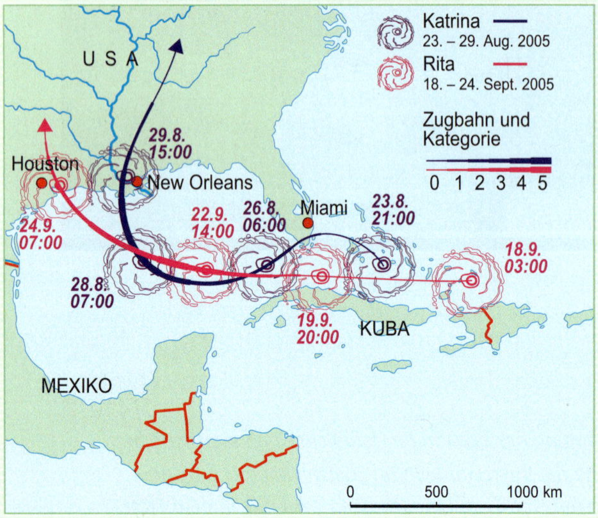

132.3 *Zugbahnen von „Katrina" und „Rita"*

Das Jahr 2005 wird den Menschen rund um den Golf von Mexiko in keiner guten Erinnerung bleiben. Häufiger als in den Jahren zuvor wurden weite Teile des Raumes von tropischen Wirbelstürmen heimgesucht.

Besonders verheerende Verwüstungen richteten die Hurrikane „Katrina" und „Rita" an, die in den Monaten August und September auf die Golfküste der USA trafen. Die orkanartigen Stürme wirbelten Fahrzeuge wie Spielzeuge durch die Luft, zertrümmerten Häuser und legten die Stromversorgung lahm. Millionen Menschen waren tagelang ohne Wasser und Strom. Dramatische Auswirkungen hatte vor allem „Katrina" in der Region um das Mississippi-Delta (ca. 1500 Tote).

133.1 *Kälteeinbruch in New York*

133.2 *Tornado*

133.3 *Folgen eines Hurrikans*

Von Blizzards, …

Im Winter kann arktische Polarluft schnell und ungehindert in den Süden vordringen. Sie trifft dort meist auf feuchte Luft aus dem Süden und es entstehen heftige Schneestürme. Diese Blizzards ziehen teilweise mit über 100 km/h über das Land. Häufig legen sie den Verkehr in den Großstädten lahm. Flughäfen werden geschlossen, Straßen sind durch meterhohe Schneeverwehungen unpassierbar. Bei Rekordtemperaturen bis minus 55 °C sind auch immer wieder Kälteopfer zu beklagen.

… Tornados …

Tornados entstehen im Sommer über Land, wenn kalte Luft aus dem Norden und feuchtheiße Luft aus dem Golf von Mexiko zusammentreffen. Dabei kommt es häufig zu schweren Gewittern. In Extremfällen bilden sich trichterförmige Luftwirbel, die als Tornados bezeichnet werden. Sie rasen mit großer Geschwindigkeit dahin. Mit ihrer Kraft können sie Autos und Häuser in die Luft schleudern und Bäume entwurzeln. Da der Durchmesser von Tornados gering ist, bleibt das Band der Zerstörungen relativ schmal.

… und Hurrikanen

Hurrikane sind tropische Wirbelstürme, die sich vor allem zwischen August und Oktober über dem Atlantischen Ozean bilden und mit Geschwindigkeiten von bis zu 200 km/h auf die Südostküste Nordamerikas zusteuern. Mithilfe von Satellitenaufnahmen lässt sich ihre Entstehung beobachten und ihre voraussichtliche Bahn berechnen. Gefährdete Gebiete können evakuiert werden. Aber an Gebäuden und in landwirtschaftlichen Anbaugebieten entstehen Milliardenschäden.

133.4 *Gefährdete Gebiete in den USA*

AUFGABEN >>

1. *Suche den Ausschnitt des Satellitenbilds 132.2 in Karte 133.4.*
2. *Notiere, welche Staaten, Städte und Inseln durch die Hurrikane „Rita" und „Katrina" betroffen waren.*
3. *Der Hurrikan „Katrina" war für New Orleans besonders verheerend. Erkläre, weshalb.*
4. *Nenne Vorsorgemaßnahmen, die bei tropischen Wirbelstürmen unbedingt getroffen werden müssen.*
5. *Erkläre die Entstehung von Hurrikanen, Blizzards und Tornados. Informiere dich dazu auch im Internet.*
6. *Wodurch begünstigt das Relief (Oberflächenform) Nordamerikas das Entstehen dieser Naturkatastrophen?*
7. *Nenne besonders gefährdete Gebiete der USA (Karten 132.3 und 133.4).*

Der Panamakanal – ein Jahrhundertbauwerk

134.1 *Pedro-Miguel-Schleuse am Panamakanal*

Aufgrund der enormen Nord-Süd-Ausdehnung Nord- und Südamerikas stellte der Warentransport von der West- zur Ostküste die USA vor große Herausforderungen: Der einzige Seeweg führte um Kap Hoorn, die Strecke betrug circa 30 000 Kilometer und die Fahrt dauerte mehrere Monate. Der Weg war nicht nur sehr lang, sondern auch gefährlich.

Nach dem erfolgreichen Bau des Suez-Kanals (1859-1869) durch Ferdinand de Lesseps, begann die Suche nach einer geeigneten Stelle für den Bau eines Kanals, der die Seestrecke verkürzen und vereinfachen könnte. In Mittelamerika verengt sich der Kontinent. In Panama besteht er an einer Stelle sogar nur noch aus einem 60 Kilometer schmalen Landstreifen. Dort sollte ein Kanal geschaffen werden, dessen Ausbau zu einem Jahrhundertprojekt wurde. Ferdinand de Lesseps wurde auch für dieses Projekt engagiert und entwarf die Pläne zum Bau des Panamakanals.

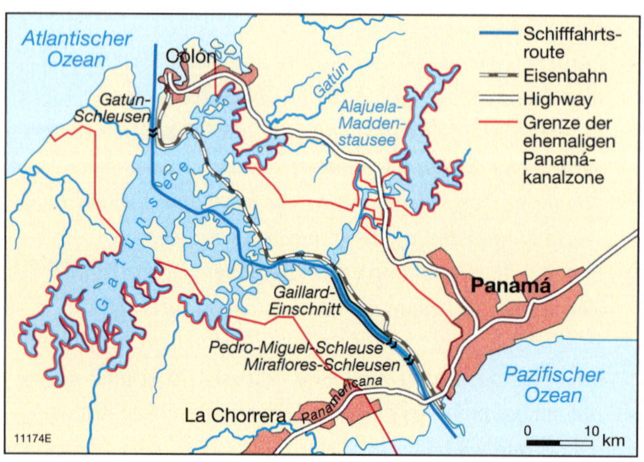

134.2 *Der Panamakanal*

Der Bau des Kanals

Im Jahr 1881 begann unter französischer Leitung die erste Bauphase des Kanalbaus.

Anders als beim Bau des Suez-Kanals hatte Ferdinand de Lesseps nun aber mit dem tropischen Klima zu kämpfen. Hitze, Regen und die Schwüle machten den Arbeitern zu schaffen. Hinzu kamen Malaria und Gelbfieber. Aber nicht nur das Klima barg Gefahren: Ein Gebirge versperrte dem neuen Kanal den Weg. Mit riesigen Mengen Dynamit mussten große Massen von Gestein weggesprengt werden.

1889 gaben die Franzosen schließlich aus Geldmangel auf. Ein Sechstel des Kanals konnte bis dahin fertig gestellt werden. Bereits in dieser ersten Bauphase mussten 22 000 Arbeiter ihr Leben lassen. Insgesamt forderte der Bau des Kanals 28 000 Menschenleben.

Im Jahre 1904 wurde der Bau des Kanals von der US-amerikanischen Regierung wieder aufgenommen. Am 15. August 1914 erfolgte die erste Durchfahrt durch den Panamakanal.

Die Bedeutung des Kanals

Die Seestrecke von New York nach San Francisco wurde durch den Bau des Panamakanals auf 10 000 km verkürzt. Dadurch konnte auch der Seehandel zwischen Asien und der Ostküste der USA ausgebaut werden.

Die Reedereien bezahlen durchschnittlich 47 000 Euro im Voraus für eine Durchfahrt. Diese dauert etwa 10 Stunden, aufgrund des hohen Verkehrsaufkommens im Kanal häufig auch länger. Der Kanal ist an 365 Tagen im Jahr geöffnet. Jährlich passieren circa 14 000 Schiffe den Panamakanal.

8000 Menschen bietet der Kanal, der auch „die Lebensader Panamas" genannt wird, sichere Arbeitsplätze. Der Kanal erzielt rund 70 % des Staatshaushaltes Panamas.

135.1 *Das Luxuskreuzfahrtschiff Queen Elizabeth 2 wurde so gebaut, dass es gerade noch in die Schleusen des Panamakanals passt.*

Der weitere Ausbau des Kanals

Für den Panamakanal wurde eine eigene Schiffsklasse eingeführt, die Panamax-Klasse. Diese kennzeichnet jene Schiffe, die es mit ihren Abmessungen gerade noch schaffen, den Kanal zu durchfahren (Abb. 135.1). Doch mittlerweile sind viele der neu gebauten Schiffe größer. Sie gehören zu den Post-Panamax-Frachtern.

Auch deshalb stimmten 78 % der Panamaer für den Ausbau ihres Kanals, mit dem am 3. September 2007 begonnen wurde.

Der Kanal soll auf drei Durchfahrtsstraßen ausgebaut werden, sodass ihn künftig auch Supertanker, die größten Schiffe der Welt, nutzen können. Große Einwände gegen den Ausbau bringen Umweltschützer hervor:

Die Kritiker warnen vor der Umsiedlung Tausender Bauern, dem Verlust von Ackerland und der Überflutung des Landes nahe dem Kanal.

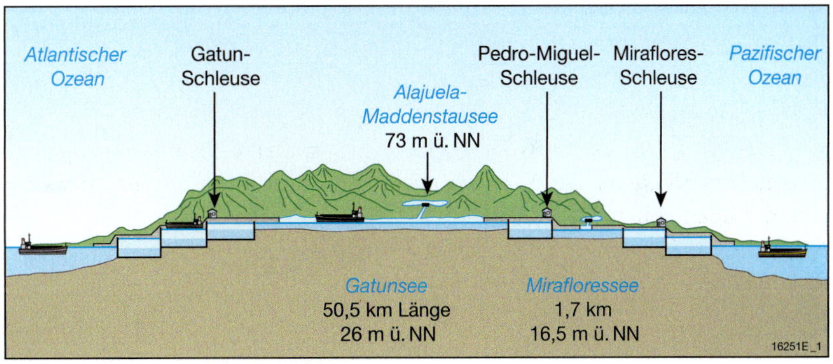

135.2 *Profil durch den Panamakanal*

AUFGABEN >>

1. *Erstelle einen Steckbrief zur Lage und Bedeutung des Panamakanals.*
2. *Erkläre mithilfe des Atlasses und der Seite 134, warum der Bau des Panamakanals problematischer war als der Bau des Suez-Kanals.*
3. *Der Kanal ist nicht nur entscheidend für den Warentransport von der Ost- zur Westküste der USA. Finde mithilfe einer Atlaskarte heraus, welche Regionen den Panamakanal für ihre Seefracht nutzen.*
4. *Beschreibe, durch welche Maßnahmen der Kanal an die Bedürfnisse des internationalen Transports des 21. Jahrhunderts angepasst werden soll.*
5. *Auch in Deutschland wurden wichtige Kanäle gebaut. Finde mithilfe des Atlasses mindestens drei große Kanäle in Deutschland und erkläre ihre Bedeutung für den Verkehr.*

Üben und Wiederholen

136.1 *Stumme Karte von Nordamerika*

AUFGABE >>>

Bearbeite die stumme Karte. Lege dazu im Heft eine Legende an. Benutze auch deinen Atlas.

1. „Go West!"

Auf der Reise von der Ostküste Amerikas bis an die Westküste passiert ein Siedlertreck verschiedene Stationen.

a) Ordne die elf Ortsnamen und verfolge ihre Route von New York nach San Francisco. Nimm deinen Atlas zu Hilfe.
b) Miss die Entfernung von Stadt zu Stadt (Luftlinie) im Atlas nach und berechne die zurückgelegten Kilometer des Trecks.
c) Nenne zwei Städte, an denen du die Herkunft der Siedler erkennen kannst.

Baltimore – Salt Lake City – Frankfort – Philadelphia – Reno – Kansas City – Saint Louis – San Francisco – New York – Sacramento – Denver

2. Klimaexperte

Ordne die Klimadiagramme mithilfe der Klimazonenkarte in deinem Atlas den Städten zu. Begründe deine Wahl. SEATTLE – ATLANTA – PHOENIX – FAIRBANKS

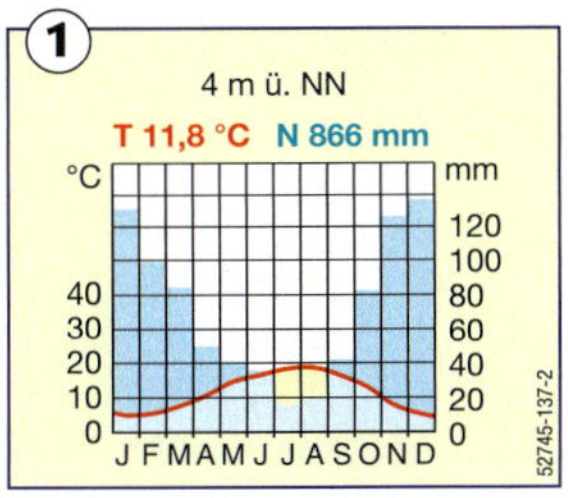

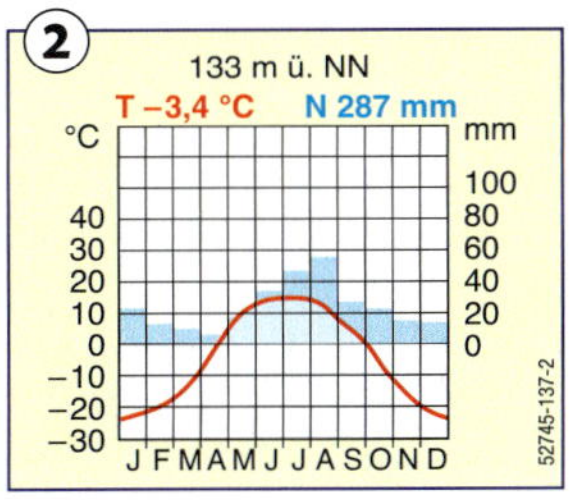

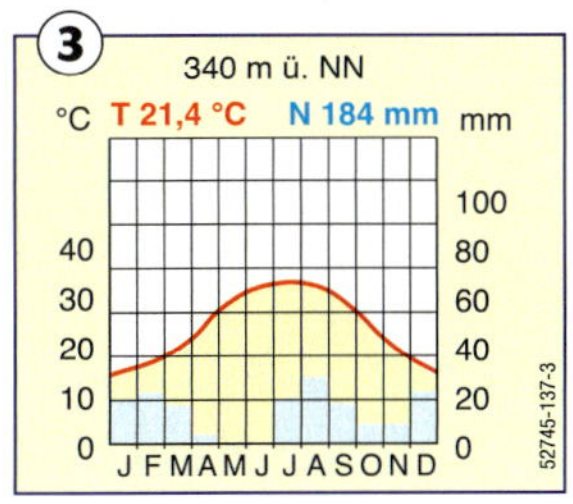

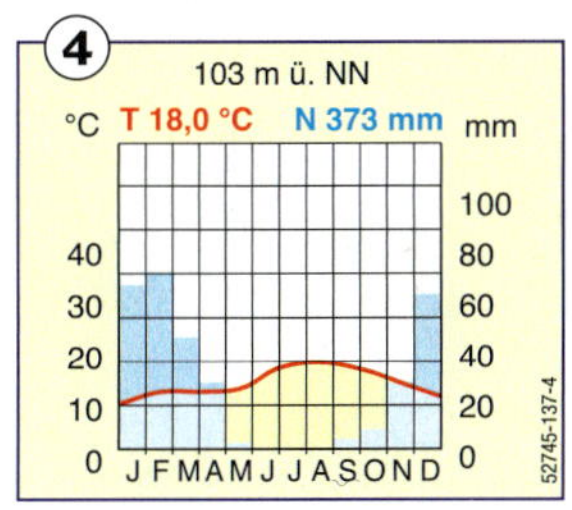

3. Das Zahlenrätsel

Löse das Rätsel. Die richtigen Antworten stehen „verschlüsselt" hinter den Aufgaben. Gleiche Zahlen bedeuten gleiche Buchstaben. Schreibe die Lösungen ins Heft. Benutze auch den Atlas.

1. Nördlichster Bundesstaat der USA	7 18 7 5 12 7
2. Gebirge im Westen Nordamerikas	8 17 23 12 2 11 17 9 10 14 7 3 10 5
3. Großstadt an der Ostküste der USA	10 26 13 2 17 8 12
4. Nebenfluss des Mississippi	17 24 3 17
5. an diesem See liegt Toronto	17 10 14 7 8 3 17 5 26 26
6. Berg in den Appalachen	11 17 9 10 14 11 3 14 23 24 26 18 18
7. Bundesstaat am Golf von Mexiko	1 18 17 8 3 21 7
8. Stadt am Missouri	12 7 10 5 7 5 23 3 14 2
9. Grenzfluss zwischen den USA und Mexiko	8 3 17 29 8 7 10 21 26
10. Hauptstadt der USA	13 7 5 24 3 10 29 14 17 10

4. Was stimmt hier nicht?

Blizzard – Tornado – Monsun – Hurrikan
Monokultur – Wanderfeldbau – Rinderfarmen – Karussellbewässerung
Anden – Appalachen – Rocky Mountains – Sierra Nevada
Konturpflügen – Trockenfarmsystem – Überweidung – Windschutzhecken
Ontariosee – Victoriasee – Eriesee – Michigansee

Grundbegriffe
Bewässerung
Erosion
Monokultur
Reservat
Verdunstung

6 Menschen verändern den Naturraum

Wir werten ein Satellitenbild aus

140.1 *Die Niloase auf einem Satellitenbild*

Schritt 1: Das Satellitenbild einordnen
Finde heraus, welches Gebiet das Satellitenbild zeigt (Atlas). Oft hilft dir dabei die Bildunterschrift.

Schritt 2: Das Satellitenbild beschreiben
- Gib eine Richtung an (z. B. von oben nach unten), damit die Zuhörer besser folgen können.
- Beachte die Farben des Satellitenbildes: Weiß (Schnee, auch Wolken), Blau (Wasser), Grün (Pflanzenwachstum, also Wald, Felder etc.), Hellbraun bis Gelb (Wüstengebiete), Rot (Siedlungsgebiete).

Schritt 3: Welche Frage beantwortet das Satellitenbild bzw. welche Frage wirft es auf?
Ein Satellitenbild enthält oft wichtige Informationen über das Thema, das ihr gerade im Unterricht behandelt.
Vor allem das Gegenüberstellen von zwei Satellitenbildern zu verschiedenen Zeiträumen gibt Auskunft, wie sich ein Gebiet verändert hat.
Oft wirft ein Satellitenbild auch eine Frage auf, die ihr in den kommenden Stunden beantworten werdet.

AUFGABEN>>

1 *Welche Staaten, Städte und Meere erkennst auf dem Satellitenbild?*
2 *Ordne die Fotos den Nummern im Satellitenbild zu. Die Buchstaben ergeben in der richtigen Reihenfolge ein Lösungswort.*
3 *Nenne Beispiele, bei denen das Gegenüberstellen von zwei Satellitenbildern zu verschiedenen Zeiträumen interessant ist.*

Der Nil – Lebensader Ägyptens

142.1

Ägypten besteht zu fast 97 % aus Wüste. Nur am Nil ist Landwirtschaft möglich. Daher leben schon seit jeher die Menschen an dieser Flussoase. Jeder Quadratmeter des fruchtbaren Landes zu beiden Seiten des Nils wird intensiv genutzt.
Kennzeichnend für den Nil war ein jahreszeitlicher Wechsel von Hochwasser und Trockenheit. Schon die alten Ägypter teilten das Jahr entsprechend der Wasserführung in drei Abschnitte: Hochwasser (August bis November), Anbauzeit (Dezember bis März) und Brache (April bis Juli). Durch die regelmäßigen Hochwasser wurde auf den Feldern fruchtbarer Schlamm abgelagert, der den Boden ertragreich hielt. Fielen die Hochwasser zu niedrig aus, reichten Bewässerung und Düngung nicht aus – es kam zu großen Hungersnöten.

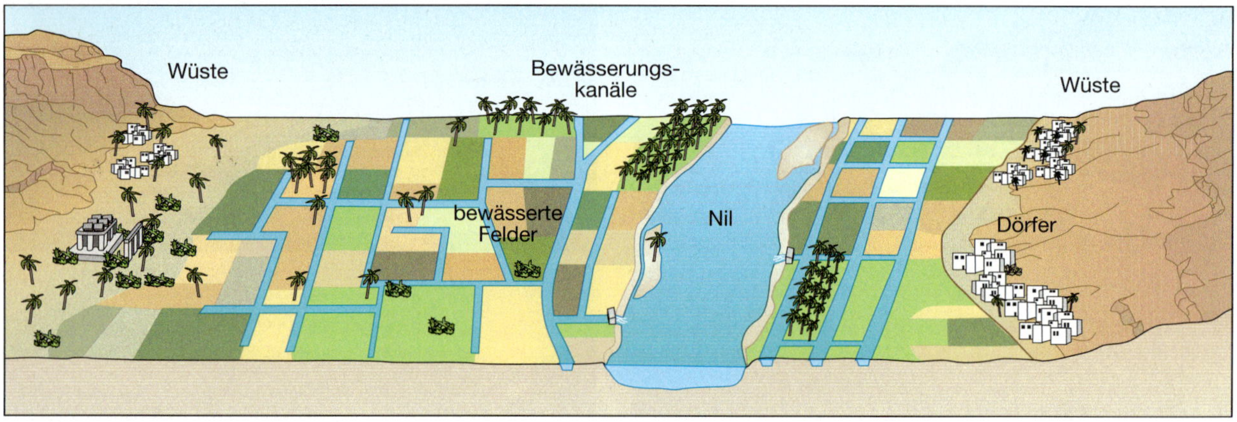

142.2 *Profil durch das Niltal*

Künstliche Bewässerung

Bereits in der Pharaonenzeit begannen die Ägypter deshalb mit dem Bau von Kanälen, Schöpfwerken und Dämmen, um das Hochwasser des Nils länger und für größere Flächen nutzbar zu machen. Viele Fellachen betreiben noch heute Bewässerungsfeldbau mit Einrichtungen aus dem Altertum (Abb. 142.3 und 4).

AUFGABEN >>

1. *Erläutere den Begriff „Lebensader".*
2. *Beschreibe das Bewässerungssystem der Niloase.*
3. *Begründe die Lage der Siedlungen in Abb. 142.2.*

142.3 *Archimedische Schraube*

142.4 *Sakije (Schöpfrad)*

Die Staatsfläche Ägyptens beträgt etwa 1 000 000 km² (Deutschland: 357 000 km²). Davon sind aber nur 35 000 km², also etwa 3,5 %, landwirtschaftlich verwertbar oder besiedelt. Der Rest ist Wüste und damit für den Menschen kaum nutzbar.
Die Einwohnerzahl Ägyptens erhöht sich jährlich um 1,4 Mio. Menschen. Ägypten ist heute mit 70 Mio. Einwohnern einer der bevölkerungsreichsten Staaten Afrikas. Um die ständig wachsende Bevölkerung ernähren zu können, musste mehr Ackerland gewonnen werden. Doch wie sollte das gehen?

Steckbrief Sadd-el-Ali

Kosten:	ca. 2,2 Mrd. EUR
Staudammlänge:	3,6 km
Staudammhöhe:	111 m
Stauseelänge:	ca. 600 km
Stauseefläche:	ca. 5000 km² (z. Vergl. Bodensee: 520 km²)

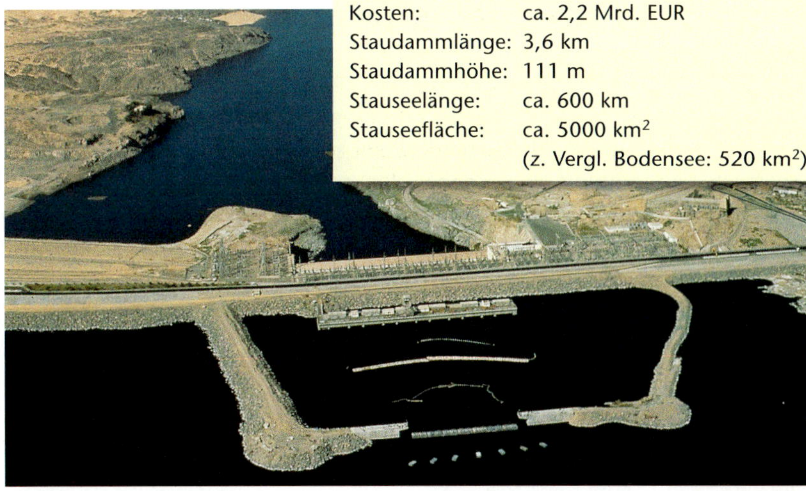

143.1 Der Hochdamm Sadd-el-Ali

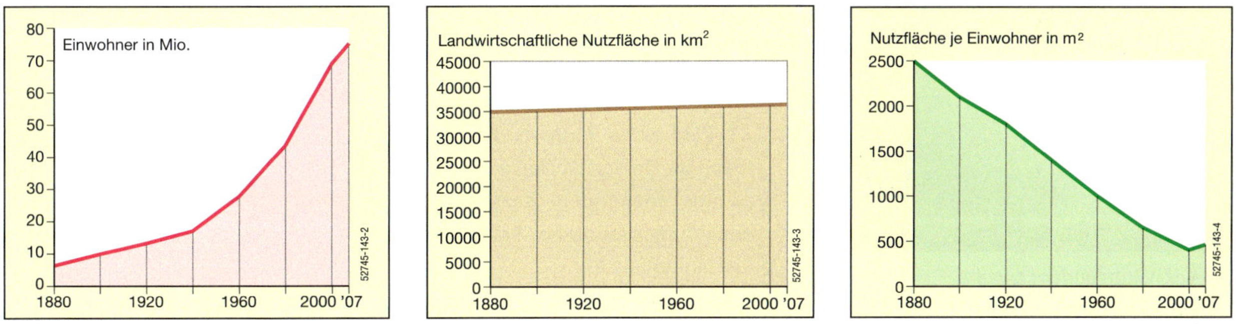

143.2 – 4

Die Lösung: ein Staudamm

1960 begann die ägyptische Regierung mit ausländischer Hilfe den Bau des Sadd-el-Ali-Hochdamms bei Assuan. 34 000 Ägypter arbeiteten an diesem Projekt. Im Bereich des Stausees wurden 92 000 Menschen umgesiedelt und zahlreiche Baudenkmäler, wie der Felsentempel von Abu Simbel, an höher gelegene Orte versetzt. 1971 war dann die feierliche Einweihung. Der Staudamm sollte die Lösung für die größten Probleme Ägyptens werden:

- Versorgung der steigenden Bevölkerung mit Lebensmitteln durch mehrere Ernten pro Jahr und die Erweiterung der Anbauflächen,
- Schaffung von Arbeitsplätzen,
- Energieversorgung des Landes durch die Turbinen des Dammes.

Doch die Ausweitung der Anbauflächen konnte mit dem schnellen Wachstum der Bevölkerung nicht Schritt halten. Mittlerweile muss Ägypten sogar Nahrungsmittel für die Versorgung der Menschen einführen.

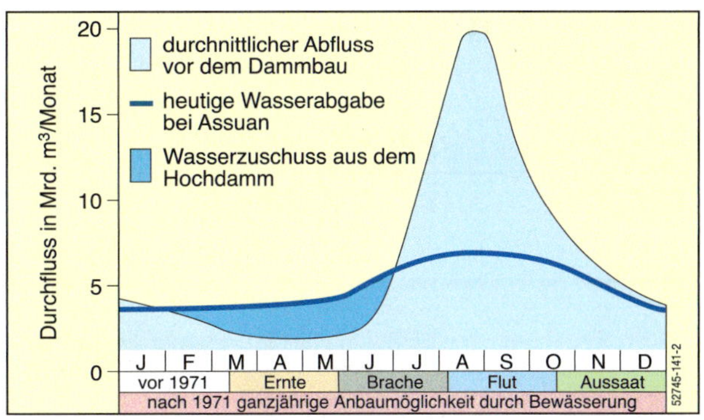

143.5 Abfluss des Nils vor und nach dem Dammbau

AUFGABEN >>

1 *Nenne die wichtigsten Gründe für den Bau des Hochdamms Sadd-el-Ali.*
2 *Erläutere den Zusammenhang zwischen den Einwohnern und der landwirtschaftlichen Nutzfläche (Abb. 143.2 – 4).*
3 *Übertrage die Maße des Hochdamms und des Stausees auf deinen Heimatraum.*

Der Staudamm Sadd-el-Ali: Pro und Kontra

Wie kann eine rasch wachsende Bevölkerung auf einem begrenzten Oasenland ausreichend versorgt und wirtschaftlich weiterentwickelt werden?
Das war die Überlebensfrage Ägyptens ab Mitte des 20. Jahrhunderts. Der große Staudamm von Assuan sollte die Antwort geben. Was versprachen sich die Ägypter vom Staudamm, was hat er gebracht?

144.1 *Kreuzfahrtschiff auf dem Nil*

144.2 *Düngender Fellache*

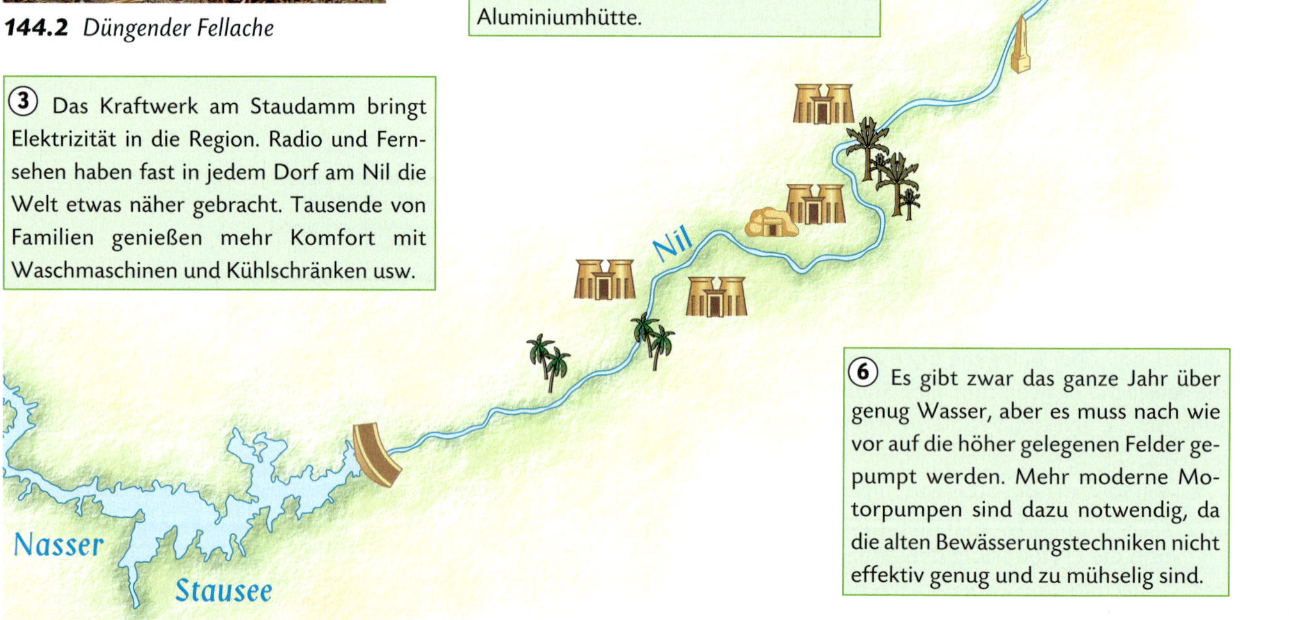

① Viel wertvolles Ackerland geht heute noch durch Versalzung der Felder verloren. Früher spülte die Nilflut die Salze ins Meer, denn der Wasserspiegel schwankte bis zu acht Metern.

② Zahlreiche Klein- und Gewerbebetriebe sind in den Dörfern nahe des Staudamms entstanden, dazu eine große Kunstdüngerfabrik bei Assuan und eine Aluminiumhütte.

③ Das Kraftwerk am Staudamm bringt Elektrizität in die Region. Radio und Fernsehen haben fast in jedem Dorf am Nil die Welt etwas näher gebracht. Tausende von Familien genießen mehr Komfort mit Waschmaschinen und Kühlschränken usw.

④ Etwa 100 000 Nubier mussten durch den Bau des Staudamms umgesiedelt werden. Es geht ihnen heute wirtschaftlich besser, doch es gibt Konflikte mit nomadischen Nachbarn.

⑤ Durch das Aufstauen des Sees verbesserten sich die Bedingungen für die Schifffahrt. Daraus ergaben sich günstigere Möglichkeiten für den Fremdenverkehr, z. B. für die Hotelschiffe (Kreuzfahrtschiffe).

⑥ Es gibt zwar das ganze Jahr über genug Wasser, aber es muss nach wie vor auf die höher gelegenen Felder gepumpt werden. Mehr moderne Motorpumpen sind dazu notwendig, da die alten Bewässerungstechniken nicht effektiv genug und zu mühselig sind.

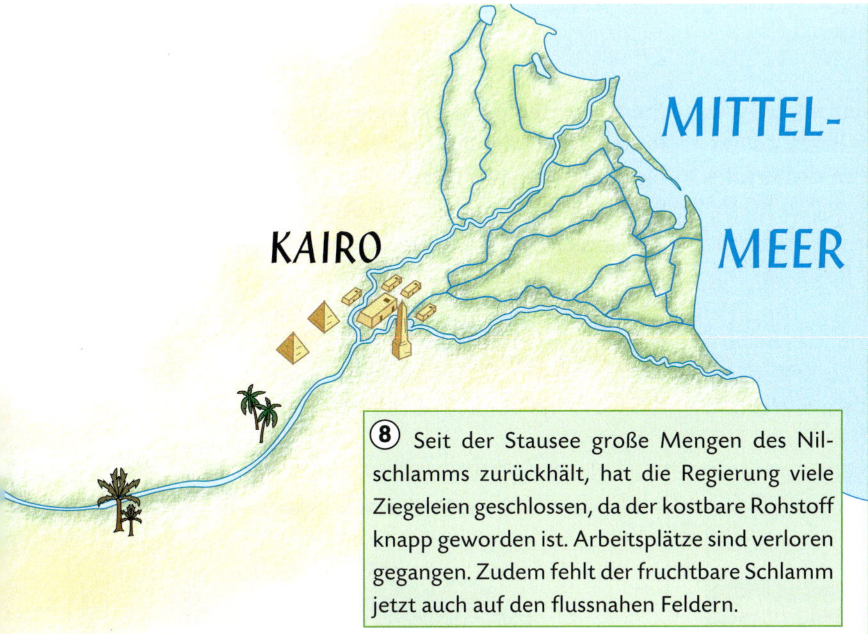

⑦ Der Damm ermöglicht die Regulierung der Wasserführung, schützt vor Hochwasser, vor allem sichert er die Dauerbewässerung. Dadurch sind zwei bis drei Ernten pro Jahr möglich. Außerdem konnten durch Bewässerung weitere Ackerflächen dazugewonnen werden.

⑧ Seit der Stausee große Mengen des Nilschlamms zurückhält, hat die Regierung viele Ziegeleien geschlossen, da der kostbare Rohstoff knapp geworden ist. Arbeitsplätze sind verloren gegangen. Zudem fehlt der fruchtbare Schlamm jetzt auch auf den flussnahen Feldern.

⑨ In den Bewässerungskanälen steht ständig brackiges Wasser. Darin gedeiht eine Wurmart, die beim Menschen die Krankheit Bilharziose verursacht. Dies ist eine schmerzhafte Darm- und Blasenkrankheit, von der vor allem die Menschen in Unterägypten betroffen sind. Doch die Medizin zeigt inzwischen deutliche Erfolge bei der Bekämpfung der Krankheit.

⑩ Da der Schlamm ausbleibt, wird die Fließgeschwindigkeit des Nils erhöht und dadurch werden die Ufer unterspült. Das Delta wächst ebenfalls nicht mehr und so kann salziges Meerwasser ins Landesinnere eindringen. Die Küstenfischer hatten vorübergehend geringere Erträge, da die Planktonbildung wegen der fehlenden Nährstoffe ausblieb und die Fische keine Nahrung fanden. Aber seit 1980 steigen die Fänge wieder, da sich das Ökosystem allmählich anpasst.

Hat sich der Assuanstaudamm gelohnt?

1. Um eine vorurteilsfreie Bewertung vornehmen zu können, müssen zunächst die Sachargumente einander gegenübergestellt und auf den „Wahrheitsgehalt" hin überprüft werden. Diese Bewertung ist aber nicht immer einfach. Manche Fakten sind umstritten und nicht immer eindeutig zu beurteilen.

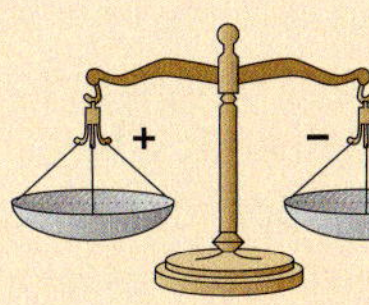

2. Ein gegenseitiges Aufrechnen positiver und negativer Aspekte ist nicht korrekt, da diese unterschiedlich schwer wiegen. Es muss also eine Gewichtung der Argumente vorgenommen werden. Zudem fehlen häufig die notwendigen Hintergrundinformationen.
3. Eine abschließende Bewertung kann auch nur eine abwägende Beurteilung sein.

AUFGABEN >>

1 *Beurteile, ob es sich bei den Auswirkungen (①–⑩) um positive oder negative Folgen handelt. Stelle sie in einer Tabelle gegenüber.*

2 *Nicht alle Vor- und Nachteile sind gleichwertig. Welche sind deiner Meinung nach besonders wichtig für das Leben der Ägypter und für die wirtschaftliche Entwicklung des Landes? Nimm eine Gewichtung vor.*

3 *Welche in den Texten genannten Auswirkungen sind eine direkte Folge des Staudammbaus, welche sind indirekte Folgen? Ein Beispiel: Die Zunahme der Bilharziose ist nicht eine direkte Folge des Staudammbaus, sondern eine Folge der Kanalbewässerung.*

4 *Das Großprojekt Assuan-Staudamm ist ein Musterbeispiel für komplexe Ursache-Wirkungs-Zusammenhänge. Versuche zu den folgenden Stichworten ein einfaches Flussdiagramm zu entwickeln: ganzjährige Wasserführung, elektrische Energie, fehlender Nilschlamm. Bedenke dabei, dass eine Ursache sowohl positive wie negative Auswirkungen haben kann.*

5 *Wie stünde Ägypten heute da, wenn man den Staudamm nicht gebaut hätte?*

Z Bodenversalzung

Bauer Achmed aus der Nähe von Asyut versteht es nicht: Große weiße Flecken bedecken sein Feld und machen den Boden unbrauchbar. Nach Jahren des Erfolgs kommt der Rückschlag.
Ägypten liefert ein klassisches Beispiel für die Probleme der Bodenversalzung durch übermäßige Bewässerung. Wie ist dieser Vorgang zu erklären?
Das reichlich vorhandene Wasser verleitet die Bauern dazu, ihre Felder regelrecht mit Wasser zu ertränken. Dabei löst das Wasser Nährsalze im Boden. Durch die hohen Lufttemperaturen steigt das Wasser in haarfeinen Röhrchen an die Oberfläche des Bodens, wie bei einem saugfähigen Papier (Abb. 146.3). Es verdunstet dort und lässt eine Salzkruste zurück. Auf diesem versalzten Boden können keine Pflanzen mehr wachsen, die ursprünglich fruchtbaren Felder werden zu toter Erde.
Abhilfe kann hier nur ein Entwässerungssystem bringen, durch das die Salze fortgespült werden. Tiefer angelegte Kanäle oder im Boden verlegte Rohre (Drainage) leiten das Sickerwasser ab (Abb. 146.2).

146.1 *Bodenversalzung bei Furchenbewässerung*

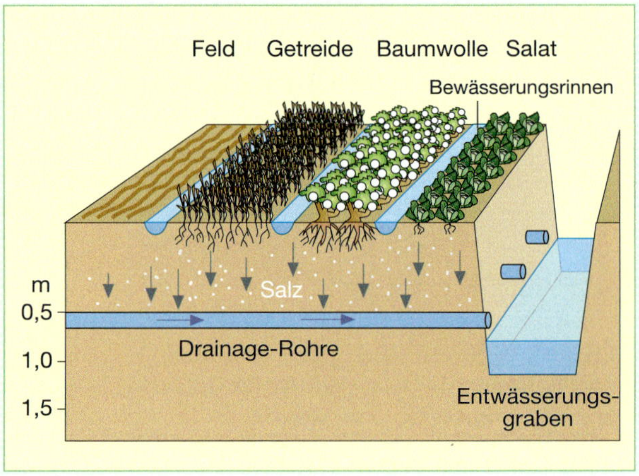

146.2 *Be- und Entwässerung*

a Versuche zur Bodenversalzung

Auf den Grund eines Behälters streust du einen Teelöffel Salz (Abb. 146.4). Darüber kommen 5 cm Erde, die angedrückt und so gründlich begossen werden, dass die Lösung des Salzes am Grunde gesichert ist. In die pralle Sonne oder auf einen Heizkörper gestellt, verdunstet das Wasser innerhalb von 24 Stunden. Auf der ausgetrockneten Erde breitet sich ein weißer Salzniederschlag aus (Abb. 146.5). Wenn du mit angefeuchteten Fingerspitzen über die Ausblühungen streichst, kannst du dich mit einer Geschmacksprobe vom Salzaufstieg überzeugen. Die Wirkung der Entwässerung beweist du, indem du den im Versuch erzeugten Salzboden kräftig begießt; die Salzkrusten werden aufgelöst. Kippe das Lösungswasser weg. Trockne den Boden erneut. Was kannst du feststellen?

146.3 – 5 *Experimente zur Bodenversalzung*

Warum fließt ein Fluss durch die Wüste?

Z

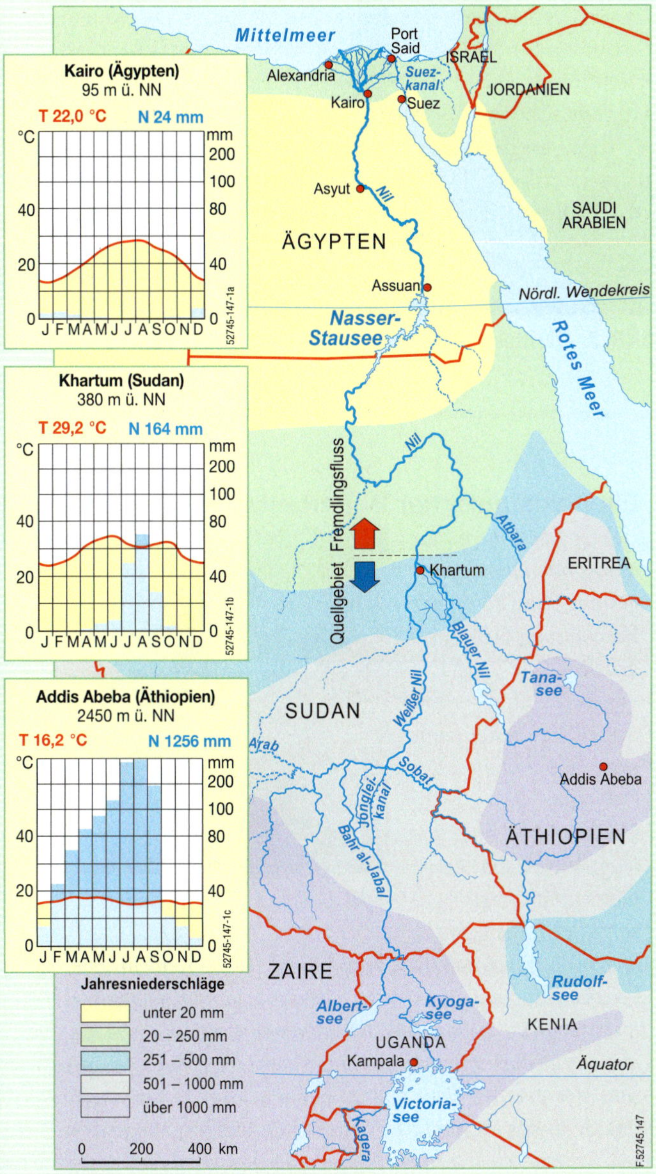

147.1 *Einzugsbereich des Nils*

Dank seiner starken Wasserführung gelingt es dem Nil, eine „Durststrecke" von 1500 km durch die Wüsten zu überstehen, ohne zu versiegen. Nach dieser Reise mündet der Nil ins Mittelmeer.

Der Nil ist mit ca. 6670 km der längste Fluss der Erde. Seine beiden Hauptquellflüsse, der Weiße und der Blaue Nil, entspringen in den regenreichen Gebirgen Ostafrikas. Von dort bezieht der Nil seine Wassermassen. Bei Khartum vereinigen sich die beiden Hauptströme. Während der Hauptregenzeit in Äthiopien steigt der Wasserspiegel hier um bis zu zwölf Meter an. Dann kann man auch erkennen, woher die beiden Flüsse ihre Namen haben. Der Blaue Nil ist durch den Schlamm der Gebirge dunkel gefärbt. Der Weiße Nil erscheint dagegen hell.

Flüsse, die in einer niederschlagsreichen Region entspringen und anschließend lange Strecken durch trockene Gebiete fließen, werden auch Fremdlingsflüsse genannt. Weitere Beispiele für Fremdlingsflüsse sind der Euphrat und der Tigris in Asien.

147.2 *Am Unterlauf des Nils*

147.3 *Am Oberlauf des Nils*

AUFGABEN >>

1. *Suche die Quellgebiete des Weißen und des Blauen Nils in Karte 147.1. Wie hoch sind dort die Jahresniederschläge?*
2. *Notiere die Länder und deren Hauptstädte, die der Nil auf seinem Weg durchquert.*
3. *Was macht einen Fluss zum „Fremdlingsfluss"?*
4. *Vergleiche die Länge des Nils mit der des Rheins.*

148.1 *Dubai um 1970*

148.2 *Der Burj Chalifa, das höchste Haus der Erde (828 m)*

Dubai - Luxus im Wüstensand

Die Vereinigten Arabische Emirate (V.A.E.) bestehen aus sieben Emiraten (Provinzen), die sich 1971 zusammenschlossen, um wirtschaftlich im Bereich der Ölförderung und des Ölhandels zu kooperieren.
Eines dieser Emirate ist Dubai. Durch seine außergewöhnlichen Bauprojekte wurde es weltweit bekannt. Erdöl – das schwarze Gold – verhalf dem Emirat in den letzten Jahrzehnten zu großem Reichtum. Hier wurde bereits früh erkannt, dass die Ölreserven endlich sind und damit langfristig auch andere Einkommensquellen vonnöten sein würden. Deshalb förderte das Emirat vor allem den Tourismus und das Bankenwesen.
Findige Unternehmer aus aller Welt entwickelten die unglaublichsten Projekte und Bauvorhaben, die heute jährlich rund fünf Millionen Touristen ins Land locken. Mitten in der Wüste gelegen, muss Dubai für die Wasserversorgung auf den Persischen Golf zurückgreifen. Das in einer riesigen Entsalzungsanlage brauchbar gemachte Wasser dient nicht nur als Trinkwasser, sondern auch zur Befüllung der zahlreichen Swimmingpools sowie zur Bewässerung von Parks und Golfplätzen. Es scheint unglaublich: Der Wüstenstaat hat den weltweit höchsten Wasserverbrauch pro Einwohner (500 Liter pro Tag).

Ein pakistanischer Bauarbeiter berichtet:

148.3 *Bauarbeiter in Dubai*

„Ich lebe seit einem Jahr am Rande Dubais. Insgesamt sind 85 % der Bevölkerung hier Gastarbeiter wie ich. Die meisten der rund 500 000 Arbeiter kommen aus Indien oder Pakistan. Fast 1800 Dollar habe ich für Flug, Visum und einen Gesundheitstest gezahlt. Ich habe gehofft, hier reich zu werden. Doch das bin ich bis heute nicht. Die Lebensbedingungen sind hart: Ich erhalte geringen Lohn für meine schwere Arbeit. Mit acht anderen Arbeitern lebe ich in einer kleinen schmutzigen Unterkunft. Fast alle von uns sind Männer. Mir fehlt meine Familie sehr, aber sie ist auf das Geld, das ich monatlich nach Hause schicke, angewiesen. Solange ich in meiner Heimat keine besseren Verdienstmöglichkeiten habe, bleibe ich hier. Wir sind nur zum Arbeiten erwünscht, mehr nicht."

AUFGABEN >>

1 *Verorte die abgebildeten Großprojekte von Dubai in der Karte 149.3. Berechne mithilfe des Maßstabes deren Ausmaße.*
2 *Beschreibe, wie sich die Stadt Dubai seit 1990 verändert hat (Karte 149.3).*
3 *Erkläre, welche Probleme sich durch die verschwenderische Lebensweise in Dubai ergeben könnten.*
4 *Beschreibe die Lebensumstände der Bauarbeiter in Dubai.*

149.1 *Hotel Burj al Arab*

149.2 *„The World"*

Das *Burj al Arab* ist das einzige 7-Sterne-Hotel der Welt. Nicht nur das: Es ist mit 321 Metern auch das höchste Hotel. Damit ist es nur drei Meter niedriger als der Pariser Eiffelturm! 18 Aufzüge führen in insgesamt 60 Stockwerke. Gebaut wurde das Gebäude mit der Form eines Segels zwischen 1994 und 1999.

Am 10.1.2008 war sie fertig: „The World" – ein durch 300 künstlich aufgeschüttete Inseln erstellter Nachbau der Erde (Kosten: 7,6 Mrd. US-Dollar). Die einzelnen Inseln sind zwei bis vier Hektar groß und nur per Schiff oder über den Luftweg erreichbar. Voraussichtlich sollen hier einmal 150 000 Menschen leben.

149.3 *Die Stadt Dubai*

150.1 *Wasserstelle in der Sahelzone*

Leben in der Sahelzone

Mali gehört zu den Sahelländern. Die Sahelzone liegt südlich der Sahara. Sie ist der Übergangsraum von der Wüste zu den Savannen (> S. 90/91). Der Name dieses Landstreifens kommt aus dem Arabischen. Sahel bedeutet „Ufer", da die Menschen nach Durchqueren der Wüste hier die ersten Zeichen von Vegetation und Wasser sahen. Das rettende Ufer der Wüste war erreicht.
Im nördlichen Teil der Sahelzone leben etwa fünf Millionen Viehzüchter. Ihre Herden können aber nur bei genügend Weideland und ausreichend viel Wasser überleben. Darum ziehen sie Jahr für Jahr mit ihrem Vieh Hunderte von Kilometer von Weide zu Weide. In der Regenzeit sind sie im Norden und in der Trockenzeit im Süden der Sahelzone. Sie betreiben Wanderweidewirtschaft, sind also Nomaden.

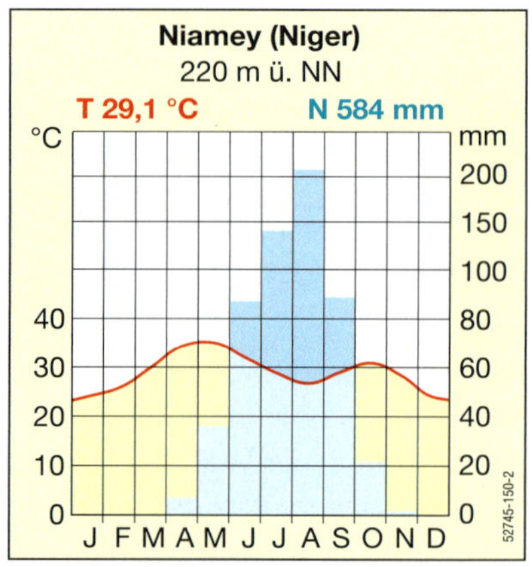

150.2 *Klimadiagramm*

150.3 *Die Sahelzone*

151.1 *Ackerbau in der Sahelzone*

151.2 *Die Sahelzone fordert Opfer*

Ohne Regen kein Leben

Aufgrund der seltenen Niederschläge ist im Norden der Sahelzone kaum Ackerbau möglich. Aber weiter südlich trifft man auf Ackerbauern. Natürlich darf man sich die Felder nicht so vorstellen wie bei uns. In der Trockenzeit erinnert die Landschaft eher an eine Wüste. Es gibt kaum Bäume, nur trockene Sträucher und hier und da ein bisschen gelbes Gras. Nur während der kurzen Regenzeit zwischen Juni und September wachsen auf den Feldern Hirse und andere Pflanzen.

Sorge bereitet den Bauern der mangelnde Regen. Er fällt nur selten und wenn, dann meist nur in geringen Mengen. Fällt einmal nicht genug Regen, sind die Herden in großer Gefahr, weil es ohne Wasser kein Grün mehr gibt. Wer nicht verhungert, der verdurstet, denn schnell sind die wenigen Wasserstellen ausgetrocknet.

In manchen Jahren fällt gar kein Regen, und die Felder vertrocknen. Regnet es nach langer Zeit wieder , sind die Regenfälle oft so stark, dass der trockene Boden das Wasser nicht aufnehmen kann. Das Wasser wird weggespült und geht nutzlos verloren.

AUFGABEN >>

1 *Erkläre den Namen „Sahelzone".*

2 *Nenne die Vegetationszonen, die zu der Sahelzone gehören.*

3 *Notiere die Länder, die Anteil an der Sahelzone haben.*

4 *Beschreibe die Niederschlagsverhältnisse in der Sahelzone (Abb. 151.3). Welche Gefahren drohen den Menschen?*

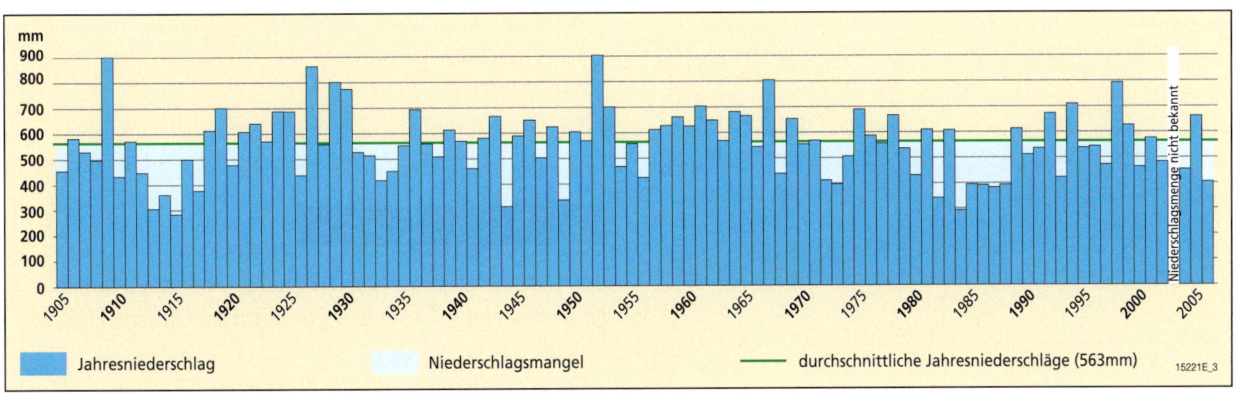

151.3 *Jahresniederschläge im 20. Jahrhundert in Niamey (Niger)*

Die Wüste wächst

Die Lebensbedingungen waren in der Sahelzone nie einfach, denn durch die unregelmäßigen Niederschläge kam es immer wieder zu Dürren. Doch die Menschen hatten sich an diese schwierigen Bedingungen angepasst. Aber die Sahelzone kann nur eine bestimmte Anzahl Menschen ernähren.
Zudem breitet sich die Wüste seit einigen Jahrzehnten immer weiter aus und gefährdet die Menschen. Hungerkatastrophen sind die Folge.

152.1 *Vordringende Wüste*

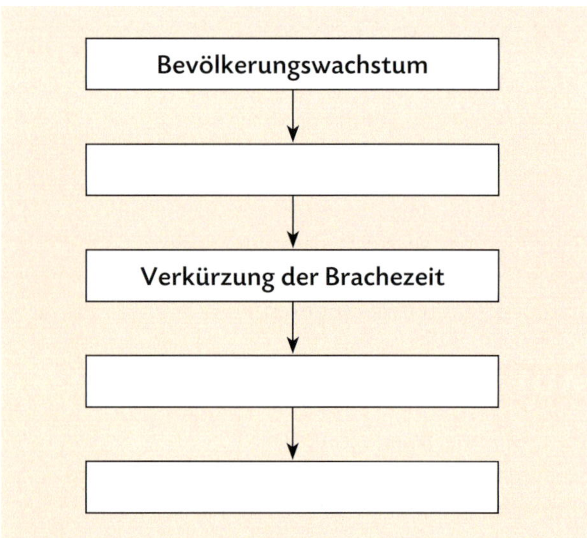

152.2 *Die Wüste wächst: Ursachen und Folgen*

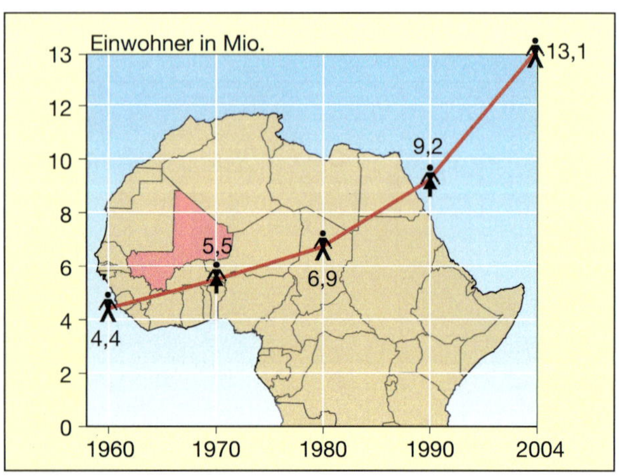

152.3 *Bevölkerungsentwicklung in Mali*

Ackerbauer Imat berichtet:

„Früher bewirtschafteten wir ein Feld fünf Jahre lang. Dann war der Boden erschöpft und wir zogen weiter. Auf den verlassenen Feldern wuchsen wieder Büsche und Gräser. Erst nach 20 bis 25 Jahren wurde dieselbe Fläche nochmals gerodet. Der Boden hatte so Zeit, sich zu erholen.
Durch die gestiegene Bevölkerung werden jedoch immer mehr Nahrungsmittel gebraucht. Um aber genug Nahrung anbauen zu können, müssen wir die Felder öfter roden. Durch die kürzere Erholungszeit des Bodens verringern sich allerdings die Erträge, weil der Boden ausgelaugt ist. Außerdem brauchen wir mehr Holz als Brennstoff und Baumaterial.
Auf dem ausgelaugten Boden wachsen kaum noch Pflanzen. Aufgrund der häufigen Rodungen und des schlechten Pflanzenbewuchses ist der Boden ungeschützt und kann leicht vom Wind abgetragen werden. Zurück bleibt karger Wüstenboden."

AUFGABE >>>

Erarbeite die Ursachen und Folgen aus Abb. 152.2 anhand Imats Erzählung. Formuliere ganze Sätze in deinem Heft und beginne z. B. so:
„Wegen des Bevölkerungswachstums werden immer mehr Nahrungsmittel gebraucht. Darum ..."

153.1 *Sahlis Bruder mit der Viehherde*

153.2 *Überweidung*

Viehzüchter Sahli erzählt:

„Damit wir unser immer größer werdendes Dorf besser versorgen können, haben Entwicklungshelfer Tiefbrunnen gebohrt. So konnte auch ich meine Herde vergrößern. Heute habe ich eine stattliche Viehherde von 20 Kamelen, 30 Rindern, 30 Ziegen und 20 Schafen. Das verschafft mir Ansehen, Reichtum und größere Sicherheit bei einer Dürreperiode. Früher war das nicht möglich. Es wurde von den Stammesältesten festgelegt, wie viele Tiere jeder halten durfte, da das Wasser knapp war. Sorgen machen uns nur die Weiden. Die vielen Tiere zertreten das Gras so stark, dass es nicht mehr nachwachsen kann. Sie fressen sogar Bäume kahl. Die Entwicklungshelfer nennen das Überweidung.
Viele Pflanzen sind auch einfach verdorrt. Sie erreichen mit ihren Wurzeln kein Wasser mehr, denn durch die Tiefbrunnen wurde das Grundwasser abgesenkt. So geht uns immer mehr Weideland verloren."

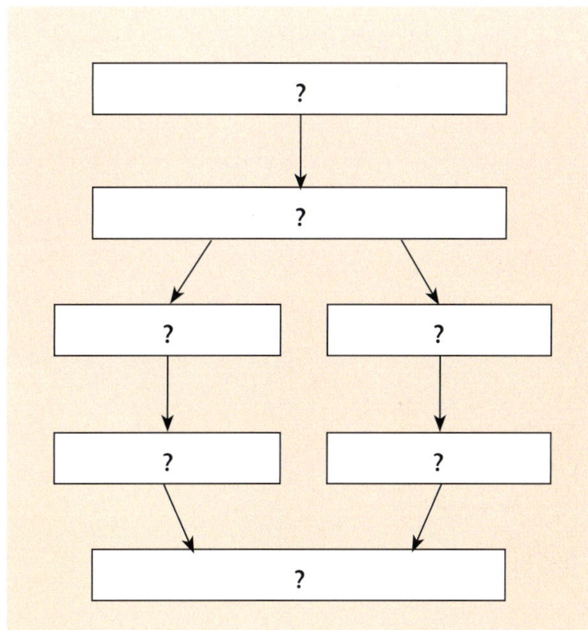

153.3 *Flussdiagramm*

Aus Weideland wird Wüste
Anwachsen der Viehherden
Überweidung
Bevölkerungswachstum
Bau von Tiefbrunnen
Pflanzen verdorren
Absenken des Grundwasserspiegels

153.4 *Begriffe für das Flussdiagramm*

AUFGABEN >>

1. *Den Viehzüchtern wird Überweidung vorgeworfen. Was ist damit gemeint?*
2. *Übertrage das Schaubild 153.3 in dein Heft und setze die richtigen Begriffe aus Abb. 153.4 in die Kästchen.*
3. *Formuliert, so wie auf Seite 152, zu dem Schaubild ganze Sätze im Heft.*

Üben und Wiederholen

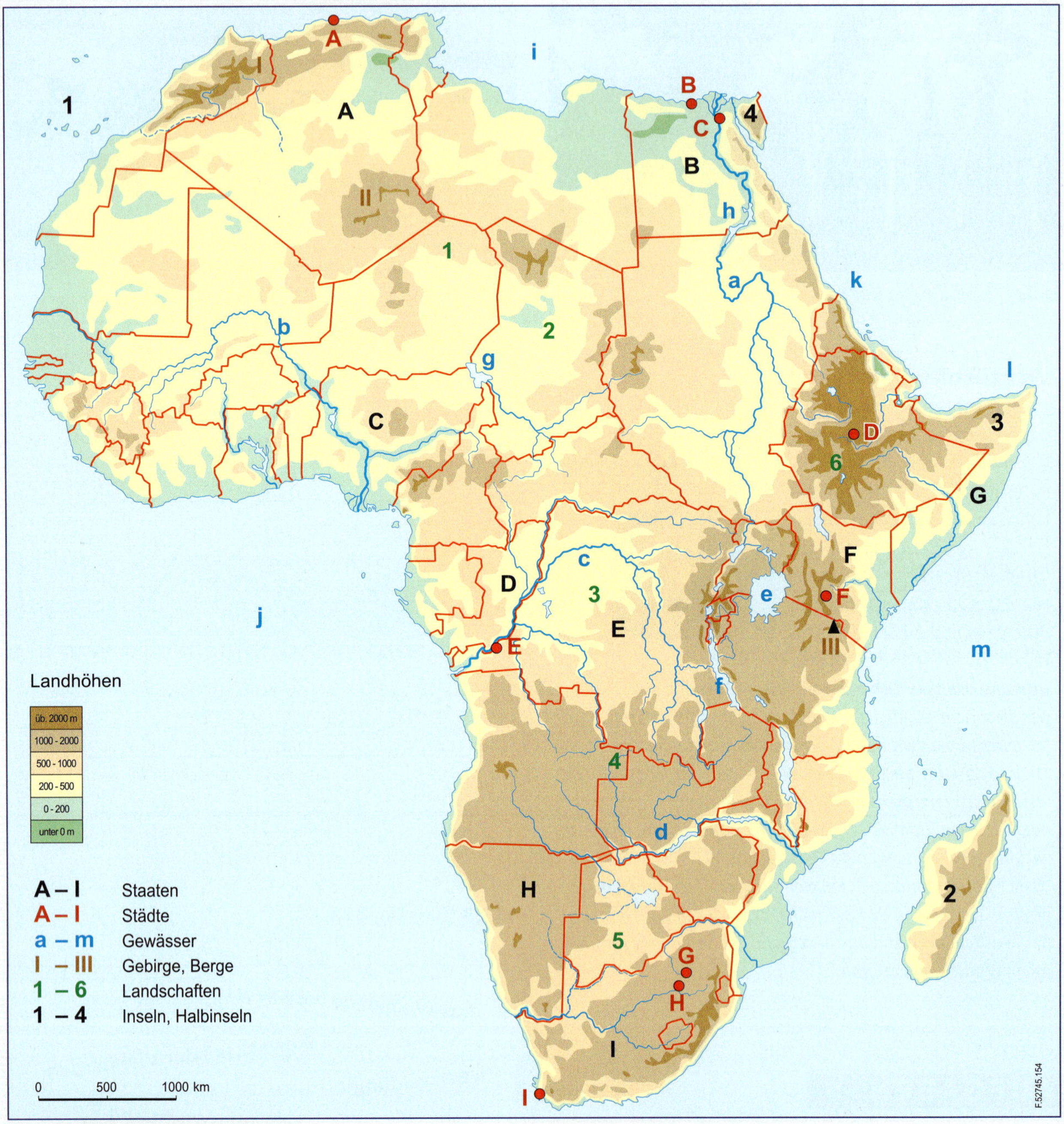

154.1 *Stumme Karte von Afrika*

AUFGABE >>>

Bearbeite die stumme Karte. Lege dazu im Heft eine Legende an.
Benutze auch deinen Atlas.

Labyrinth

Schreibe die Sätze vollständig in dein Heft. Überprüfe deine Sätze zum Schluss mithilfe des Labyrinths.

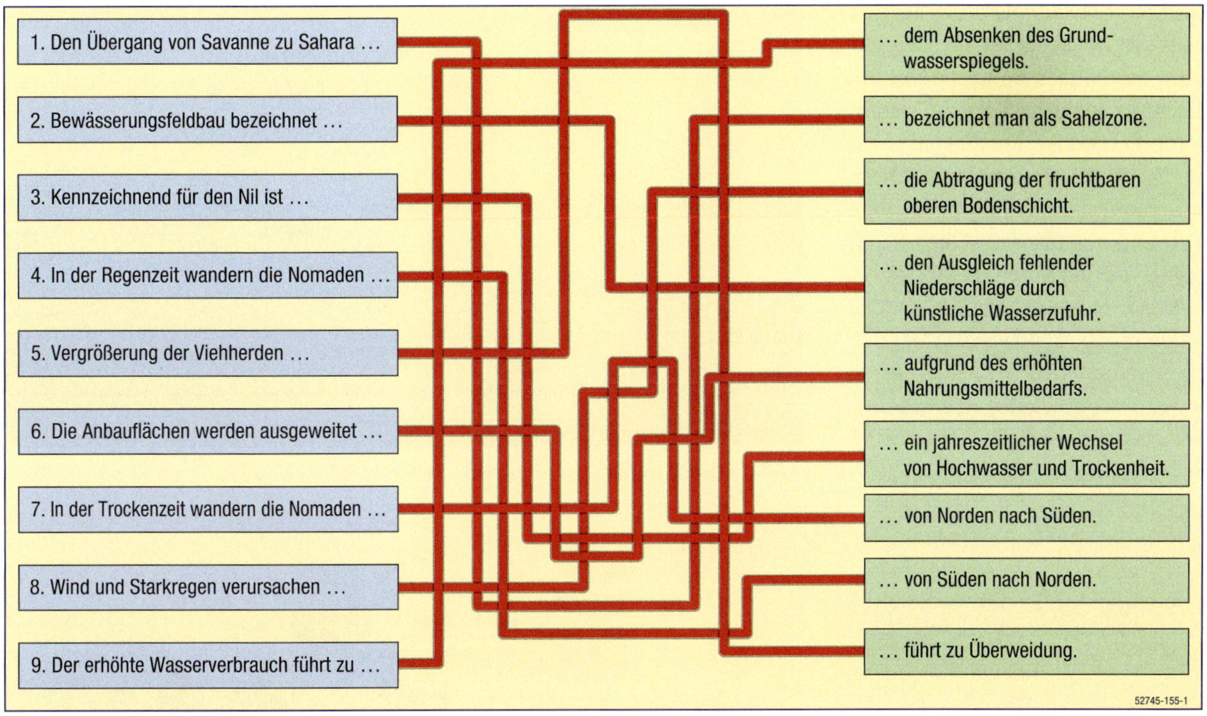

Wanderungen der Nomaden

a) Beschreibe anhand der Abbildung die Wanderungsbewegung der Nomaden im jahreszeitlichen Verlauf.

b) Welche Folgen könnte eine Ausbreitung der Wüste für Wanderungen der Nomaden mit sich bringen?

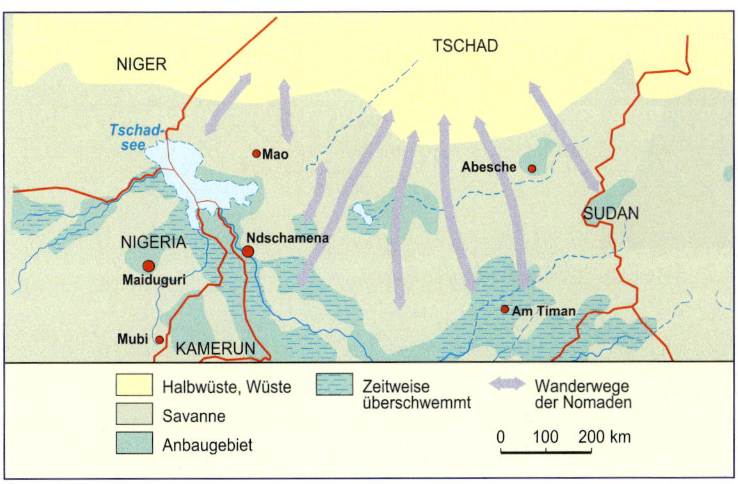

Wanderungsbewegungen der Nomaden im jahreszeitlichen Verlauf

Tourismus in Dubai

Zeichne ein Diagramm zu den Gästezahlen in Dubai und beschreibe die Entwicklung.

Jahr	Touristen (in Mio.)
2002	4
2003	5
2004	6
2005	7
2006	8
2007	9,5
2008	11
2009	13

Grundbegriffe

Bewässerungsfeldbau
Bodenversalzung
Überweidung
Wanderweidewirtschaft

a Expertenrunde: Ein Naturraum wird vernichtet

Das größte zusammenhängende Regenwaldgebiet der Erde befindet sich in Südamerika zu beiden Seiten des Flusses Amazonas. Es umfasst etwa sechs Millionen Quadratkilometer. Das ist fast 20-mal so viel wie die Fläche Deutschlands. Dieser Naturraum wird zunehmend abgeholzt und abgebrannt. Nach Schätzungen werden durch die Abholzung im Amazonasgebiet täglich 70 Quadratkilometer Wald vernichtet.

Um nun die Gründe für die Zerstörung des Regenwaldes zu erarbeiten, könnt ihr sogenannte „Experten" in eurer Klasse ausbilden.

156.1 *Brandrodung im Amazonas-Regenwald*

1. Schritt:
Es werden Lerngruppen in der Klasse gebildet. Die Gruppengröße richtet sich dabei nach der Zahl der Einzelthemen, die erarbeitet werden sollen.

2. Schritt:
Jedes Gruppenmitglied wählt sich im Schulbuch aus den Seiten 157 bis Seite 161 ein Thema aus. Mit der Erarbeitung seiner Seite wird er zum Experten dieses Themas. Jeder Experte hat nun die Aufgabe, eine Zusammenfassung für seinen Themenbereich zu erstellen, mit der die Nichtexperten gut arbeiten können.

156.2 *Eine Expertenrunde bei der Arbeit*

3. Schritt:
Die Experten aller Gruppen, die sich mit demselben Thema auseinandergesetzt haben, treffen sich jetzt und vergleichen ihre Arbeitsergebnisse.

4. Schritt:
Danach findet wieder ein Zusammentreffen in den Stammgruppen statt. Hier werden die erarbeiteten Experteninformationen den anderen Teammitgliedern vorgestellt. Die Zuhörer fertigen zu den neuen Informationen Notizen an.

Erschließung durch Kleinsiedler und Transamazônica

157.1 und 2 *Entwaldung im Zuge der Agrarkolonisation (1975 und 1986, Ausschnitt ca. 70 x 70 km)*

Vor rund 50 Jahren beschloss die brasilianische Regierung, ihre Regenwälder zu besiedeln und wirtschaftlich zu nutzen. Ein Grund dafür war die starke Zunahme der Bevölkerung im Osten des Landes. Viele Menschen lebten hier in den großen Städten in Armut. Sie sollten im Amazonasgebiet eigenes Land bekommen.
Voraussetzung für die Besiedlung war der Bau von Straßen in dem unzugänglichen Regenwald, wie zum Beispiel die „Transamazônica". Hunderttausend Menschen aus allen Teilen des Landes folgten dem Werben der Regierung und machten sich auf den Weg in die Regenwälder Amazoniens.
Die Kleinbauern wurden in einem Streifen von jeweils 10 Kilometer Breite beiderseits der Straßen angesiedelt. Jeder Neusiedler erhielt ein 100 Hektar großes Stück Wald, das sich 400 Meter entlang der Straße und 2500 Meter in die Tiefe des Waldes erstreckte. Nur die Hälfte der zugewiesenen Fläche durfte gerodet und zu Ackerland umgewandelt werden.
Da die nährstoffarmen Böden bald ausgelaugt waren, sanken die Ernteerträge von den Feldern bereits nach einem Jahr. Um nicht zu verhungern, verkauften die Siedler bereits nach kurzer Zeit ihr Land, zogen weiter und rodeten ein neues Stück Regenwald.

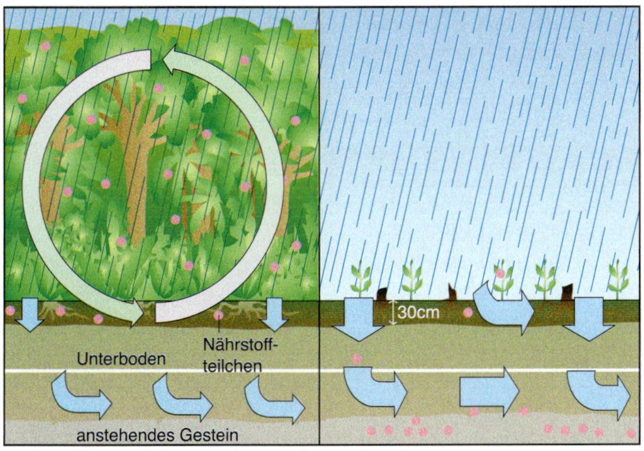

157.3 *Nährstoffkreislauf mit und ohne Vegetation*

Steckbrief Transamazônica

Bauzeit: 1970–1974
Länge: ca. 5600 km von Recife bis zur peruanischen Grenze
Breite: eigentliche Straße 8,60 m, Rodungsgasse 60–70 m
Beschaffenheit: drainierte Lehmschotterpiste, nur Teilstücke (im Osten) asphaltiert
Lage: im hochwassergeschützten Bereich
Probleme: schnelles Zuwachsen der Schneisen, hohe Unterhaltungskosten (Wartung, Reparaturen), z. B. durch Erosionsschäden nach Starkregen

AUFGABEN>>

1 *Nenne die Gründe für die Besiedlung des Regenwaldes.*
2 *Beschreibe den Ablauf der Besiedlung.*
3 *Erkläre, warum die Straßen die Voraussetzung für die Erschließung sind.*
4 *War die Besiedlung des Regenwaldes erfolgreich? Begründe.*

158.1 *Sägewerk in den Tropen*

Edelholz aus den Tropen

Teakholz, Mahagoni, Balsa, Limba oder Palisander – tropische Hölzer sind auf dem Weltmarkt aufgrund ihrer intensiven Farben, ihrer Härte und Beständigkeit sehr begehrt. Aus dem Tropenholz werden Fußböden, Treppen, Türen, Fensterrahmen, Möbelfurniere, Gartenmöbel, Zaunpfähle und vieles mehr gefertigt.
Von den vielen Baumarten im tropischen Regenwald sind nur wenige als wertvolle Edelhölzer nutzbar, da die Bäume einen ausreichenden Stammdurchmesser haben müssen. Auf der Suche nach verwertbaren Bäumen dringen die Holzfäller tief in den Regenwald ein und zerstören große Regenwaldflächen. Raupenschlepper walzen breite Straßen und Transportwege zu den Sammelplätzen in den Wald. Beim Fällen und Abtransport der Urwaldriesen werden große Spezialmaschinen und Sattelschlepper eingesetzt. Sie vernichten in weitem Umkreis um den gefällten Baum die Pflanzen und schädigen den Boden.
Die Nutzungsrechte für den wirtschaftlichen Holzeinschlag werden von den Tropenländern oft an Firmen aus Europa, Japan, Südkorea oder den USA vergeben. Sie schlagen die wertvollen Hölzer und verkaufen sie in den Industriestaaten. Die Gewinne aus dem Geschäft mit Tropenholz machen vor allem die Industriestaaten. Nur wenig Geld davon bleibt in den Lieferländern.
Obwohl einige Baumarten bereits unter Schutz der brasilianischen Regierung stehen, werden die wertvollen Stämme illegal weitergeschlagen.

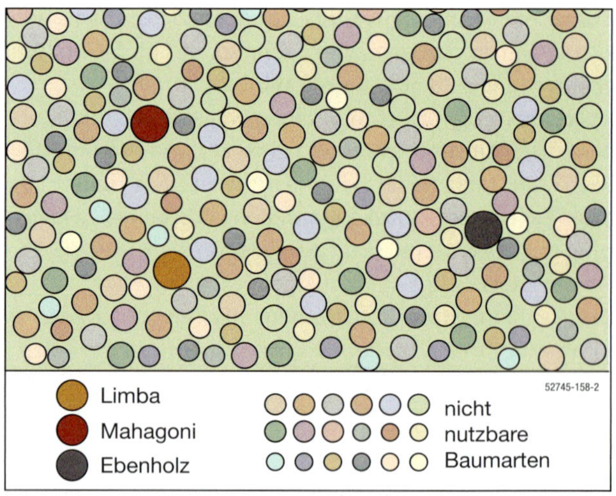

158.2 *Baumarten im tropischen Regenwald*

AUFGABEN >>

1 *a) Notiere Produkte, die es bei uns aus Tropenholz gibt.*
b) Warum werden keine einheimischen Hölzer verwendet?

2 *Beschreibe die Holzgewinnung in tropischen Regenwäldern.*

3 *Warum ist der Holzeinschlag so zerstörerisch? Begründe.*

4 *Nenne die Hauptabnehmer des Tropenholzes.*

5 *Was können wir tun, um den tropischen Regenwald zu schützen?*

Rinderfarmen im Amazonasgebiet

159.1 Rinderherde auf ehemaligem Regenwaldgebiet

Finanzielle Vergünstigungen des Staates lockten sowohl einheimische Viehzüchter, die die Versorgung des Landes sicherstellen sollten, als auch weltweit tätige Konzerne in das Amazonasgebiet. Sie begannen bereits am Anfang der 1970er-Jahre den Regenwald zu roden und als Weideland für riesige Rinderherden zu nutzen.

Die Viehzuchtgroßbetriebe brannten Regenwaldflächen von bis zu 1000 km² Größe ab (Fläche von Berlin: 890 km²) und säten Gras aus dem Flugzeug. Da sich auf dem Regenwaldboden Gras jedoch nur spärlich entwickelt, brauchen die Rinder rund zehnmal mehr Weideflächen als in Deutschland. Aufgrund der Nährstoffarmut des Bodens kann die Fläche nach spätestens zehn Jahren nicht mehr als Viehweide genutzt werden. Die Folge davon ist, dass immer mehr Regenwald abgebrannt wird.

Von staatlicher Seite aus wurden die Großbetriebe zwar verpflichtet, nicht mehr als die Hälfte des Besitzes zu roden, doch die Überwachung ist hier sehr schwierig. Da die Nachfrage nach Rindfleisch weiter steigt, werden auch in Zukunft riesige Waldflächen zerstört werden.

Anteile an der Regenwaldzerstörung in Brasilien	
Nutzung	Anteil
Landwirtschaft (Kleinsiedler, Plantagen)	45 %
Weidewirtschaft (Viehzuchtbetriebe)	43 %
Holzeinschlag, Brennholzgewinnung	8 %
Industrie, Bergbau, Stauseen	4 %

159.2 Regenwaldzerstörung

Brasiliens Fleischexporte (in 1000 Tonnen)			
	2005	2006	2007
Rindfleisch	305	321	455
Schweinefleisch	169	119	163
Geflügelfleisch	886	838	971

159.3 Fleischexporte Brasiliens

Essen wir den Regenwald auf?

Sicher essen viele von euch gerne einen Hamburger, ein saftiges Rindersteak oder ein knuspriges Hähnchen. Wer denkt dabei daran, dass dafür möglicherweise ein Stück Regenwald gerodet werden musste? In den letzten Jahren ist weltweit die Nachfrage nach Fleischprodukten ständig gestiegen. Ein hoher Anteil wird aus Südamerika eingeführt. Neben Europa und Nordamerika sind vor allem Russland, Ägypten, Hongkong und Japan die Hauptabnehmer des brasilianischen Fleischexportes.

AUFGABEN >>

1 *Beschreibe die Weidewirtschaft im tropischen Regenwald.*
2 *Nenne die Gründe für die Weidewirtschaft im Amazonasgebiet.*
3 *Was hat unser Konsumverhalten mit der Zerstörung der tropischen Regenwälder zu tun? Erkläre.*
4 *Beschreibe die Entwicklung der Fleischexporte Brasiliens.*
5 *Essen wir den Regenwald auf? Begründe deine Meinung.*
6 *Zeichne ein Diagramm zur Tabelle 159.3.*

160.2 *Sojabohnen*

160.1 *Sojafeld*

Plantagen statt Regenwald

Immer mehr Regenwald musste aber auch riesigen Plantagen weichen, die in den letzten zehn Jahren im Amazonasgebiet angelegt wurden. Auf großen Flächen wird dort von Großkonzernen in Monokulturen Früchte für den Export angebaut. Beispiele dafür sind Kaffee, Bananen und Soja. Die Plantagen sind zum Teil mehrere Tausend Hektar groß. Auf ihnen leben bis zu 10 000 Menschen, darunter viele Kinder.

Unter den Anbauprodukten hat die Sojabohne weltweit immer mehr an Bedeutung gewonnen. 52 % der globalen Sojabohnenernte wird in Südamerika produziert.

Sojabohnen sind einjährige Pflanzen, die aufgrund ihres hohen Eiweiß- und Fettgehalts zu den wichtigsten Nahrungsmitteln der Welt gehören. Jedoch nur ein geringer Teil wird direkt für die menschliche Ernährung verwendet. 77 % der Sojaernte wird zu Sojamehl, 20 % zu Sojaöl weiterverarbeitet. Das Öl wird vor allem als Salat- und Kochöl sowie Brat- und Backfett benutzt. Das Mehl wird hauptsächlich als Futter für Geflügel eingesetzt. Auch Rinder und Schweine werden mit Sojamehl gefüttert. Nur 3 % wird davon vom Mensch verzehrt. Zu den bekanntesten Produkten gehören Tofu, Sojasauce und Sojamilch.

160.4 *Giftspritze per Flugzeug*

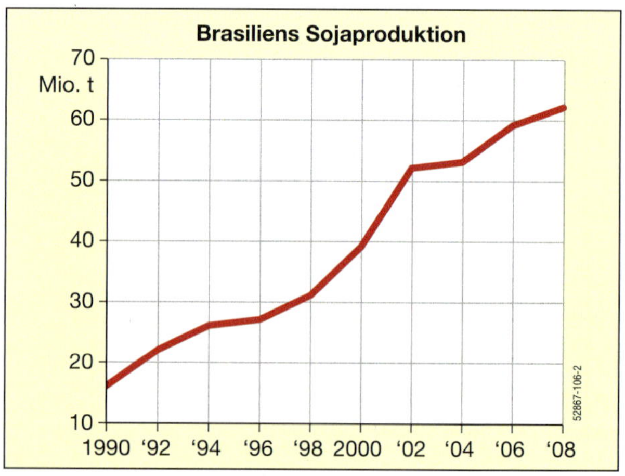

160.3 *Entwicklung der Sojaproduktion in Brasilien*

AUFGABEN >>

1 *Notiere die Merkmale von Plantagen.*
2 *Beschreibe die Plantagenwirtschaft.*
3 *Zeichne ein Flussdiagramm, das die Verwendung von Sojabohnen veranschaulicht.*

161.1 *Goldsucher*

161.2 *Staudamm von Tucuruí*

161.3 *Eisenerzabbau*

Bodenschätze und Energie aus dem Regenwald

Das Amazonasgebiet ist reich an Bodenschätzen. In der Sierra dos Carajas befindet sich die größte Eisenerzlagerstätte der Welt mit ca. 17 Milliarden Tonnen Eisenerz, das im Tagebau gewonnen wird. Ein Teil der Erze wird im nahen Maraba verhüttet. Der größte Teil wird von Carajas über eine 900 km lange Bahn zum Hafen bei Sao Luis transportiert, von wo aus es in alle Welt verschifft wird. Jeder Erzzug kann 160 Waggons zur Küste bringen.

Zur Förderung und Verarbeitung wird viel Energie benötigt. Riesige Stauseen erzeugen Elektrizität aus Wasserkraft. Für den Stausee von Tucurui musste beispielsweise eine Fläche von ca. 3000 km² Regenwald vernichtet und überflutet werden.

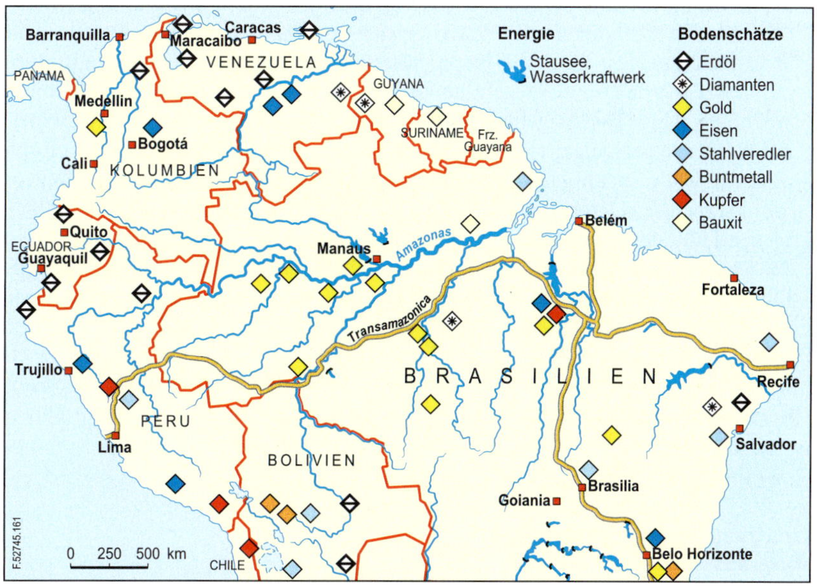

161.4 *Bodenschätze in Südamerika*

Neben großen Bergbauunternehmen gibt es noch Tausende von Goldwäschern (Garimpeiros), die auf der Suche nach dem wertvollen Metall immer weiter in den Regenwald eindringen, breite Schneisen roden und tiefe Gruben anlegen. Oft verseuchen sie die Flüsse mit Quecksilber, das zum Herauslösen des Goldes aus dem Gestein benötigt wird. Damit schädigen sie nicht nur die Umwelt, sondern zerstören auch die Lebensgrundlage der Indianer.

Land	Eisenerz (in Mio. t)	Bauxit (in Mio. t)
VR China	374	30
Brasilien	340	22
Australien	300	62
Indien	170	19
Russland	110	6
Welt	**1641**	**202**

161.5 *Bauxit- und Eisenerzförderung 2007*

AUFGABEN >>

1. *Ermittelt, welche Bodenschätze in Amazonien vorkommen.*
2. *Beschreibt den Abbau der Bodenschätze im Amazonasgebiet. Welche Einrichtungen sind notwendig?*
3. *Brasilien gehört zu den bedeutendsten Förderländern. Belege die Aussage.*
4. *Für die Yanomami wurde erst durch das Eindringen der Weißen der Urwald zur „Grünen Hölle". Begründe.*

Wir werten einen Text aus

Texte begegnen dir überall: in Büchern, Zeitungen oder dem Internet. Auch in deinem Erdkundebuch findest du viele Texte. Damit du einen Text richtig verstehst, ist es sinnvoll, ihn nach bestimmten Regeln auszuwerten. Dabei kannst du folgendermaßen vorgehen (siehe Arbeitsschritte rechts):

Mord und Kahlschlag in Amazonien

Brasiliens Regierung hat die Entsendung von 2000 Soldaten in die Amazonas-Region angeordnet. Sie sollen die rapide Abholzung des Regenwaldes und die brutalen Morde wegen Landbesitzes im besonders stark betroffenen Bundesstaat Pará stoppen.
Bisherige Versprechen der Regierung, das Chaos zu beenden, blieben ohne Folgen. Meist illegal arbeitende Holzbetriebe verdrängen Kleinbauern mit gefälschten Grundbesitz-Urkunden und Waffengewalt von ihren Parzellen. Danach roden Holzfäller zunächst wertvolle Tropenhölzer. Wegen der rücksichtslosen Rodungsmethoden werden für einen gefällten Mahagonibaum z. B. 27 weitere Bäume zerstört. Das illegal geschlagene Holz wird mehrfach wiederverkauft, der Ursprung der Hölzer so verschleiert. Am Ende der Kette stehen oft Möbelfirmen in Europa oder den USA. Im ausgedünnten Regenwald beginnen dann kleinere Holzfirmen, minderwertige Hölzer abzuschlagen. Als Nächstes drängen Viehzüchter in die Gegend und beseitigen die restlichen Waldbestände durch Brandrodung. Wenige Jahre später ziehen dann große Agrarbetriebe nach, die Sojabohnen pflanzen.
Durch die bereits beschlossene Asphaltierung von Straßen quer durch die Region beschleunigt Brasiliens Regierung den Prozess noch: Etwa 50 Kilometer rechts und links der Dschungelstraßen dringen Landschieber und Großgrundbesitzer rasch in den Regenwald ein. Sie verkaufen das illegal gerodete Land oft an Soja-Konzerne, die Brasilien bereits zum zweitgrößten Sojaexporteur der Welt gemacht haben.

(nach: SZ, 18. Februar 2005, von Bernd Radowitz)

1. Schritt: Überfliegen und Thema erfassen
Lies den Text einmal ganz durch. Überlege, worum es geht und ob du bereits etwas zu diesem Thema weißt.

2. Schritt: Fragen stellen
Versuche, alle W-Fragen zu beantworten (Wer? Was? Wann? Wo? Warum?).

3. Schritt: Ein zweites Mal lesen und Schlüsselwörter unterstreichen
Unterstreiche die wichtigsten Wörter im Text. Markiere unbekannte Wörter und schlage sie nach.

4. Schritt: Zwischenüberschriften finden
Unterteile den Text in Abschnitte. Finde zu jedem Abschnitt eine Zwischenüberschrift.

5. Schritt : Inhalte wiedergeben
Gib den Inhalt des Textes mithilfe der Zwischenüberschriften und der unterstrichenen Begriffen wieder.

AUFGABEN >>

1. *Wende die 5-Schritt-Lesemethode auf den Text an.*
2. *Beschreibt die Grafik 162.1 mit eigenen Worten.*
3. *Erstellt eine Übersicht über die Folgen der Erschließung des Amazonasgebietes.*
4. *Wodurch könnte das Ausmaß der Zerstörung des tropischen Regenwaldes verringert werden?*

162.1 *Grafische Darstellung als Textwiedergabe*

Was kümmert uns der Regenwald?

Die Regenwälder gehören zu den wertvollsten Naturreserven, die wir auf unserem Planeten besitzen. Geht uns der Regenwald verloren, verlieren auch wir.
Die folgenden Aspekte verdeutlichen, warum der Regenwald auch für euch wichtig ist. Überlegt, welche Folgen die weitere Zerstörung der tropischen Regenwälder für euch hätte.

Klimastabilität: Bei jeder Verbrennung fossiler Brennstoffe entsteht CO_2. Dieses Gas nimmt Wärme auf und hält sie in der Erdatmosphäre fest. Der „Treibhauseffekt" (> S. 164) führt zur allmählichen Erwärmung der Atmosphäre. Der Regenwald entzieht der Atmosphäre überschüssiges CO_2. Mithilfe des Sonnenlichtes wird dieses Gas in Pflanzen gebunden, als „Abfall" wird Sauerstoff erzeugt. Wo der Regenwald verschwunden ist, wird es windiger und trockener.

Lebensraum der allermeisten Tier- und Pflanzenarten: Seit über 60 Mio. Jahren gibt es Regenwälder. Unzählige Tier- und Pflanzenarten, die schon als ausgestorben galten, haben dort überlebt. Die Regenwälder geben einen Einblick in die Entwicklungsgeschichte des Lebens. Wissenschaftler schätzen, dass 50–90 % aller Tier- und Pflanzenarten nur im Regenwald vorkommen. Viele davon sind noch gar nicht entdeckt.

Genbank: Viele Nutzpflanzen stammen aus dem tropischen Regenwald. Hier stehen die „Mutterpflanzen", deren genetische Informationen (Erbgut) rein und unverfälscht sind. Kommt es bei unseren Nutzpflanzen zu Krankheiten oder Schädlingsbefall, so ist es wichtig, auf die Mutterpflanzen der Tropen zurückgreifen zu können. Mit ihrem Erbgut lassen sich neue Pflanzenarten züchten, die nun widerstandsfähiger gegen Umwelteinflüsse sind. Werden Tier- und Pflanzenarten jedoch ausgerottet, so gehen die in ihnen gespeicherten Gene für immer verloren.

Rohstoffe: Außer den bekannten Edelhölzern bietet der Regenwald eine Fülle von Rohstoffen: Öle aus Palmenkernen oder Nüssen, Fasern für Kleidung und Tauwerk, Milchsaft für Gummi, Harze für Kerzen und Farben, Palmblätter zur Herstellung von Matten, Körben und Hüten, Gerbstoffe zur Herstellung von Leder und vieles mehr.

Arzneimittel: Indianer aus Bolivien kannten Bäume mit roten Blättern, deren Rinde die Tropenkrankheit Malaria bekämpfte. Heute ist deren Wirkstoff Chinin in vielen Arzneien enthalten. So helfen tropische Heilkräuter gegen Bluthochdruck, Zuckerkrankheit, Leukämie oder Asthma. Viele Medikamente enthalten Wirkstoffe aus tropischen Pflanzen. Doch bislang ist lediglich ein Prozent der Regenwaldpflanzen auf ihre medizinische Wirkung getestet worden. Daher suchen die großen Pharmakonzerne im Regenwald nach neuen Medikamenten.

Lebensgrundlage für die Ureinwohner: Man schätzt die Urbevölkerung der Regenwälder auf zwei Millionen Menschen. Dazu gehören Völker wie die Pygmäen in Afrika, die Yanomami in Südamerika, die Dayak auf Borneo. Alle Ureinwohner haben sich dem Leben im Wald perfekt angepasst. Der Regenwald liefert ihnen alles, was sie brauchen: Nahrung, Feuerholz, Baumaterial, Medikamente. Den Urwald zu zerstören gilt ihnen als Verbrechen.

Nahrungsmittel: Allein in Indonesien werden 4000 Pflanzen als Nahrungsmittel verwendet – obwohl davon bis heute lediglich ein Zehntel allgemein verbreitet ist. Und in Neuguinea sind allein 250 Baumsorten mit essbaren Früchten bekannt, doch nur 40 Baumsorten werden im Anbau genutzt.
Im abgelegenen Dschungel wachsen z. B. heute noch die Mutterpflanzen von Kaffee, Tee, Kakao, Bananen, Ölpalmen, Maniok und Avocados.

Untergang der Malediven?

„Klimawandel und Erosion haben bereits Teile unserer Inselwelt zerstört. Die knapp 400 000 Inselbewohner im Indischen Ozean könnten die Ersten sein, die Antrag auf Umweltasyl stellen müssen – ein ganzes Volk von Klimaflüchtlingen." Nach einer kurzen Pause redet er weiter: „Wenn die Malediven nicht gerettet werden können, hat auch der Rest der Welt keine Chance."
Die Regierung meint es ernst und sucht bereits in Sri Lanka, Indien und Australien nach geeignetem Land für eine neue Heimat. Für den Präsidenten steht fest, dass die rund 1200 Koralleninseln noch in diesem Jahrhundert vom Meer verschluckt werden.
Dabei sind die Malediven noch im Vorteil, denn sie haben relativ hohe Einnahmen durch den Tourismus. Andere Staaten wie die ebenfalls nur knapp über dem Meeresspiegel liegenden Staaten Kiribati, Nauru oder Tuvalu sind ebenfalls stark bedroht.

164.1 *Zeitungsartikel*

164.2 *Strand auf den Malediven*

Weltklima in Gefahr

Überschwemmungen, Erdrutsche, Stürme, Dürren – immer häufiger hören wir von extremen Wetterlagen und dadurch ausgelösten Naturkatastrophen. Klimaforscher befürchten, dass eine ständige Temperaturerhöhung auf der Erde dafür mitverantwortlich ist. Sie haben festgestellt, dass die Durchschnittstemperaturen auf der Erde in den letzten 150 Jahren um etwa 0,7 °C gestiegen sind. Experten sagen eine weitere Erhöhung zwischen 1,1 °C und 6,4 °C für dieses Jahrhundert voraus.
Die entscheidende Ursache für eine mögliche erdumfassende Klimaänderung ist eine Verstärkung des Treibhauseffektes. Welchen Anteil haben natürliche Prozesse, inwieweit ist der Mensch Verursacher?

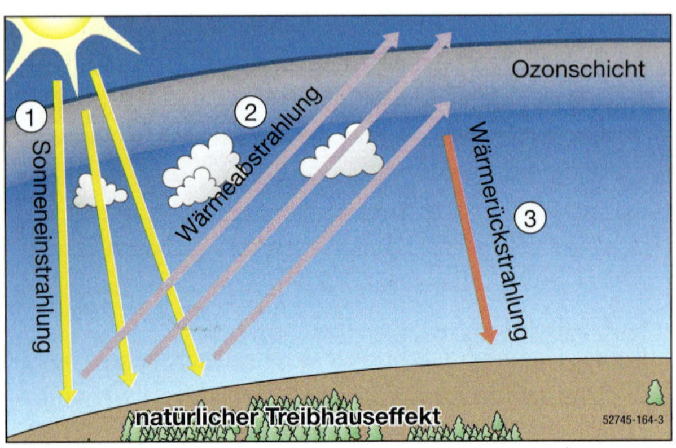

164.3 *Prinzip des natürlichen Treibhauseffekts*

Steckbrief Malediven

Die Malediven bestehen aus 1190 Inseln (davon sind 220 bewohnt)

Hauptstadt:	Malé
Fläche:	298 km²
Einwohnerzahl:	396 000
durchschnittliche Erhebung:	1 – 1,5 m
höchste Erhebung:	2,4 m
Hauptwirtschaftszweig:	Tourismus

Der natürliche Treibhauseffekt

Die Erde erhält durch die Sonnenstrahlung Energie. Dabei werden die Sonnenstrahlen (UV-Strahlung) beim Auftreffen auf die Erdoberfläche in Wärmestrahlung (Infrarotstrahlung) umgewandelt. Die Atmosphäre der Erde enthält Wasserdampf, Kohlenstoffdioxid (CO_2), Staub, Ozon sowie andere Spurengase. Sie verhindert weitgehend, dass diese Wärme wieder vollständig in den Weltraum abgestrahlt wird. Ähnlich wie beim Glasdach eines Treibhauses lässt die Atmosphäre die Sonnenstrahlung zwar durch, die Wärmestrahlung von der Erde wird aber größtenteils zurückgehalten: Dies ist der natürliche Treibhauseffekt. Er macht die Erde überhaupt erst bewohnbar, denn ohne diese Hülle wäre es auf der Erde durchschnittlich 30 °C kälter.

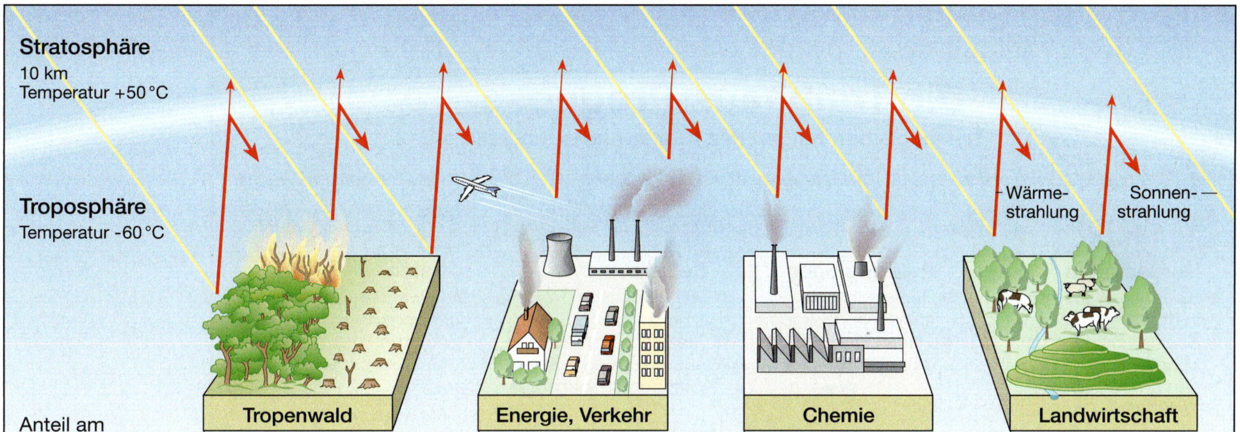

	Tropenwald	Energie, Verkehr	Chemie	Landwirtschaft
Anteil am Treibhauseffekt	15 %	50 %	20 %	15 %
Ursachen	Brandrodung, Abholzung	Verbrennungsrückstände bei Verkehr, Industrie, Energienutzung (Kohle, Erdgas, Erdöl)	Produktion und Anwendung in Industrie (Treibgase, Kühlmittel, Kunststoffe)	Reisanbau, Düngung, Rinderhaltung
entstehende Treibhausgase	Kohlendioxid (CO_2) und andere Spurengase	CO_2, Methan (CH_4) Ozon (O_3)	Fluorkohlenwasserstoffe (FCKW)	Methan, Lachgas (N_2O)

165.1 *Die Ursachen des Treibhauseffekts*

Land	CO_2-Produktion (in Tonnen)
Deutschland	10
Indien	1,5
China	3
Malediven	unbedeutend
USA	20
weltweit	4

165.2 *CO_2-Produktion pro Kopf und Jahr*

Der künstliche Treibhauseffekt

Seit Beginn der Industrialisierung vor etwa 200 Jahren verstärkte sich dieser Treibhauseffekt durch die Einwirkungen des Menschen. Durch das Verbrennen fossiler Brennstoffe (Kohle, Erdöl und Erdgas) sowie durch Rodungen von Wäldern auf der Erde wurden große Mengen CO_2 freigesetzt. Der Anteil des CO_2 ist in den letzten 100 Jahren um 33 % gestiegen. Auch immer mehr Methan gelangt in die Atmosphäre. Ursache sind die enorm gewachsenen Rinderherden, denn Methan bildet sich bei der Verdauung der Tiere im Magen. Stickoxide entstehen ebenfalls bei der Verbrennung von Kohle und Erdöl. Aber sie gelangen auch bei der Verwendung von Mineraldünger in der Landwirtschaft in die Umwelt.

Durch den erhöhten Ausstoß dieser klimaschädigenden Gase wurde diese isolierende Schicht in der Atmosphäre verstärkt, sodass weniger Wärmestrahlung in das Weltall entweichen kann. Auf der Erde wird es deshalb wärmer.

165.3 *Austoß vonTreibhausgasen*

AUFGABEN >>

1. *Beschreibe die Lage der Malediven.*
2. *Erkläre, warum die Malediven vom Klimawandel besonders stark betroffen sind.*
3. *Wie kommt es zum natürlichen Treibhauseffekt?*
4. *Wieso wäre die Erde ohne den natürlichen Treibhauseffekt nicht bewohnbar?*
5. *Stelle die wichtigsten Ursachen zusammen, die man heute für den weltweiten Anstieg der Temperaturen verantwortlich macht.*
6. *Nenne die Hauptverursacher des CO_2.*
7. *Erstelle eine Flussdiagramm zum Thema Treibhauseffekt.*
8. *Was kann jeder Einzelne tun, damit sich der Treibhauseffekt nicht weiter verstärkt?*

Folgen der globalen Erwärmung

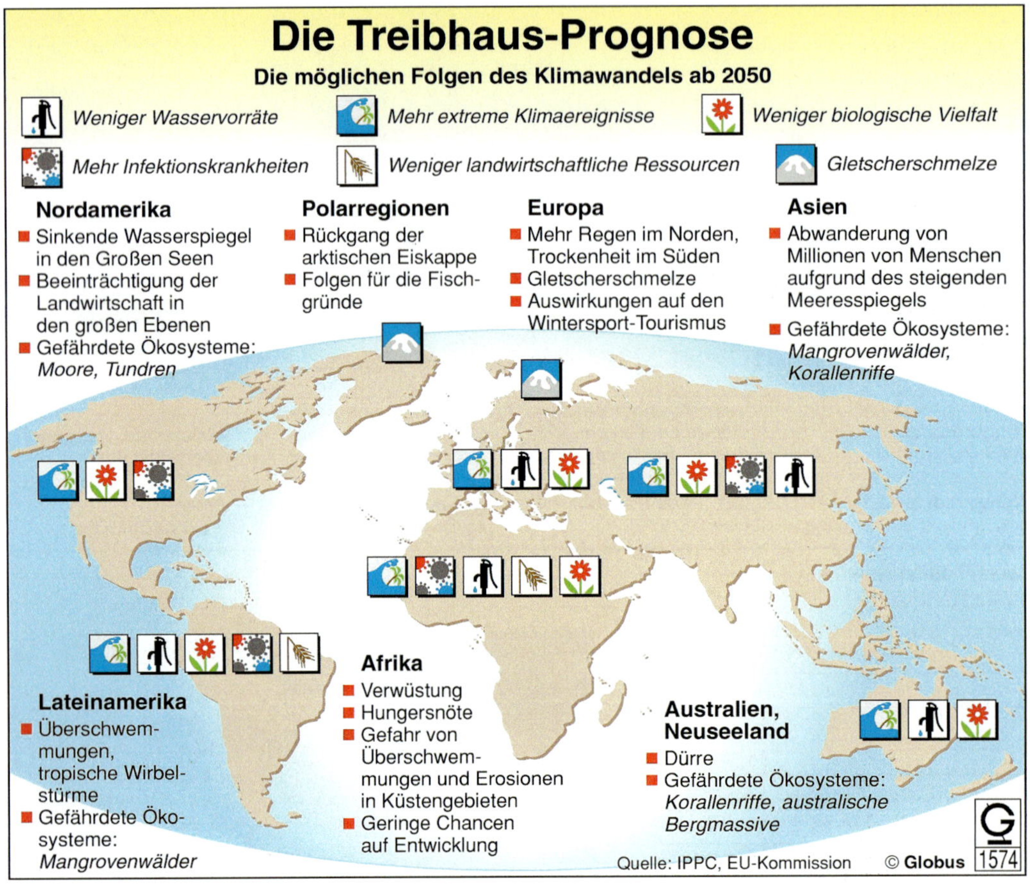

166.1 *Mögliche Folgen des Treibhauseffekts*

Folgen in Deutschland

Auch für Deutschland sind die ersten Folgen der Klimaerwärmung spürbar. Der Tigermoskito, eine Mückenart, die Tropenkrankheiten übertragen kann, macht sich bereits nördlich der Alpen heimisch, weil die Winter milder geworden sind. Durch den Temperaturanstieg wird Schnee in Mittelgebirgen seltener. Skilaufen ist in diesen Gebieten nur noch mit künstlichem Schnee möglich.

Im Sommer werden aufgrund der größeren Hitze die Todesfälle, die auf Herz-Kreislauf-Erkrankungen zurückzuführen sind, deutlich ansteigen. Die Waldbrandgefahr wird sich besonders im Osten Deutschlands deutlich erhöhen, weil die Sommer trockener werden. Dies bedeutet auch, dass sich die Forstwirtschaft und in besonderem Maße die Landwirtschaft umstellen muss, da neue Tier- und Pflanzenkrankheiten auftreten werden, die man bisher nur in südlichen Ländern kannte.

An den Küsten Deutschlands muss der Küstenschutz verbessert werden, da durch den Anstieg des Meeresspiegels und durch häufiger auftretende Stürme der Norden Deutschlands stärker gefährdet sein wird.

AUFGABEN >>

1 *An welchen Naturereignissen kann man heute schon den Klimawandel beobachten?*

2 *Durch den Klimawandel wird sich der Meeresspiegel erhöhen. Welche Regionen der Erde wären davon besonders betroffen?*

3 *Nenne Beispiele, wie man die klimaschädigenden Gase verringern kann.*

Wir werten Karikaturen aus

In vielen Tageszeitungen gibt es jeden Tag eine neue Karikatur. Frei übersetzt bedeutet das Wort Karikatur so viel wie „Übertreibung". Überzeichnet dargestellt werden dabei sowohl die abgebildeten Personen wie auch die Situation. Durch die Überzeichnung wirken Karikaturen auf den ersten Blick oft komisch.

Aufgabe der Karikatur ist es, aktuelle Ereignisse oder auch gesellschaftliche Zustände zu kritisieren. Karikaturen sollen ihren Betrachter zum Nachdenken anregen.

Manche Cartoons haben eine ähnliche Aufgabe wie Karikaturen. Sie sind jedoch oft weniger politisch und bilden auch keine real existierenden Personen, wie beispielsweise Politiker, ab.

Um eine Karikatur auszuwerten, geht man so vor:

Schritt 1: Einen Titel für die Karikatur finden

Dieser Schritt kann entfallen, wenn schon eine Überschrift angegeben ist. Vielleicht findest du aber einen Titel, den du für passender hältst.

Schritt 2: Die Karikatur beschreiben

- *Gib eine Richtung an (z. B. von oben nach unten), damit die Zuhörer besser folgen können.*
- *Sind bekannte Personen auf der Karikatur zu sehen?*
- *Was ist übertrieben dargestellt?*

Schritt 3: Was kritisiert der Zeichner?

Schritt 4: Welche Frage wirft die Karikatur auf?

167.1

167.2

167.3

Üben und Wiederholen

168.1 *Stumme Karte von Südamerika*

AUFGABEN >>

1 *Bearbeite die stumme Karte. Schreibe die Namen der Staaten, Städte, Gewässer etc. auf. Benutze den Atlas.*

2 *In welchen Staaten Südamerikas gibt es tropischen Regenwald?*

Was meinst du dazu?

1. Beschreibe die folgenden Produktionsformen. Benenne dabei die Besonderheiten und Probleme.
2. Erstellt dazu in Gruppen je einen Steckbrief zu:
   - Ackerbau in der Sahelzone
   - Plantagenwirtschaft in den Tropen

Plantage statt Regenwald

In den letzten zehn Jahren ist besonders der Anteil der Rodungen zur Anlage von Plantagen gestiegen. Auf großen Flächen wird nur eine bestimmte Frucht für den Export angebaut, z. B. Kaffee, Bananen oder Soja.

Vorteile: ...
Probleme: ...

Deine Meinung: ...

Beispiel für einen Steckbrief

Interpretiere

Erläutere die Zerstörung des Regenwaldes anhand des Kreisdiagramms.

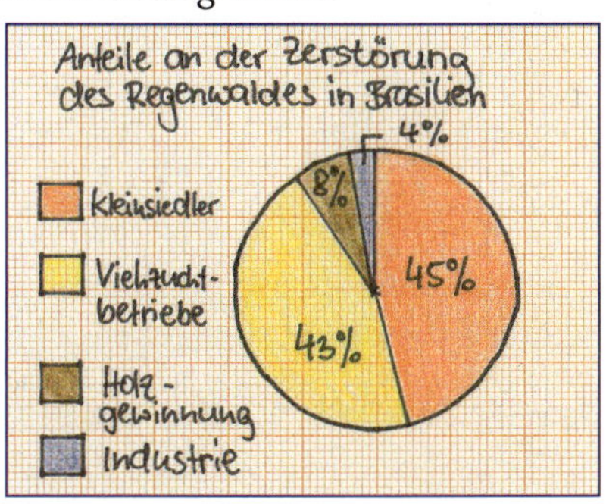

Selbst gezeichnetes Kreisdiagramm

Der Ablauf der Regenwaldzerstörung

1. Erstelle eine Tabelle mit folgenden Oberbegriffen: *tropischer Regenwald – Rodung des Naturwaldes – direkte Folgen.*
2. Ordne die unten stehenden Aussagen den einzelnen Spalten zu.

- Viehzuchtgroßbetriebe
- das Klima verändert sich
- der Boden wird abgetragen und ausgewaschen
- soziale Spannungen durch die Besiedlung
- häufige Brandrodungen von Kleinsiedlern
- Nutzung durch Jäger und Sammler
- Einschlag einzelner Bäume mit ausreichenden Erholungszeiten für den Wald
- großflächiger Holzeinschlag
- Vernichtung der Lebensgrundlage für die Ureinwohner des Regenwaldes
- Infektionskrankheiten steigen an, Seuchen breiten sich aus
- Erschließungsmaßnahmen wie z. B. Straßenbau
- Abbau von Bodenschätzen und Energiegewinnung durch Stauseen
- Plantagenwirtschaft, Anbau von Exportfrüchten
- Brandrodungsfeldbau mit Brache
- Verlust des Pflanzen- und Tierreichtums

Grundbegriffe

Klimawandel
künstlicher Treibhauseffekt
natürlicher Treibhauseffekt
Nährstoffkreislauf
Plantage
Raubbau
tropischer Regenwald

170.1 *Der Rhein um 1825*

Der Rhein vor 150 Jahren – ein Wildstrom

170.2 *Der Rhein bei Speyer vor der Regulierung (ca. 1840)*

Früher pendelte der Rhein in großen Schlingen, den Mäandern, zwischen den Hochufern hin und her. Doch mit jedem Hochwasser verlagerte der Rhein sein Bett und attackierte die schutzlosen Dörfer oft wochenlang. Manche Orte mussten wegen der ständigen Hochwasserbedrohung aufgegeben werden, andere wurden von den Fluten abgeschnitten. In einigen Rheingemeinden war oft wochenlang Hochwasseralarm. Viele Dörfer wechselten unfreiwillig die Rheinseite. Daraus ergaben sich für die dort lebenden Menschen große Probleme: Wiesen und Felder blieben nach dem Hochwasser monatelang überschwemmt, sodass sich Sümpfe bildeten und sich Fieberkrankheiten, z. B. Malaria, ausbreiten konnten. Häufig sahen die Landwirte ihre Ernte ertrinken. Bootsleute und Fischer konnten oft ihrer Arbeit nicht nachgehen.

AUFGABEN >>

1 *Nenne die Probleme der Menschen am Rhein.*

2 *Würde das Rheinwasser schneller weiterfließen, wären viele Probleme gelöst. Betrachte Abb. 170.2 und überlege, wie man den Abfluss des Rheins beschleunigen könnte.*

171.1 *Der Rhein bei Breisach heute – links der Rheinseitenkanal*

Tulla bändigt den Rhein – ein Beteiligter berichtet:

„Um uns endlich von der Herrschaft des Rheins zu befreien, wollte dieser Tulla dem Rhein ein neues Bett geben. Er hatte sich das so gedacht, dass die Flussschleifen durchstochen werden und so der Rheinlauf begradigt wird. Schließlich würden wir dann endlich vom Hochwasser verschont werden. Tausende Menschen mussten mit Spaten, Schaufeln und Schubkarren an der feuchten „Baustelle" arbeiten, ob sie wollten oder nicht. Wenigstens bezahlten sie gut: 75 Kreuzer pro Tag. Wir hoben 25m breite Gräben zwischen den Schleifen aus. Mit der Erde bauten wir Dämme am neuen Flussufer. Dann haben wir die Schlingen durchstochen. Und tatsächlich folgte der Rhein den Gräben und schuf sich so sein neues, gerades Bett. Das hört sich leicht an, der Durchstich der Rheinschleife bei Neupotz dauerte aber ganze zehn Jahre, von 1818 bis 1828!"

Zwischen 1818 und 1866 wurden insgesamt 30 Rheinschleifen durchstochen. Dadurch verkürzte sich der Lauf des Rheins zwischen Basel und Mannheim um 80 km. Mit der Laufverkürzung konnte das Wasser schneller abfließen. Die Hochwassergefahr war gebannt. Die Malariaerkrankungen gingen zurück und die Ernten wurden nicht mehr vernichtet. Die neue feste Fahrrinne war für Schiffe jetzt ganzjährig befahrbar.

171.2 *Zeichnen des neuen Rheinverlaufs*

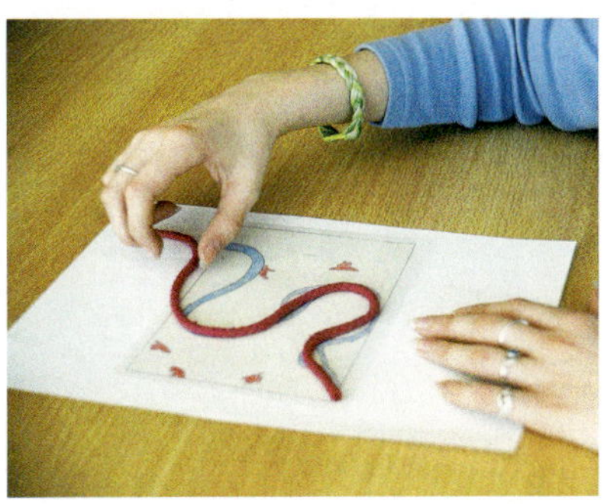

171.3 *Messen des Rheins*

171.4 *Der badische Ingenieur Johann Tulla*

AUFGABEN >>

1. *Wie bändigte Tulla den Rhein?*
2. *Pause die Karte 170.2 ab und trage anschließend Tullas neuen Rheinverlauf ein.*
3. *Miss mit einem Bindfaden die Länge des alten und des neuen, begradigten Rheins (Abb. 171.3). Errechne dann mithilfe der Maßstabsleiste von Karte 170.2, um wie viele Kilometer sich der Rhein verkürzt hat.*
4. *Welche Vorteile brachte das neue Flussbett?*

172.1 *Hochwasser am Rhein bei Köln*

Der Rhein schlägt zurück

Die Rheinbegradigung hatte die Situation der Anlieger verbessert. Durch die Bändigung des Rheins konnten sich viele Siedlungen in Richtung Rheinufer ausbreiten. Flächen für Wohn- und Gewerbegebiete sowie für die Landwirtschaft wurden geschaffen. Mit der Zeit traten aber neue Probleme auf, die Tulla nicht vorhergesehen hatte: Da sich die Rheinstrecke verkürzt hatte, floss der Rhein nun schneller. Brauchte ein Tropfen Wasser in dem großen Fluss früher 65 Stunden, um von Basel nach Karlsruhe zu gelangen, so erreicht er heute die Stadt schon nach 30 Stunden. Durch die Zunahme der Fließgeschwindigkeit nahm die Tiefenerosion des Flusses zu. Der Rhein grub sich tiefer in sein Flussbett ein. Dadurch kam es zu einer Absenkung des Grundwasserspiegels (Abb. 172.2).

Besonders problematisch ist die Bewältigung der Wassermengen bei heftigen Niederschlägen in Verbindung mit der alljährlichen Schneeschmelze. Da das Flussbett verengt wurde, rasen die Wassermassen nun rheinabwärts. Die Folge sind regelmäßige Hochwasser. Früher verteilte sich das Wasser in den breiten Auewäldern nahe der Ufer, sodass ein Teil des Wassers vorerst zurückgehalten wurde. Heute verhindern dies die flussnah gebauten Deiche. Dieses Problem vergrößert sich noch, da die Nebenflüsse des Rheins zeitgleich ihre Wassermassen in den Rhein bringen. So sind die „nassen Lawinen" rheinabwärts gefürchtet, denn fast in jedem Jahr stehen Städte wie Koblenz oder Köln unter Wasser.

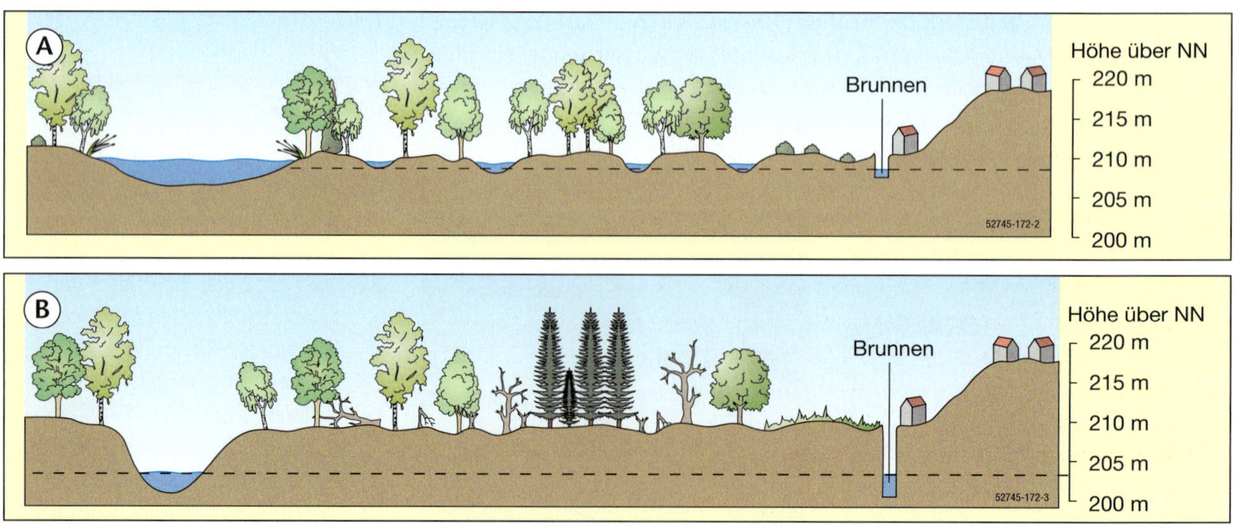

172.2 *Die Rheinaue im Profil, vor und nach der Korrektur*

173.1 *Protest gegen Polder*

173.2 *Deiche und Polder*

Bei Hochwasser muss der Nachbar helfen

Früher gab es entlang des Rheins natürliche Auffangflächen, die Auewälder. Wie ein riesiger Schwamm nahmen sie die Wassermassen bei Hochwasser auf. In den Wäldern lebten viele seltene Pflanzen und Tiere. Mit der Begradigung des Rheins sind diese Wälder fast ganz verschwunden. Durch die anschließende Versiegelung des Bodens war es kaum noch möglich, dass das Wasser versickern konnte.

Um das überschüssige Wasser des Rheins bei Hochwasser „parken" zu können, versuchen die Verantwortlichen, neue Versickerungsflächen zu schaffen. Eine Möglichkeit, dies zu tun, sind Polder. Das sind landwirtschaftlich genutzte Flächen, die bei Hochwasser absichtlich geflutet werden. Doch wo sollen diese Polder angelegt werden? Je nach Gebiet kann es sein, dass seltene Tiere oder Pflanzen durch das Wasser zerstört werden. Landwirte sind gegen die Polderlösung. Sie haben Angst, dass nach der Öffnung der Polder ihre Felder mit Ablagerungen aus dem Wasser belastet werden. Entschädigungen müssten bezahlt werden. Auch die Menschen, die in der Nähe möglicher Polderstandorte wohnen, wehren sich. Sie befürchten, dass Wasser in ihre Keller laufen könnte. Andere sind für die Polder und erklären, dass die Polder nur ein- bis dreimal alle hundert Jahre geöffnet werden müssten.

Eine weitere Möglichkeit, Auffangflächen für das Hochwasser zu schaffen, ist die Rückverlegung der Deiche (Abb. 173.3). Aber auch dies geht nur an geeigneten Stellen. Manche Menschen möchten auch die alten Auewälder reaktivieren.

Dass nur die „Nachbarn" südlich von Bingen den Menschen am Mittelrhein helfen können, ist klar. Gerade dieser „Nachbar" möchte aber niemand sein.

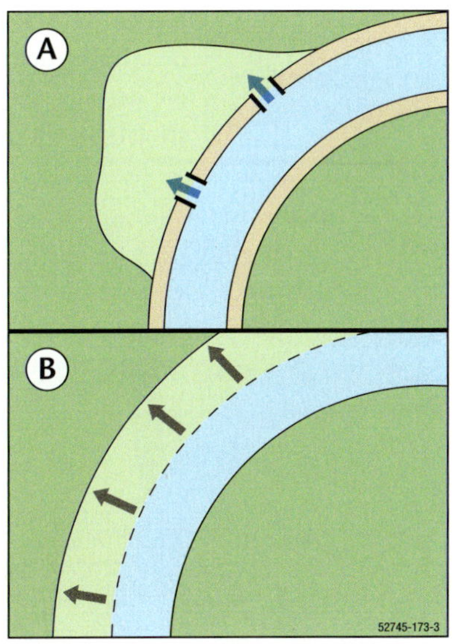

173.3 *Hochwasserschutzmaßnahmen*

AUFGABEN>>

1. *Vergleiche Abb. 172.2 und 3. Welche Veränderungen kannst du feststellen?*
2. *Durch die Rheinbegradigung fließt der Rhein schneller. Welche Folgen hat dies?*
3. *Fasse die Vor- und Nachteile der Rheinbegradigung in einer Tabelle zusammen.*
4. *Welche Möglichkeiten gibt es, das Hochwasser aufzufangen?*
5. *Nenne Gründe für und gegen die Nutzung von Poldern.*
6. *Warum müssen die „Nachbarn" helfen? Können sich die Menschen am Mittelrhein nicht selbst helfen?*
7. *Ordne Abb. 173.3 A und B den Begriffen „Deichrückverlegung" und „Polder" zu. Erkläre, wie sie funktionieren.*

Z

Der Rhein – ein Fluss bei der Arbeit

Die Arbeit eines Flusses besteht aus Abtragung, Transport und Ablagerung und ist abhängig von der Wassermenge, der Fließgeschwindigkeit und dem Gesteinsuntergrund. Anhand des Rheins mit den Flussabschnitten Oberlauf, Mittellauf, Unterlauf und Mündung wollen wir die Auswirkungen der Flussarbeit untersuchen.

1

A Hier ist die Fließgeschwindigkeit aufgrund des geringen Gefälles niedrig. Der Fluss beginnt zu „pendeln" und fließt in Mäandern. In diesem Abschnitt findet kaum noch Erosion statt, die mitgeführten Sedimente werden in diesem Flussabschnitt abgelagert (Sedimentation). Deshalb sind am Oberrhein auch zahlreiche Kies- und Sandvorkommen.

2

B Der Rhein entspringt am Gotthardmassiv in der Schweiz. Seine Quelle liegt 2345 m ü. NN. Er bezieht sein Wasser aus den hohen Niederschlägen im Gebirge und aus dem Schmelzwasser der Alpengletscher. Das Gefälle im ersten Rheinabschnitt (Alpenrhein) ist sehr steil und deshalb ist die Fließgeschwindigkeit hoch. Der Rhein bildet hier ein Kerbtal, da sich der Fluss wie eine Säge in den Untergrund frisst (Tiefenerosion). Die Steine, die der Fluss mitreißt, dabei abrundet und abschleift, nennt man Geröll.

Tipp:
Die Einteilung des Rheins kann man sich leicht merken: Alle Orte, die den Anfang eines neuen Rheinabschnits markieren, beginnen mit einem B: Bodensee – Basel – Bingen – Bonn.

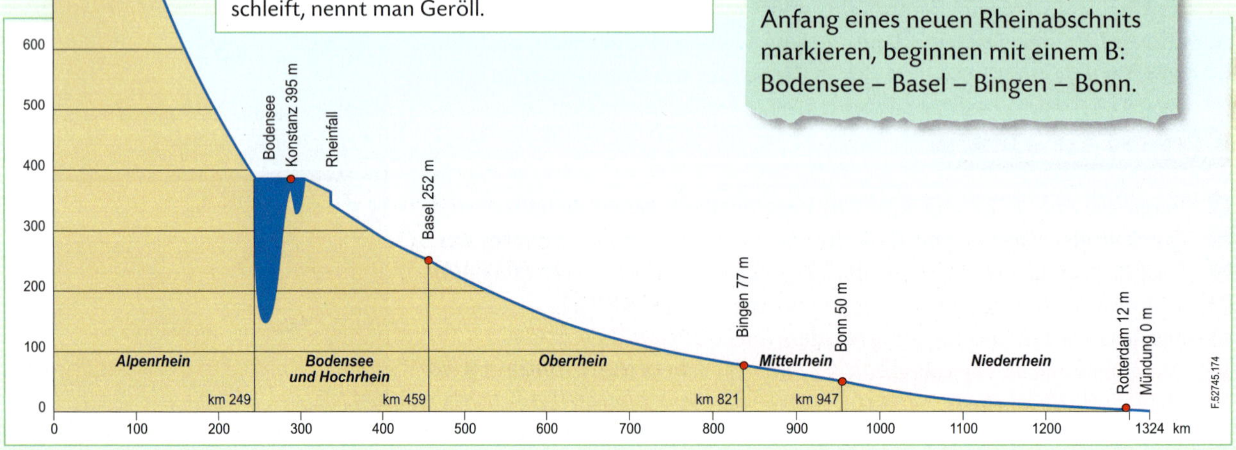

174.1 *Der Rhein im Profil*

(C) Bei Bonn beginnt der letzte Rheinabschnitt, er wird als Niederrhein bezeichnet. Der Fluss fließt hier sehr langsam und bildete ebenfalls Mäander. Der Rhein hat nun sehr viel Wasser und ist stellenweise bis zu 400 m breit. Das mitgeführte Material ist sehr klein und wird abgelagert.

(D) Durch das abgelagerte Material und das geringe Gefälle kann sich der Fluss seinen Weg selbst versperren und sich in mehrere Flussarme aufteilen. Das mitgeführte Material wird immer weiter in die Mündung hinausgetragen. Diese Mündungsform bezeichnet man als Delta.

3

(F) Der zweite Rheinabschnitt ist der Hochrhein. Er beginnt am Bodensee auf 395 m Höhe. Das Gefälle ist nun nicht mehr ganz so stark, deshalb ist auch die Fließgeschwindigkeit des Flusses nicht mehr so hoch. Das Einschneiden des Flusses in die Tiefe nimmt ab. Dafür nagt der Fluss an den Seiten und untergräbt sie (Seitenerosion). Material stürzt in das Flussbett und wird abtransportiert. So bildet sich ein Sohlental mit einem breiten Talboden. Das Geröll ist nun kleiner und runder. Der Hochrhein endet bei Basel (252 m), dort beginnt der Oberrhein.

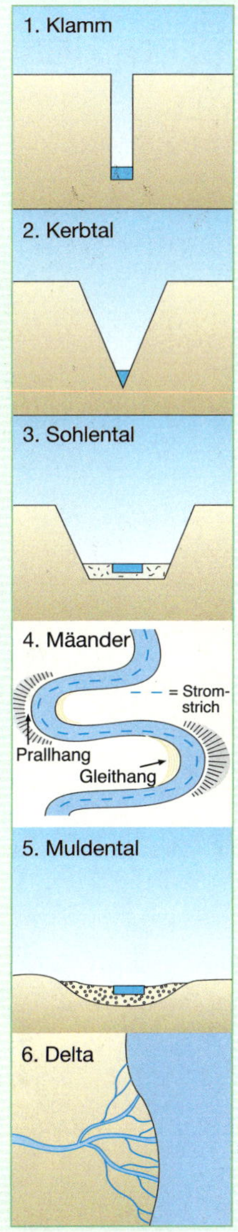

175.1 *Formen eines Flusses*

(E) Ab Bingen wird der Rhein als Mittelrhein bezeichnet. Da sich im Laufe der Zeit die umgebende Landschaft anhob und der Fluss sich dadurch in die Landschaft eingegraben hat, überwiegt trotz des geringen Gefälles im Mittelrhein die Tiefenerosion.

AUFGABEN >>

1 *Bringe die Textbausteine in die richtige Reihenfolge.*

2 *Erkläre die Begriffe Erosion und Sedimentation.*

3 *a) Von den folgenden Begriffen gehören jeweils drei zusammen: Alpenrhein – Mäander – Tiefenerosion – Kerbtal – Sedimentation – Oberrhein.*
b) Finde im Text weitere Begriffe, die zusammenpassen.

4 *Gliedere den Rhein in seine Abschnitte. Wo beginnt und wo endet der entsprechende Abschnitt (Abb 174.1)?*

5 *Zähle die Staaten auf, durch die der Rhein fließt bzw. an die der Rhein grenzt. Nenne auch deren Hauptstädte.*

7 Naturhaushalt und Umweltschutz

178.1 *Umweltbelastungen durch den Menschen*

Die Umwelt geht uns alle an!

Sauberes Trinkwasser, Strom aus der Steckdose, geteerte Straßen und die Müllentsorgung sind für uns selbstverständlich. Dabei vergessen wir gerne die Folgen dieser Annehmlichkeiten: Wasserverschmutzung, Bodenversiegelung, Ressourcenverbrauch und Müllberge sind nur einige der Probleme, die der Mensch durch seine permanenten Eingriffe in die Umwelt verursacht. Ein Teil dieser Probleme lässt sich mit erheblichem technischem Aufwand eindämmen. Andere sind jedoch aufgrund ihrer Komplexität in ihren Folgen nicht einmal abschätzbar. Ein Beispiel hierfür ist die Freisetzung von Kohlenstoffdioxid und der damit verbundene Klimawandel.

Durch die Umweltbelastungen gefährdet der Mensch nicht nur die Natur, sondern auch sich selbst, denn saubere Luft, trinkbares Wasser und ein ertragreicher Boden bilden unsere wichtigsten Lebensgrundlagen. Daher ist der Umweltschutz ein wichtiges Anliegen.

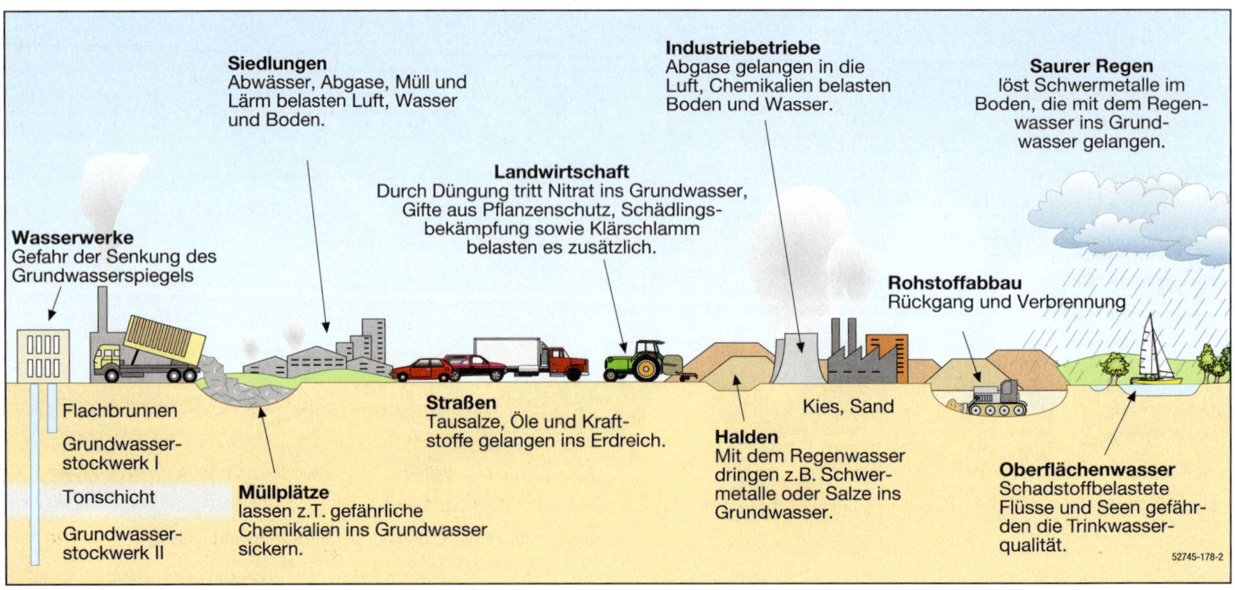

178.2 *Umwelt in Gefahr*

Nachhaltigkeit

Ein verantwortungsvoller Umgang mit der Umwelt bedeutet, dass wir nicht nur unsere eigenen, sondern auch die Lebensgrundlagen unserer Nachkommen sichern. Voraussetzung hierfür ist eine nachhaltige Wirtschaftsweise. Das bedeutet, wir dürfen nur so viele Ressourcen verbrauchen, dass den nachfolgenden Generationen immer noch die gleichen Mengen zur Verfügung stehen. Der Begriff der nachhaltigen Entwicklung wurde 1992 auf der Konferenz der Vereinten Nationen für Umwelt und Entwicklung in Rio de Janeiro geprägt. In ihrem gemeinsamen Abschlussdokument, der „Agenda 21", verpflichteten sich alle teilnehmenden Staaten, eine entsprechende Entwicklung voranzutreiben. Dabei sollen nicht nur ökologische, sondern auch soziale und wirtschaftliche Belange mit berücksichtigt werden.
Die Ziele der Agenda 21 können nur dann umgesetzt werden, wenn sich alle Menschen daran beteiligen. Das heißt, auch du bist dazu aufgefordert, deine Zukunft mitzugestalten.

179.1 *Karikatur*

Was bedeutet eigentlich Nachhaltigkeit?

Vor über 200 Jahren stellte der deutsche Philosoph Immanuel Kant eine Lebensregel auf: Handle immer so, dass dein Handeln als Vorbild für alle gelten könnte! Kant dachte dabei nur an die Menschen – wir müssen heute aber an das gesamte Leben auf der Erde denken. Denn wir wollen auch weiterhin von dem leben können, was uns die Erde bietet. Das bedeutet, nachhaltig zu wirtschaften, damit die Generationen nach uns die gleichen Möglichkeiten haben wie wir. So darf die Menschheit z. B. keinen Rohstoff vollständig aufbrauchen. In der deutschen Forstwirtschaft wird schon nach diesem Prinzip der Nachhaltigkeit gearbeitet: Man fällt nicht mehr Bäume, als nachwachsen.
Allerdings handeln in vielen Lebensbereichen die Menschen nicht nachhaltig. Oft tun sie das nicht mit Absicht, sondern aus Unwissenheit oder aus Not.

179.2 *Nachhaltigkeit*

Aus der Präambel der Agenda 21

„Die Menschheit steht an einem entscheidenden Punkt ihrer Geschichte. Wir erleben eine zunehmende Ungleichheit zwischen Völkern und innerhalb von Völkern, eine immer größere Armut, immer mehr Hunger, Krankheit und Analphabetentum sowie eine fortschreitende Schädigung der Ökosysteme, von denen unser Wohlergehen abhängt.
Durch eine Vereinigung von Umwelt- und Entwicklungsinteressen und ihre stärkere Beachtung kann es uns jedoch gelingen, die Deckung der Grundbedürfnisse, die Verbesserung des Lebensstandards aller Menschen, einen größeren Schutz und eine bessere Bewirtschaftung der Ökosysteme sowie eine gesicherte, gedeihlichere Zukunft zu gewährleisten. Das vermag keine Nation allein zu erreichen, während es uns gemeinsam gelingen kann: in einer globalen Partnerschaft, die auf eine nachhaltige Entwicklung ausgerichtet ist."

179.3 *Agenda 21*

AUFGABEN >>

1 *Beschreibe anhand der Abb. 178.2 die unterschiedlichen Eingriffe in den Naturhaushalt und deren Folgen für die Umwelt.*
2 *Erläutere, warum eine saubere Umwelt für den Menschen so wichtig ist.*
3 *Erkläre den Begriff „Nachhaltigkeit".*
4 *Wertet die Karikatur 179.1 aus.*
5 *Informiere dich über die Agenda 21 in deinem Ort.*

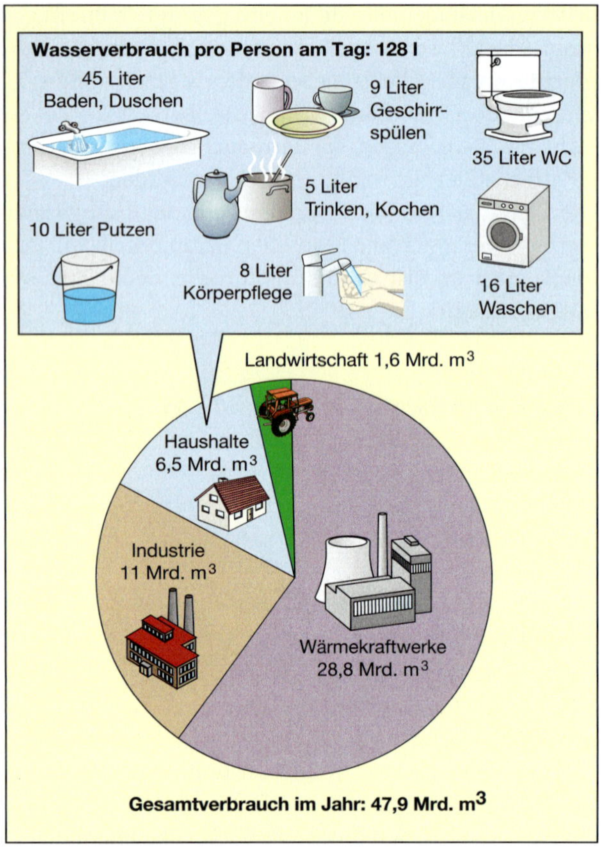

180.1 *Wasserverbrauch in Deutschland*

Wasser ist unentbehrlich

Sauberes Trinkwasser ist eines der wichtigsten Güter, das wir haben. Jeder von uns verbraucht pro Tag ca. 128 Liter Trinkwasser pro Tag. Bei einer vierköpfigen Familie sind das über 180 Kubikmeter (gut sechs Tanklastzüge voll) im Jahr.
Dabei ist der Verbrauch der privaten Haushalte vergleichsweise gering. Vor allem die Industrie verbraucht enorme Mengen Wasser in der Produktion oder als Kühlmittel. Aber auch die Landwirtschaft benötigt Wasser.

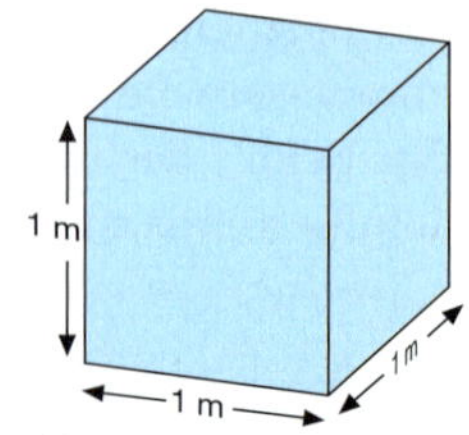

180.2 *1 Kubikmeter (m^3) = 1000 Liter (l)*

AUFGABEN >>

1 *Beschreibe, wofür wir Wasser benötigen (Abb. 180.1). Wofür benötigen wir außerdem noch Wasser?*

2 *Erkläre den Unterschied zwischen dem lebensnotwendigen und dem tatsächlichen Wasserverbrauch einer Person am Tag.*

3 *Für welche der in Abb. 180.1 (oben) dargestellten Tätigkeiten benötigt man kein sauberes Trinkwasser?*

Wasser ist Produktionsmittel und Energieträger

Nicht nur für den Anbau von Baumwolle, sondern auch bei der Herstellung von Papier oder gar Mikrochips wird Wasser benötigt. Berechnet man die Gesamtmenge des eingesetzten Wassers, kommen erstaunliche Werte zustande: Ein einziges DIN-A4-Blatt erfordert in der Produktion ca. 10 Liter Wasser, ein Baumwoll-T-Shirt sogar ca. 2000 Liter, und selbst die Tasse Kaffee schlägt mit 140 Litern zu Buche.
Unter günstigen Bedingungen kann Wasser auch als Energieträger genutzt werden. Zum Beispiel werden in Norwegen weit über 90 % des Stromes aus Wasserkraft gewonnen.

Schon gewusst?

- Der menschliche Körper besteht zu 70 % aus Wasser.
- In Las Vegas (USA) verbraucht jeder Bürger täglich rund 1400 Liter Wasser.
- In Kamerun stehen einem Menschen täglich 5 Liter Wasser zur Verfügung.
- In Mali sind viele Frauen täglich oft sechs Stunden unterwegs, um in einem Tonkrug Wasser aus dem Fluss zu holen.
- Ein großer Laubbaum benötigt etwa 100 Liter Wasser am Tag.
- Eine Zigarettenkippe kann 50 Liter Wasser verseuchen.

Der lange Weg zum Trinkwasser

Zur Wassergewinnung wird vor allem Grundwasser genutzt. Es besitzt in der Regel die beste Qualität. Durch den hohen Verbrauch in Industrie und Haushalten reicht dieses Wasser aber nicht aus. Daher wird zusätzlich in Stauseen Oberflächenwasser gesammelt. Zum Teil wird Wasser, das von Flüssen aus ins Grundwasser gesickert ist, in Brunnen gesammelt. Manchmal entnimmt man Flusswasser und leitet es in Sickerbecken, um das Grundwasser zusätzlich anzureichern.

Dieses Wasser hat noch keine Trinkwasserqualität und wird als Rohwasser bezeichnet. Es muss im Wasserwerk noch aufwendig aufbereitet werden. Dazu wird das Wasser gefiltert. Keime und Krankheitserreger werden durch Chlor und Ozon abgetötet. Schließlich speichert man das Trinkwasser in Wasserbehältern bzw. Wassertürmen. Von dort gelangt es über Leitungen zu den einzelnen Häusern.

181.1 *Wasserzähler*

181.2 *Wasserturm*

AUFGABEN >>

1. *Informiere dich, was bei dir ein Kubikmeter Trinkwasser und was ein Kubikmeter Abwasser kosten.*
2. *Wie teuer ist eine Badewanne voll Wasser (ca. 200 l)?*
3. *Beschreibe, wie Trinkwasser gewonnen wird.*
4. *Erkläre den Unterschied zwischen Roh- und Trinkwasser.*

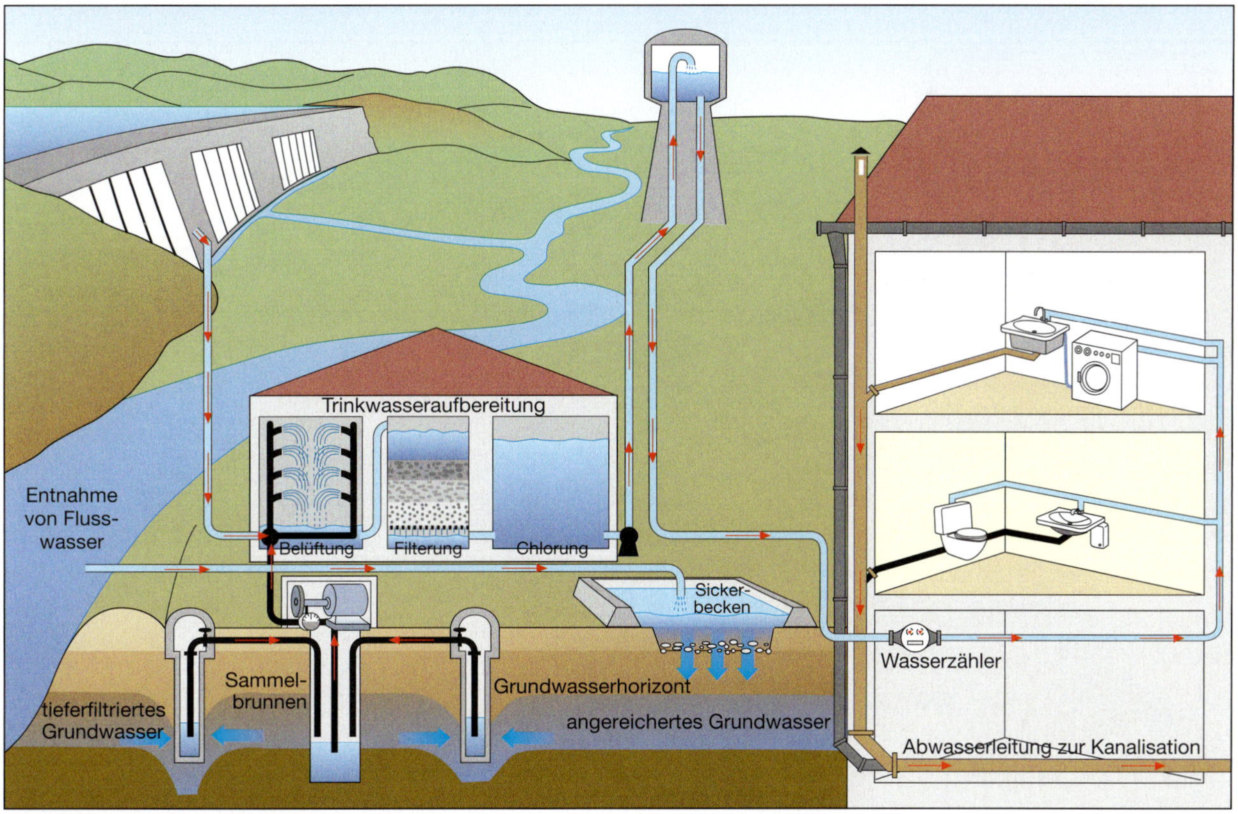

181.3 *Trinkwasserversorgung*

Vom Trink- zum Abwasser

Früher wurde Abwasser einfach auf die Straßen geschüttet. Dies führte in den Städten sehr oft zu Seuchen. Aus diesem Grund wurde eine Kanalisation für die Abwasserversorgung eingerichtet.
Zum Abwasser aus den Haushalten kommt noch das Brauchwasser der Industrie sowie Regenwasser hinzu. Diese Abwässer müssen in Klärwerken gereinigt werden. Die Reinigung ist ein mehrstufiger Prozess (Abb. 182.2). Zunächst fangen Rechen größere Teile auf. Dann wird der mitgeführte Sand abgeschieden. Als Nächstes werden die im Wasser gelösten Stoffe wie Salze oder Waschmittel entfernt. Dabei kommen chemische Substanzen zum Einsatz. Im Belebungsbecken nutzt man die Fähigkeiten bestimmter Kleinstlebewesen und Bakterien, die im Abwasser enthaltenen organischen Stoffe zersetzen können. Zur Unterstützung der Reinigung wird Luft durch das Abwasser geblasen (Abb. 182.1). Erst wenn es fast vollständig gereinigt ist, kann es in die Flüsse eingeleitet werden. Zurück bleiben Klärschlämme, die früher auch zur Düngung verwandt wurden. Oft enthalten sie aber zu viele Schadstoffe, dann müssen sie entwässert und verbrannt werden.

***182.1** Belebungsbecken in einer Kläranlage*

AUFGABEN >>

1 *Beschreibe die wichtigsten Stufen der Abwasserreinigung (Abb. 182.2).*
2 *Erläutere die Bedeutung der Abwasserreinigung.*
3 *Begründe, warum die Bauern den Klärschlamm als Dünger oft nicht mehr verwenden dürfen.*
4 *Besucht eine Kläranlage und lasst euch die verschiedenen Klärstufen zeigen.*

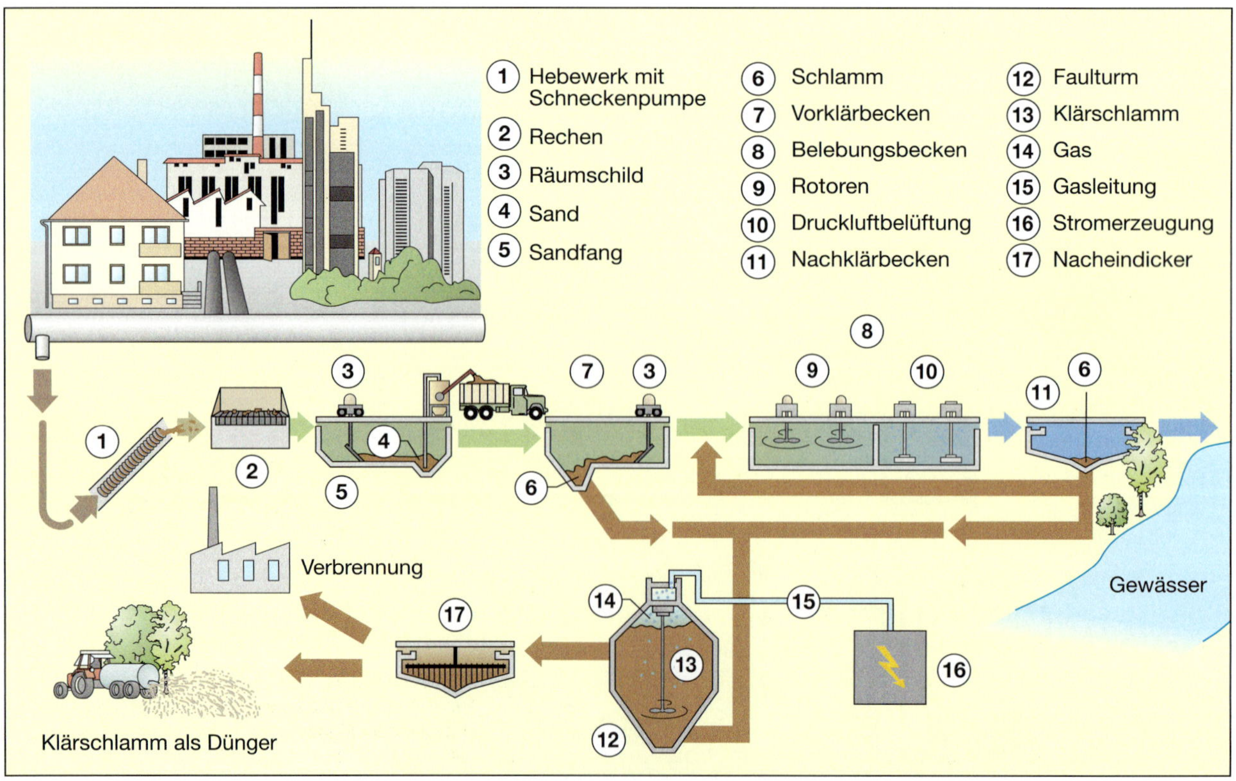

***182.2** Abwasserreinigung im Klärwerk*

Z

Trinkwasser – nicht überall selbstverständlich

Bei uns ist der tägliche Wasserbedarf der Menschen gesichert. Durch ausreichende Niederschläge wird das entnommene Grundwasser immer wieder ergänzt.
Doch in weiten Gebieten der Erde ist die Wasserversorgung gefährdet. Derzeit haben 1,2 Milliarden Menschen kein sauberes Trinkwasser, für 2,4 Milliarden steht keine ausreichende Abwasserentsorgung zur Verfügung. Man schätzt, dass heute in den Entwicklungsländern vier Fünftel aller Erkrankungen durch mangelhafte Trinkwasserversorgung und durch schlechte Hygiene verursacht werden. Doch die weltweiten Trinkwasserreserven werden immer knapper. Gefordert ist deshalb der Erhalt der großen Trinkwasserreservoire der Erde.

Sodis

In Gebieten mit starker Sonneneinstrahlung kann man Trinkwasser mit einfachen Mitteln desinfizieren. Für das Sodis-Verfahren („solar water disinfection") werden lediglich saubere PET-Trinkflaschen benötigt. Nach sechs Stunden Bestrahlung auf einer dunklen Unterlage sind die am meisten verbreiteten Krankheitserreger durch die UV-Strahlung und die entstandene Wärme abgetötet. So können beispielsweise Durchfallerkrankungen um bis zu 80 % gesenkt werden.

183.1 *Wasseraufbereitung mit Sodis*

AUFGABEN >>

1. *Welche Regionen der Erde sind besonders schlecht mit Trinkwasser versorgt? Nenne Länder (Karte 183.2).*
2. *Der weltweite Wasserverbrauch steigt immer mehr. Nenne mögliche Gründe für diese Entwicklung.*
3. *Welche Bedingungen sind optimal für das Sodis-Verfahren? Recherchiere im Internet.*
4. *Welche Auswirkungen könnte der Klimawandel auf die Wasservorgung in manchen Ländern haben?*

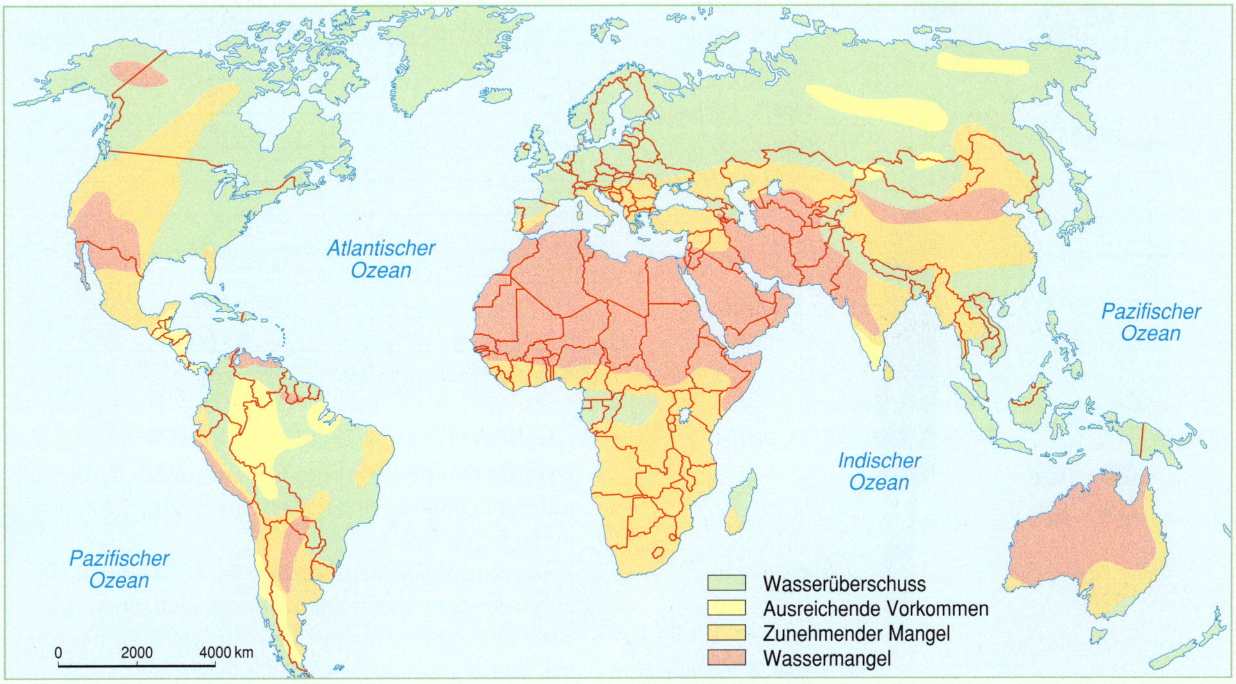

183.2 *Wasserverteilung weltweit*

Aktivtag Boden

Viele Menschen machen sich gar keine Gedanken darüber, dass sie nicht nur auf dem Boden, sondern auch von ihm leben. Der Boden ist Produktionsgrundlage zur Erzeugung von Nahrungs- und Futtermitteln. Die Pflanzen leben von den Mineralstoffen im Boden und wir von den Pflanzen. Darüber hinaus ist der Boden ein wichtiger Wasserspeicher und -filter. Der Boden ist für uns also lebenswichtig. Doch er ist in Gefahr: Er wird versiegelt oder an manchen Orten mit Giftstoffen belastet. Auch die Landwirtschaft trägt durch übermäßige Düngung zur Bodenbelastung bei. Da der Boden so wichtig ist, wollen wir ihn genauer untersuchen.

Station 1: Boden ist unterschiedlich sauer

Flüssigkeiten können unterschiedlich sauer oder alkalisch sein. Sehr sauer sind z. B. Zitronensaft oder Essig, alkalisch sind Seifen. Reines Wasser ist hingegen neutral. Um zu erfahren, wie sauer oder alkalisch ein Stoff ist, misst man dessen pH-Wert. Dies geschieht mit einem pH-Meter oder mit einem Indikatorpapier. Bei einem pH-Wert von 7 ist ein Stoff neutral. Je kleiner der pH-Wert ist, desto saurer ist die Flüssigkeit, je größer die Zahl ist, desto alkalischer ist sie.

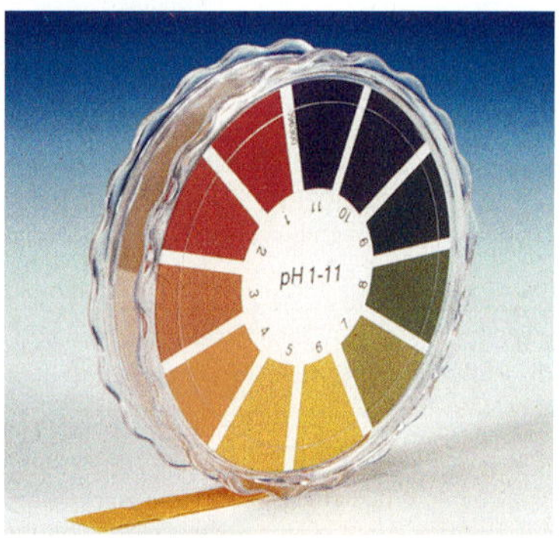

184.1 *Lackmuspapier*

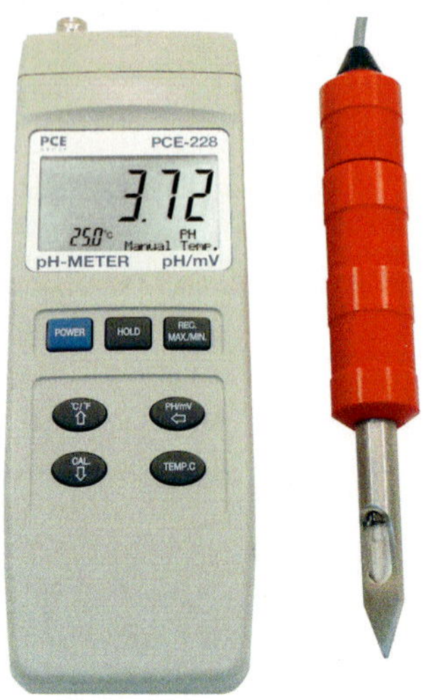

184.2 *pH-Meter*

Auch der Boden kann unterschiedliche pH-Werte aufweisen. Diese liegen natürlicherweise zwischen 5 und 8. Zunehmend führt jedoch der Mensch den Böden Säuren zu, indem er Schadstoffe in die Luft freisetzt, die dann als sogenannter „saurer Regen" in den Boden gelangen. Das führt zu Problemen, da manche Pflanzenarten nur bestimmte Mengen von Säure vertragen (siehe Tabelle 184.3). Steigt der Säuregehalt, können die Pflanzen absterben. Außerdem führen hohe Säuremengen dazu, dass der Gehalt an für Pflanzen lebenswichtigen Mineralstoffen im Boden sinkt und gleichzeitig mehr giftige Schwermetalle im Boden freigesetzt werden.

Pflanze	optimaler pH-Wert
Birke	5 – 6
Buche	6 – 8
Kiefer	4,5 – 6
Erbse	6 – 7,5
Möhre	6 – 7
Spargel	6 – 8
Tomate	5,5 – 7,5
Spinat	6,5 – 7,5
Kartoffel	6 – 7

184.3 *Optimaler pH-Wert für Pflanzen*

1. Ermittle den pH-Wert des Bodens unter Laubwald, unter Nadelwald und/oder einer Wiese. Notiere deine Ergebnisse.
2. Beurteile anhand der Tabelle 184.3, für welche der aufgeführten Pflanzen der Boden noch einen optimalen pH-Wert aufweist bzw. für welche Pflanzen der Boden zu sauer oder alkalisch ist.

Station 2: Der Boden ist ein Stoffgemisch

Schon bei einfacher Betrachtung ist zu erkennen, dass der Boden aus vielen unterschiedlichen Bestandteilen wie Steinen, Sand, Pflanzenresten und winzigen Tieren besteht.

Mit einer Schlämmprobe lassen sich die einzelnen Bestandteile einer Bodenprobe grob trennen und damit deren Zusammensetzung erkennen. Der Versuch beruht auf dem unterschiedlichen Sinkverhalten der unterschiedlich großen und schweren Bodenbestandteile im Wasser.

Vor allem die feinen Bodenpartikel, das sind Schluff und Ton, bestimmen, wie fruchtbar ein Boden ist. Ein reiner Sandboden kann nur wenig Wasser speichern und enthält kaum Mineralstoffe. Ein Tonboden kann zwar viel Wasser speichern und enthält viele Mineralstoffe, er ist jedoch sehr dicht und schwer bearbeitbar. Am günstigsten ist ein Boden aus einem Gemisch aus Ton und Sand. Ein solcher Boden wird als Lehmboden bezeichnet. Um festzustellen, welche Bodenart vorliegt, führt man eine Fingerprobe durch.

Schlämmprobe: Hebe mit einer Schaufel etwas Erde aus. Gib eine Hand voll Boden (nicht direkt von der Erdoberfläche) in ein etwa 500 ml großes Becherglas. Fülle das Glas mit Wasser auf. Rühre das Gemisch so lange um, bis sich die Bestandteile aufgelöst haben. Lasse das Glas dann ca. eine Stunde lang ruhig stehen.

Fingerprobe: Hebe mit der Schaufel etwas Erde aus. Nimm vom unteren Teil des Bodens eine kleine Hand voll Boden. Falls der Boden sehr trocken ist, musst du ihn etwas anfeuchten und in der Handfläche kneten. Danach bestimmst du mithilfe des Bestimmungsschlüssels die Bodenart (Abb. 185.2).

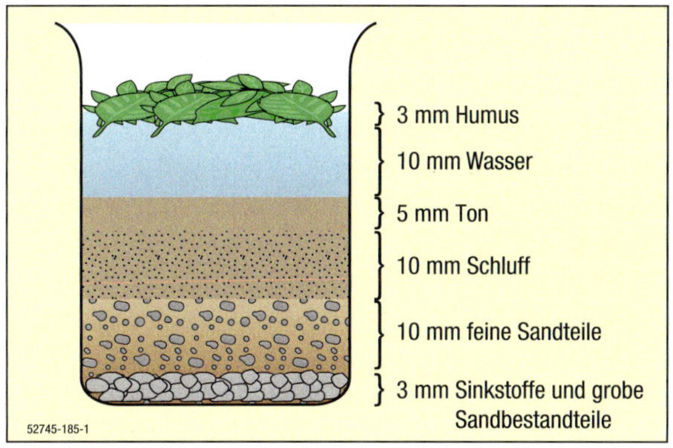

185.1 *Schlämmprobe*

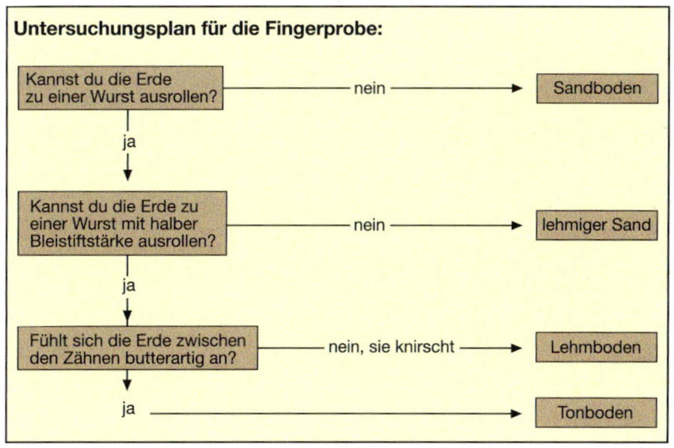

185.2 *Vorgehen bei der Fingerprobe*

1. Fertige eine Skizze deiner Schlämmprobe an und beschrifte sie (vgl. Abb. 185.1).
2. Messe die einzelnen Schichten aus und schreibe die Ergebnisse in deine Skizze.
3. Bestimme mit der Fingerprobe die Bodenart an verschiedenen Standorten und notiere dein Ergebnis. Handelt es sich um einen „guten" Boden?

185.3-5 *Fingerprobe: Sand – Schluff – Ton*

Die Müllawine wächst und wächst

Berlin. Die Müllberge wachsen ständig. Würden wir allein in Deutschland allen Müll zu einem Berg aufschütten, so würde ein Müllberg in der Höhe des Montblanc (4807 m) entstehen.
Allein in den deutschen Haushalten fallen jährlich über 30 Millionen Tonnen Müll an, dies entspricht etwa einer Million Eisenbahnwaggons. Diese Waggons hintereinander ergäben einen Güterzug, der von Berlin bis Kenia reichen würde!

(aus einem Zeitungsbericht)

186.1 *Die Müllberge wachsen*

Was ist eigentlich Müll?

Müll ist eine umgangssprachliche Bezeichnung für Abfall. Abfälle sind alle festen, flüssigen und gasförmigen Stoffe, derer sich Menschen entledigen. Dazu zählen Speisereste, Dosen, altes Mobiliar, elektrische Geräte, Altöl, Laub von der Straße und vieles mehr. Den Hauptanteil aber bildet der Bauschutt.

186.2 *Definition des Begriffs Müll*

Müllart	pro Person und Jahr in kg
Hausmüll	200
Biomüll	46
Sperrmüll	162
„Wertstoffmüll"	32

186.3 *Wie viel Müll verursachen wir?*

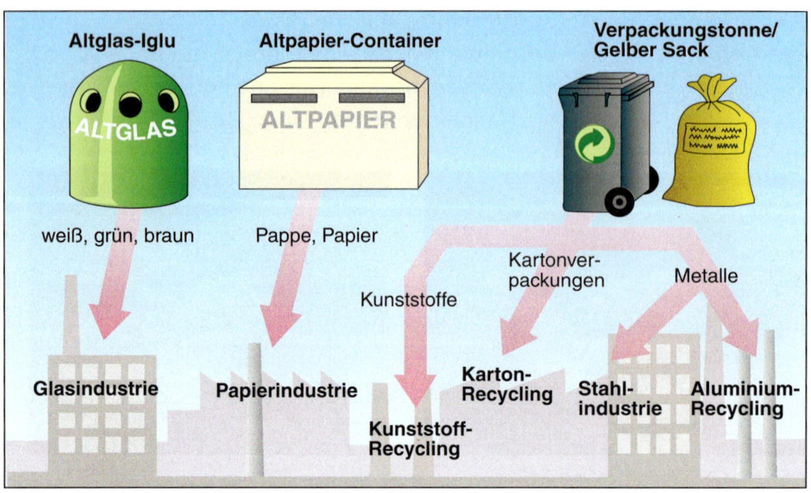

186.4 *Wiederverwertung von Wertstoffmüll*

186.5 *So viel Müll entsteht beim Einkauf (Verpackungsmüll)*

Wo kommt der Müll hin?

Jeder Bürger produziert bei uns durchschnittlich 440 Kilogramm Hausmüll. Um diese riesigen Müllmengen zu verringern, werden die Abfälle so weit wie möglich getrennt und wiederverwertet. Glas, Papier, Metalle und Verpackungen werden in speziellen Behältern gesammelt und zur Wiederverwertung (Abb. 186.4) abtransportiert. Der Grüne Punkt auf den Verpackungen weist auf die Wiederverwertbarkeit hin.
Auch Bio-, Garten- und Parkabfälle werden gesammelt und verwertet. Spezielle Fahrzeuge transportieren diese zu einem Kompostwerk. Dort entstehen aus den Abfällen Humus und Kompost, die als Dünger dem natürlichen Kreislauf wieder zugeführt werden können.
Allerdings gibt es Müllsorten, die sich nicht wiederverwerten lassen. Die Zerlegung in Grundstoffe ist entweder nicht möglich oder lohnt sich wegen der hohen Kosten nicht. Außerdem sind viele Abfälle schädlich oder giftig und müssen speziell entsorgt werden. Der größte Teil des Hausmülls wurde bis 2005 auf lokale Ablagerungsorte (Deponien) transportiert. Die Deponierung sollte aber die Umwelt so wenig wie möglich beeinträchtigen.
Seit 2005 dürfen nur vorbehandelte, zerkleinerte und biologisch abbaubare Abfälle abgelagert werden. Deswegen werden Hausmüll, Sperrmüll sowie einige Gewerbeabfälle zunehmend in zentralen Müllverbrennungsanlagen (Abb. 187.3) verbrannt. Diese Anlagen sind aber sehr umstritten.

Entsprechend den drei „Vs" ist der beste Müll der, der erst gar nicht entsteht (Vermeidung). So können Rohstoffe und Energie geschont und Umweltbelastungen und hohe Kosten bei der Entsorgung vermieden werden.

187.1 *Die drei „Vs"*

187.2 *Mehr als nur Müll: Sondermüll*

AUFGABEN >>

1. *Das Sortieren von Abfall ist oft lästig. Begründe, weshalb es trotzdem notwendig ist.*
2. *Nenne aus eurem Alltag Beispiele, wie du Müll vermeiden, vermindern oder verwerten kannst.*
3. *In welche beiden großen Bereiche kann man die Abfallentsorgung unterteilen?*
4. *Nenne stichwortartig die Vor- und Nachteile einer Müllverbrennungsanlage.*
5. *Wie stehst du zu dem Nutzen einer Verbrennungsanlage? Begründe deine Meinung.*

Pro und Kontra: Müllverbrennungsanlagen

Vorteile: Mit der Verbrennungswärme der Öfen wird Dampf erzeugt. Turbinen produzieren daraus Strom, und Fernheizungsnetze nutzen die Wärme direkt. Es entsteht Schlacke, die für den Straßenbau verwendet werden kann.

Nachteile: Die bei der Verbrennung übrig bleibenden hochgiftigen Reststoffe müssen entsorgt werden. Außerdem entstehen giftige Rauchgase, die besondere Filteranlagen benötigen. Ferner müssen die Anlagen ständig mit Müll versorgt werden, sodass viel Müll von weit her transportiert werden muss. Dieser „Mülltourismus" verhindert nicht nur eine ökologisch sinnvolle Müllvermeidung, sondern führt zu einer zunehmenden Verkehrs- und Luftbelastung durch die Müllfahrzeuge.

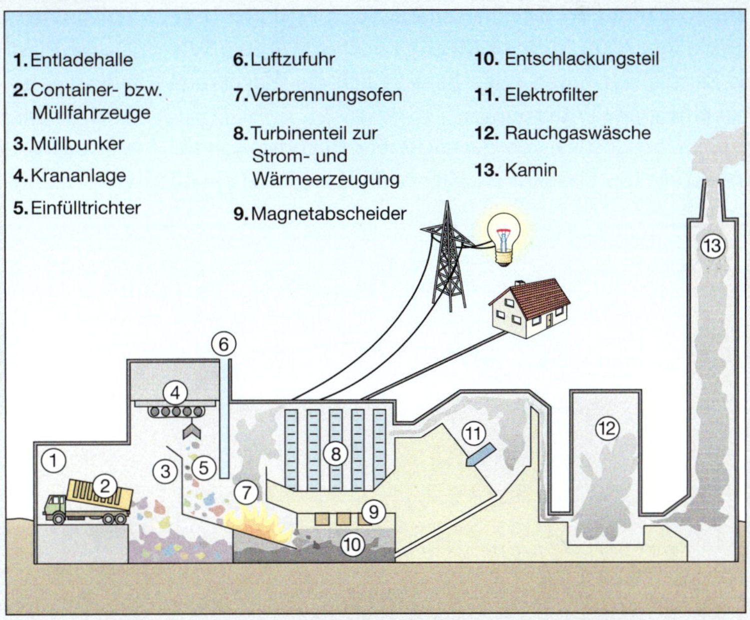

187.3 *Schema einer Müllverbrennungsanlagen*

Die lange Reise des Plastikmülls

Im Jahr 1992 verliert ein Frachter aus China auf seiner Reise in die USA einen Teil seiner Fracht. Fast 30 000 gelbe Entchen, grüne Frösche und rote Biber gehen über Bord. Anstatt in irgendeiner Badewanne schwimmen zu dürfen, sind zahlreiche von ihnen immer noch auf der Reise und kämpfen weiter gegen Salzwasser, Wellen oder die Hitze am Äquator. Einige von ihnen konnten sich retten und wurden an zahlreichen Strände gespült.
Für Wissenschaftler stellt das Unglück der Plastikenten eine hervorragende Gelegenheit dar, Informationen über die weltweiten Meeresströmungen zu gewinnen. Gleichzeitig können sie beobachten, wie lange sich Plastikmüll im Salzwasser hält, bevor er verrottet.

(nach: Spiegel Online vom 30. Juni 2007)

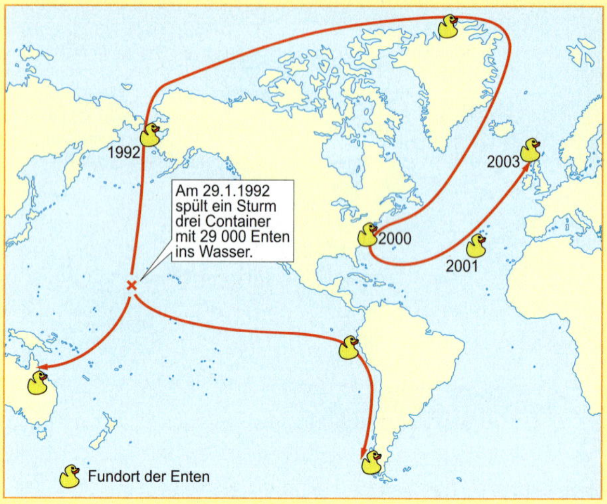

188.1 *Die lange Reise der kleinen Entchen*

Der Müllstrudel

Plastik ist leicht, selbst im Meer laut Experten hundert Jahre haltbar und vor allem billig. 40 % der weltweiten Plastikproduktion wird als Verpackungsmaterial genutzt, weitere 40 % werden zu Einwegartikeln verarbeitet. Früher oder später findet ein Teil davon seinen Weg in die Umwelt und somit auch ins Meer. 80 % des Mülls im Meer ist Plastik, das vom Festland stammt. Die Meeresschutzorganisation Oceana schätzt, dass weltweit jede Stunde fast 700 t Müll ins Meer geworfen werden. Wie das Beispiel der Enten zeigt, bewegt sich der Plastikmüll über eine große Entfernung.
2000 km nordöstlich von Hawaii ist jedoch Endstation für große Teile des Plastikmülls. Hier befindet sich der große pazifische Müllstrudel. Wegen des Zusammenspiels verschiedener Meeresströmungen hat sich hier ein Plastikteppich gebildet, der sich langsam im Uhrzeigersinn dreht. Er besteht aus etwa 3 Mio. t. Plastik und ist mittlerweile fast so groß wie Mitteleuropa. Dieser Plastikmüll, wie auch der von weiteren Müllstrudeln, wird von zahlreichen Tieren gefressen. Diese verenden oft qualvoll an den unverdaulichen Plastikteilen.
Da die Plastikteile mit der Zeit immer kleiner und kleiner werden, ist nicht auszuschließen, dass sie irgendwann auch in der menschlichen Nahrungskette auftauchen. Verantwortlich für die Plastikwirbel scheint niemand zu sein, befinden sie sich doch in internationalen Gewässern.

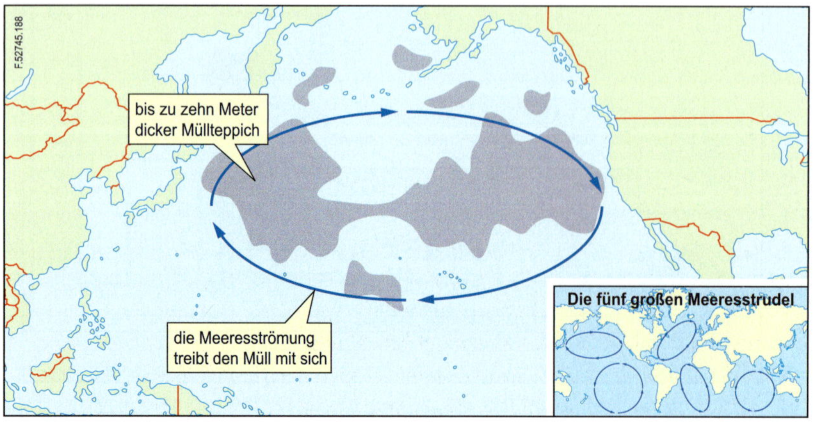

188.2 *Müllstrudel im Pazifik*

AUFGABEN >>

1 *Nenne die Stationen der Plastikentchen (Ozeane, Staaten).*

2 *Beschreibe die Lage der Müllwirbel. Verwende die Namen der Kontinente und Ozeane.*

3 *„Plastik im Meer – kein Problem für den Menschen!" Stimmst du der Aussage zu? Begründe deine Meinung.*

Neue Produkte aus Müll

189.1 *Von der benutzten Flasche zum neuen Produkt*

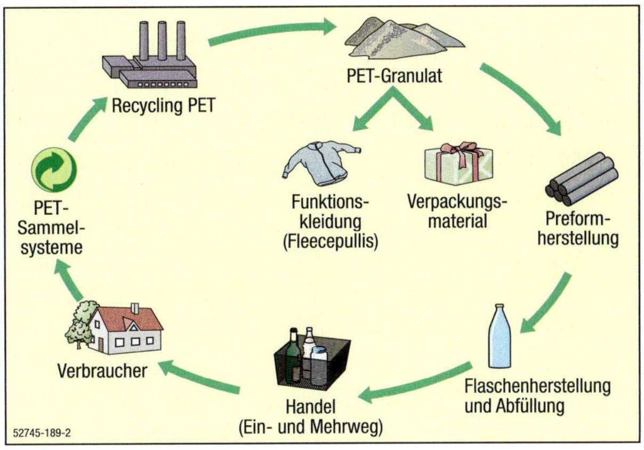

189.2 *Kreislauf der PET-Flasche*

PET – der Star unter den Flaschen

Leicht und nicht zerbrechlich. Das sind die beiden Hauptargumente für den Kauf von PET-Flaschen . Fast 800 Mio. Flaschen sind jährlich in Deutschland im Umlauf. Seit einigen Jahren müssen die Verkäufer gebrauchte PET-Flaschen zurücknehmen. Bringt der Käufer die Pfandflasche zurück, erhält er den vorher bezahlten Pfandbetrag. Bei den Pfandflaschen gibt es jedoch Unterschiede: Die Einwegflaschen sind meistens nur wenig stabil und werden gleich im Supermarkt zusammengepresst. Mehrwegflaschen werden zum Hersteller zurückgebracht und gereinigt. Sie werden bis zu 15-mal wiederverwendet.

Auf der Reise nach China

Vor allem die schon gepressten PET-Flaschen werden in großen Mengen nach China verkauft. Chinesische Frachter haben auf ihrer Rückreise oft Platz und der Transport ist somit sehr billig. Daher lohnt sich für chinesische Händler der Kauf der Flaschen. In China entstehen aus den geschmolzenen Flaschen synthetische Fäden, die beispielsweise zu Fleece-Pullovern oder Rucksäcken weiterarbeitet werden. Für einen Fleece-Pullover werden 35, für einen Rucksack 22 und für einen Teddybären 6 PET-Flaschen benötigt. Die recycelten Flaschen treten in neuer Form oft wieder die Reise nach Deutschland an, wo sie für ein Vielfaches ihres alten Werts verkauft werden.

Warum PET-Recycling wichtig ist

Für die Produktion von PET-Flaschen wird, wie auch bei der Herstellung anderer Gegenstände aus Plastik, Erdöl verbraucht. Fast zwei Kilogramm des nicht unendlich zur Verfügung stehenden Rohstoffs Erdöl benötigt man für die Herstellung von einem Kilogramm PET.
Kommen die PET-Flaschen in den normalen Müll, landen sie letztendlich in einer Müllverbrennungsanlage. Beim PET-Recycling hingegen gelangen sie in einen Kreislauf, bei dem wertvolle Rohstoffe eingespart werden.

Eine günstige Alternative?

140 Liter Mineralwasser trinkt jeder Deutsche durchschnittlich pro Jahr. Davon werden mittlerweile nur noch ein Drittel in Glasflaschen verkauft. Dies könnte sich jedoch wieder ändern. Es ist noch nicht endgültig nachgewiesen, ob PET-Flaschen schädliche Stoffe abgeben oder nicht. Eine Alternative stellt Wasser aus der Leitung dar, ist es doch bei uns in Deutschland eines der am gründlichsten kontrollierten Lebensmittel und zudem unschlagbar billig.

AUFGABEN >>

1 *Beschreibe den PET-Kreislauf.*
2 *Der Transport spielt beim PET-Recycling eine entscheidende Rolle. Erkläre die Aussage.*
3 *Warum ist PET-Recycling so wichtig?*
4 *Diskutiert über die Frage, ob ein Fleece-Pullover umweltfreundlich ist oder nicht.*
5 *Welche Argumente sprechen für PET-Einwegflaschen, PET-Mehrwegflaschen, Mehrwegflaschen aus Glas, Leitungswasser?*

Die Müllkinder von Manila

190.1 *Müllkinder: mit dem Eisenhaken im Müll stochern, immer auf der Suche nach Verwertbarem*

Lailani lebt als eines von 10 000 Müllkindern in Manila, der Hauptstadt der Philippinen. Lailani erzählt: „Im Minutentakt bringen Lkws den Müll von 15 Millionen Menschen hierher. Mit bloßen Händen durchwühlen wir den Müll auf der Suche nach Plastik, Blech, Papier, Kronkorken und leeren Flaschen. Von morgens bis abends sammeln wir alles, was wir zum Recycling an Händler weiterverkaufen können. Sie bezahlen den Müll kiloweise, sodass wir für zwei Tage Arbeit etwa einen Euro bekommen. Für uns und unsere Familien ist dieses Geld die einzige Chance zu überleben. Oft schneide ich mich an Glasscherben und altem Blech. Die Wunden infizieren sich und heilen nur schlecht. Ich kann nur hoffen, dass ich keine Blutvergiftung bekomme. Mein Vater wurde durch die giftigen Dämpfe und Gase, die bei der Müllverbrennung entstehen, schwer krank. Er liegt in unserer Hütte, die wir am Rande des Müllbergs aus Blech und Pappe zusammengebaut haben. Fließendes Wasser und Strom haben wir hier nicht. Unser Essen besteht zu einem Großteil aus im Müll gefundenen Resten. Besondere Angst habe ich vor der Regenzeit: Hunderte starben bereits, wenn einer der bis zu 40 m hohen Müllberge so durchnässt wurde, dass er in sich zusammenstürzte. Hoffentlich wird uns das nie passieren! Wenn ich mir etwas wünschen könnte, würde ich gerne zur Schule gehen, aber das können wir uns wohl nie leisten."

Auch Kinder haben Rechte

Die Kinderrechtskonvention der Vereinigten Nationen legt weltweite Standards zum Schutz von Kindern fest. Obwohl das Übereinkommen seit 1990 von fast allen Staaten der Welt unterschrieben wurde, werden die zehn Grundrechte in vielen Ländern nicht umgesetzt.

Ein Auszug aus der Konvention:

- Recht auf Bildung und Ausbildung
- Recht auf Freizeit, Spiel und Erholung
- Recht auf Privatsphäre und eine gewaltfreie Erziehung
- Recht auf Gesundheit
- ...

AUFGABEN >>

1 *Nenne die Probleme der Müllkinder von Manila.*

2 *Beschreibe die Lage der Philippinen.*

3 *Müllkinder gibt es nicht nur auf den Philippinen, sondern weltweit. Informiere dich im Internet.*

4 *Grundrechte für Kinder:*
   a) Ergänze die Grundrechte der Kinderrechtskonvention.
   b) Welche hältst du für die wichtigsten Grundrechte?
   c) Welche Grundrechte werden den Müllkindern verweigert?

Problem Atommüll

Das Atommülllager in Gorleben

Gorleben – Das Atomzwischenlager in Gorleben wurde 1983 fertiggestellt. Die Genehmigung des Lagers ist bis zum 31. Dezember 2034 befristet.
Das Zwischenlager ist eine 182 Meter lange, 38 Meter breite und 20 Meter hohe Halle. Sie wurde aus Stahlbeton mit einem Betonplattendach errichtet. Die Außenwände sind mit Aluminiumblechen verkleidet.
Langwierige Prozesse führten dazu, dass der erste Behälter mit Atommüll erst 1995 in das Zwischenlager gebracht wurde. Atomkraftgegner bezweifeln jedoch die Sicherheit des Lagers. So biete die Halle zum Beispiel keinen Schutz bei Flugzeugabstürzen. Die Betreiber selbst weisen sogar darauf hin, dass die Halle keine besondere Sicherheitsfunktion habe, sondern nur ein Wetterschutz sei. Der Schutz des strahlenden Atommülls werde lediglich durch die Atommüllbehälter gewährleistet.

191.1 *Proteste gegen Atomkraft*

Die Nutzung der Atomkraft ist in Deutschland und in anderen Ländern der Welt heftig umstritten. Die Gegner weisen darauf hin, dass ihrer Ansicht nach die Sicherheit der Atomreaktoren keineswegs gewährleistet sei und die ungeklärte Lagerung der radioaktiven Abfälle nach wie vor ein großes Problem darstellt. Befürworter der Kernenergie sehen hingegen einen positiven Beitrag für die Energiesicherung in Deutschland, da beim Betrieb der Atomreaktoren kein klimaschädigendes CO_2 wie in anderen Wärmekraftwerken (z. B. Kohlekraftwerke) entsteht. Aufgrund dieser ungeklärten Probleme werden in Deutschland auch keine neuen Atomkraftwerke mehr gebaut.
Beim Betrieb von Atomreaktoren entsteht radioaktiver Abfall. Dieser Atommüll entsteht ebenfalls in der Medizin und in der Industrie, wo mit radioaktiven Substanzen gearbeitet wird. Dazu gehört auch Material, das mit radioaktiven Stoffen in Kontakt gekommen ist und damit radioaktive Strahlung aussendet. Radioaktive Strahlung ist für den Menschen gefährlich, da sie zu Krebs und anderen Krankheiten führen kann. Radioaktive Stoffe strahlen sehr lange, manche viele Tausend oder sogar Millionen Jahre. Diese Strahlung kann durch keine technische Möglichkeit gestoppt werden. Auch die Strahlungszeit ist nicht verkürzbar.
Deshalb ist es wichtig, dass Atommüll sicher und für sehr lange Zeit aufbewahrt wird, damit die Strahlung nicht in die Umwelt gelangen kann.
In Deutschland ist die Lagerung von Atommüll sehr umstritten, weil man keine Möglichkeit sieht, den radioaktiven Abfall dauerhaft von der Umwelt fernzuhalten. Oberirdisch lagert er in sogenannten „Zwischenlagern“. Die Endlagerung der Abfälle ist tiefen geologischen Gesteinsschichten vorgesehen, z. B. in Salzstöcken im Gebirge, die geologisch stabil und frei von Wasservorkommen sind.

AUFGABEN >>

1 *Erkläre den Begriff Atommüll.*
2 *Warum muss Atommüll für lange Zeit sicher aufbewahrt werden?*
3 *Warum kann man Atommüll nicht wie anderen Müll wiederverwerten?*
4 *Bildet zwei Gruppen und formuliert Argumente für und gegen Atomkraft. Tauscht eure Argumente aus und diskutiert darüber.*

Asteroiden (S. 14)
Asteroiden sind felsige und metallische Objekte, die in großer Zahl auf verschiedenen Umlaufbahnen die Sonne umkreisen (hauptsächlich zwischen Mars und Jupiter).

Atmosphäre (S. 14, 54)
Die Atmosphäre ist die Lufthülle der Erde; sie besteht aus Gasen und hat mehrere Schichten. In der untersten Schicht der Atmosphäre, der Troposphäre (0–10 km, max. 16 km Höhe), spielen sich die Wettervorgänge ab.

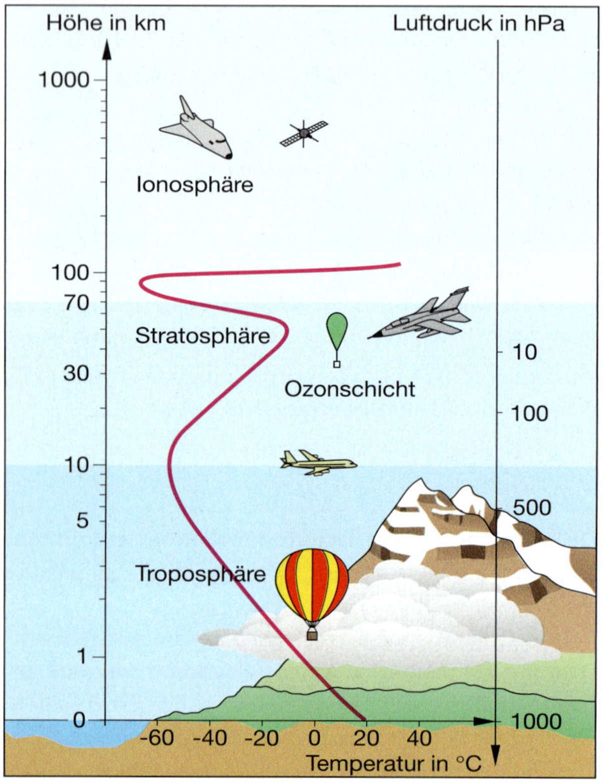

192.1 *Aufbau der Atmosphäre*

Bewässerungsfeldbau (S. 140)
Form der landwirtschaftlichen Nutzung, bei der fehlende Niederschläge in der Wachstumsphase durch künstliche Wasserzufuhr ausgeglichen werden. Bei zu starker Bewässerung kann es zur → Bodenversalzung kommen.

Blizzard (S. 133)
Starker Schneesturm in Nordamerika infolge eines kräftigen Kaltlufteinbruchs aus Norden bis Nordwesten, der mit hohen Windgeschwindigkeiten (oft über 100 km/h) und extremer Kälte (bis −55 °C) einhergeht.

Bodenversalzung (S. 146)
Im Boden aufsteigendes Grundwasser führt gelöste Salze mit nach oben. Nach der Verdunstung des Wassers bleibt das Salz auf der Bodenoberfläche zurück und bildet eine Salzkruste.

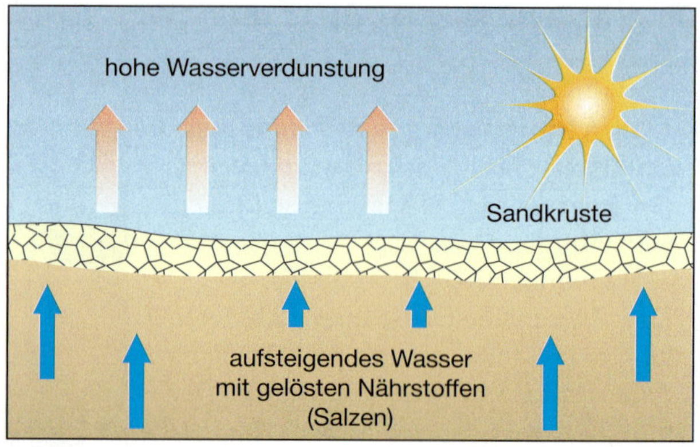

192.2 *Bodenversalzung*

Dauerfrostboden (S. 100)
Boden, der bis in große Tiefen gefroren ist und in den Sommermonaten nur an der Oberfläche auftaut. Die unteren, noch gefrorenen Schichten stauen die Feuchtigkeit, sodass der aufgetaute Boden stark durchnässt ist. Dauerfrostboden ist ein Kennzeichen der → Tundra.

Eiszeit (S. 48)
Eiszeiten sind Zeitabschnitte, in denen auf der Erde viel kühlere Temperaturen herrschten als heute. Während einer Eiszeit bedeckten mächtige Eismassen große Teile der Erde. Die letzte Eiszeit endete vor ca. 10 000 Jahren.

Epizentrum (S. 34)
Der Ort an der Erdoberfläche, der sich direkt über dem Erdbebenherd (Hypozentrum) im Untergrund befindet. Dort werden die stärksten Erschütterungen verzeichnet.

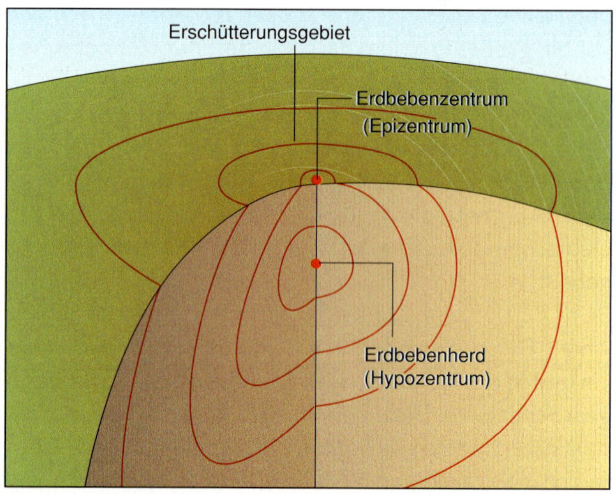

192.3 *Epizentrum und Hypozentrum bei einem Erdbeben*

Erdaufbau (S. 40)
Die Erde besteht aus der Erdkruste, dem zähflüssigen Erdmantel und dem Erdkern. Der äußere Erdkern ist ist flüssig, der innere ist fest.

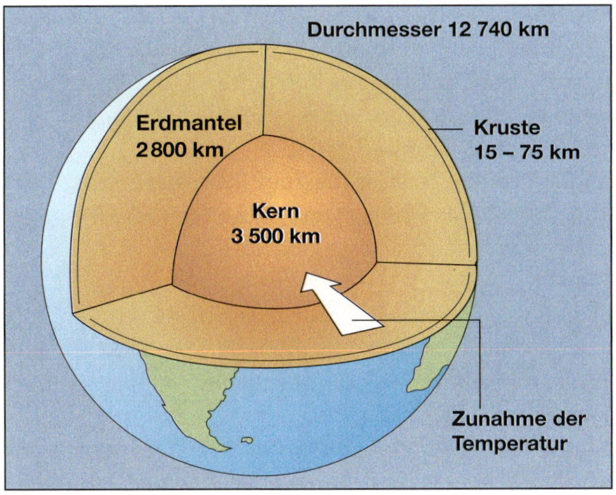

193.1 *Aufbau der Erde*

Erdbeben (S. 32)
Durch Bewegung von Erdplatten, Vulkanismus oder Einsturz von Hohlräumen hervorgerufene Erschütterungen der Erdoberfläche. Die meisten Erdbeben ereignen sich entlang der Plattengrenzen.

Erdrevolution (S. 16)
Die Bewegung der Erde in einem Jahr um die Sonne. In dieser Zeit legt sie 936 Millionen km zurück, sie bewegt sich also mit einer Geschwindigkeit von 107 280 km/h.

Erdrotation (S. 18)
Die Drehung der Erde in etwa 24 Stunden von West nach Ost um die eigene Achse.

Erosion (S. 123)
Abtragung von Boden, Schlamm, Gestein usw. durch die natürlichen Kräfte von Wind, Wasser und Eis. Dieser wichtige natürliche Prozess wird jedoch oft durch menschliche Aktivitäten ausgelöst oder verstärkt.

193.2 *Durch Erosion eingeschnittener Boden*

Fremdlingsfluss (S. 147)
Fluss, der in einer regenreichen Quellgebiet entspringt und dann ein trockenes Gebiet ohne Zuflüsse durchfließt.

Galaxie (S. 12)
Ansammlung von mehreren Milliarden von Sternen und deren Planeten. Die Milchstraße, zu der unser → Sonnensystem gehört, ist eine von mehreren Tausend Galaxien.

Geysir (S. 30)
Eine durch Vulkanismus hervorgerufene, heiße Quelle, die regelmäßig Wasser als Fontänen ausstößt.

glaziale Serie (S. 48)
Begriff für die typische Abfolge der von Eis und Schmelzwasser geschaffenen Landschaftsformen: Grundmoräne, Endmoräne, Sander, Urstromtal.

Gletscher (S. 44, 48)
Eismasse im Hochgebirge bzw. in den Polargebieten. Gletscher bilden sich oberhalb der Schneegrenze, wo mehr Schnee fällt, als im Sommer abtauen kann. Aufgrund des Gefälles fließt der Eisstrom talabwärts und gerät damit unter die Schneegrenze, wo er langsam abschmilzt.

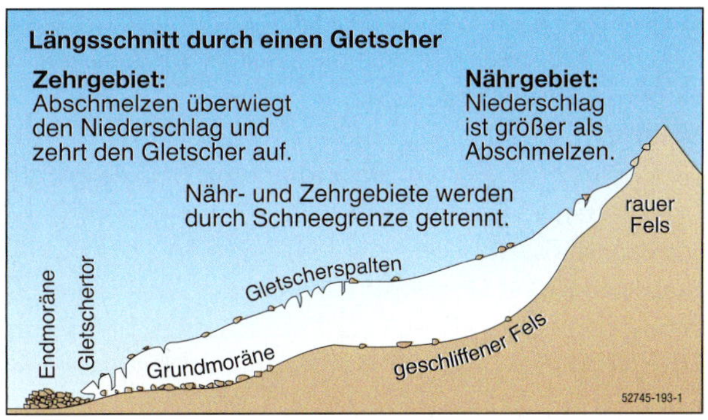

193.3 *Aufbau eines Gletschers im Profil*

Golfstrom (S. 80)
Warme Meeresströmung im Nordatlantik. Durch den Transport warmen Wassers aus dem Golf von Mexiko sorgt er für eine Erwärmung großer Teile West- und Nordeuropas. Die Küstengewässer und Häfen in Teilen Nordeuropas bleiben so selbst in kalten Wintern eisfrei.

Huerta (S. 86)
Bezeichnung für bewässerte, intensiv genutzte landwirtschaftliche Anbauflächen in Spanien. Angebaut werden vor allem Zitrusfrüchte und Gemüse.

Hurrikan (S. 133)
Tropischer Wirbelsturm im Bereich des Karibischen Meeres und des Golfs von Mexiko. Hurrikans entstehen bei einer Wassertemperatur von über 27 °C in der Nähe

des Äquators und ziehen in gebogener Bahn über die Karibik in die südöstlichen Gebiete Nordamerikas.

Kategorie	1	2	3	4	5
Windgeschwindigkeit (km/h)	118-153	154-177	178-209	210-249	> 250

194.1 *Kategorien von Hurrikans*

Komet (S. 14)
Kleiner Himmelskörper, der sich auf einer Bahn um die Sonne bewegt.
kontinentales Klima (S. 84)
Klima, dass durch heiße Sommer und kalte Winter mit starker Ausprägung der Jahreszeiten und nur geringem Niederschlag geprägt ist.
Kontinentalverschiebung (S. 38)
Theorie Alfred Wegeners, der davon ausging, dass die Kontinente früher zusammenhingen und sich erst langsam in ihre heutige Position geschoben haben.
Lava (S. 22)
Geschmolzenes Gestein im Erdinneren. (→ Magma)
Lichtjahr (S. 12)
Das Lichtjahr dient als Maß zur Berechnung von großen Entfernungen im Weltall. Ein Lichtjahr entspricht 9,46 Billionen Kilometern und ist die Strecke, die das Licht in einem Jahr zurücklegt.
Magma (S. 24)
Geschmolzenes Gestein im Erdinnern. Tritt es an die Oberfläche, nennt man es → Lava.
Meteorit (S. 14)
Meteoriten sind Gesteinsbrocken, die – wenn sie groß genug sind – den Weg bis zur Erde schaffen. Sind sie zu klein, verglühen sie in der → Atmosphäre (Sternschnuppen).
Monokultur (S. 89) Auf einer land- oder forstwirtschaftlich genutzten Fläche, z. B. einer → Plantage, wird nur eine bestimmte Art von Nutzpflanzen angebaut.

194.2 *Teeplantage – Pflanzenbau in Monokultur*

Nachhaltigkeit (S. 179)
Grundsatz, die wirtschaftliche Entwicklung so zu beeinflussen, dass nicht mehr an Rohstoffen und Lebensgrundlagen verbraucht wird, wie erneuert werden kann.
ozeanisches Klima (S. 84)
Klima, das durch die Nähe zum Meer beeinflusst wird und durch kühle Sommer und milde Winter sowie ganzjährig hohe Niederschläge gekennzeichnet ist.
Planet (S. 10)
Planeten sind Himmelskörper, die nicht aus eigener Kraft leuchten. Sie bewegen sich auf einer Kreisbahn um eine Sonne und werden von ihr beschienen.
Plantage (S. 88, 160)
Landwirtschaftlicher Großbetrieb zur Erzeugung eines einzigen Produktes (→ Monokultur) für den Weltmarkt.
Richterskala (S. 32)
ermöglicht die einheitliche Bestimmung der Stärke eines → Erdbebens (→ Seismograf). Der angegebene Wert gilt als Maß für die Bodenbewegung im Hypozentrum.

Richter-skala	Folgen	Häufigkeit (pro Jahr)
1,0–1,9	nur durch Instrumente nachweisbar	bis 700 000
2,0–2,9	nur durch Instrumente nachweisbar	bis 300 000
3,0–3,9	manchmal am Bebenherd spürbar	50 000 – 100 000
4,0–4,9	im Umkreis des Bebenzentrums spürbar	6 000 – 10 000
5,0–5,9	leichte Schäden	800 – 1 000
6,0–6,9	mittleres Beben, Todesopfer und große Schäden	100 – 200
7,0–7,9	starkes Beben	10 – 20
8,0–8,9	Großbeben	0 – 1

194.3 *Richterskala*

Sahelzone (S. 150)
Ein etwa 400 km breiter Übergangsraum zwischen der Sahara im Norden und den Savannen im Süden.
Seismograf (S. 32)
Gerät, mit dem man Bodenerschütterungen messen kann, die von Erdbeben verursacht werden. Daraus lassen sich z. B. die Stärke und der Ort des Bebens ablesen

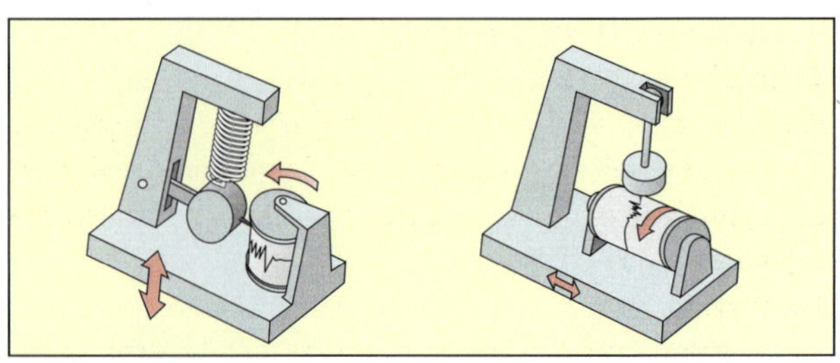

194.4 *Seismograf*

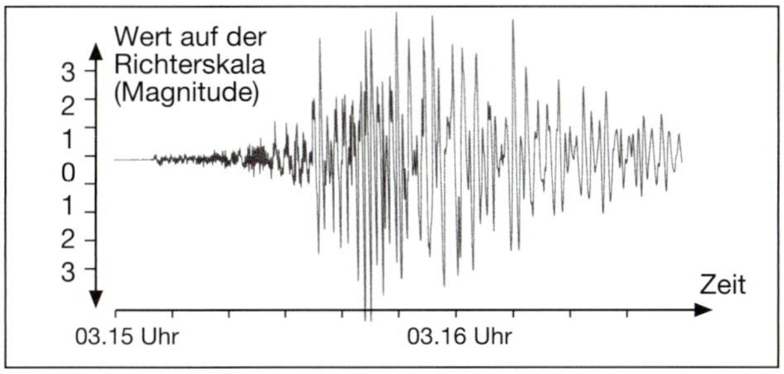

195.1 *Aufzeichnungen eines Seismografen*

Sonnensystem (S. 10)
Bezeichnung für die Gesamtheit aller Himmelskörper, die sich um eine Sonne bewegen.

Steigungsregen (Stauregen) (S. 60)
Er entsteht, wenn Luftmassen an Gebirgen zum Aufsteigen gezwungen werden und abkühlen. Der in der Luft enthaltene Wasserdampf kondensiert zu Wassertröpfchen, das heißt, es bilden sich Wolken und es regnet.

Taiga (S. 78)
In der kalten Zone der Nordhalbkugel natürlich entstandene Vegetationszone, die durch ausgedehnte Nadelwälder, die teilweise auf → Dauerfrostboden stehen, gekennzeichnet ist.

195.2 *In der Taiga*

Tornado (S. 133)
Zerstörerischer Wirbelsturm, der sich auf dem Festland bewegt. Tornados haben einen Durchmesser von wenigen 100 m, eine kurze Lebensdauer und treten vor allem im Mittleren Westen der USA auf.

Tsunami (S. 36)
Meereswoge, die meist durch → Erdbeben am Meeresgrund („Seebeben") ausgelöst wird und in Ufernähe katastrophale Schäden verursachen und ganze Landstriche verwüsten kann.

Tundra (S. 78)
Vegetationszone der kalten Zone, die den Übergang von der Eisregion zur → Taiga bildet.

Übergangsklima (S. 84)
Übergangszone zwischen → ozeanischem und → kontinentalem Klima.

Vulkan (S. 22)
Berg, aus dem → Magma aus dem Erdinneren als → Lava an die Erdoberfläche dringt.

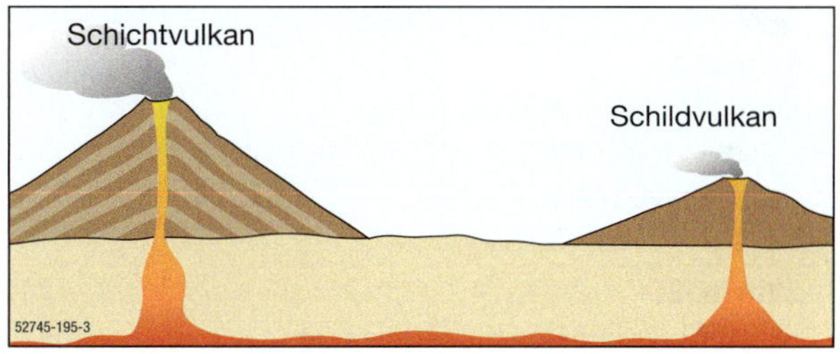

195.3 *Vulkantypen*

Wanderweidewirtschaft (S. 150)
Jahreszeitlicher, durch Witterung bedingter Wechsel der Weideflächen (z. B. bei Nomaden).

Wendekreis (S. 64, 66)
Die beiden Breitenkreise, über denen die Sonne einmal im Jahr senkrecht steht (am 21. Juni über dem nördlichen Wendekreis und am 21. Dez. über dem südlichen Wendekreis). Sie kommt vom Äquator, „wendet" und wandert wieder zum Äquator. Die beiden Wendekreise liegen bei 23,5° nördlicher und südlicher Breite.

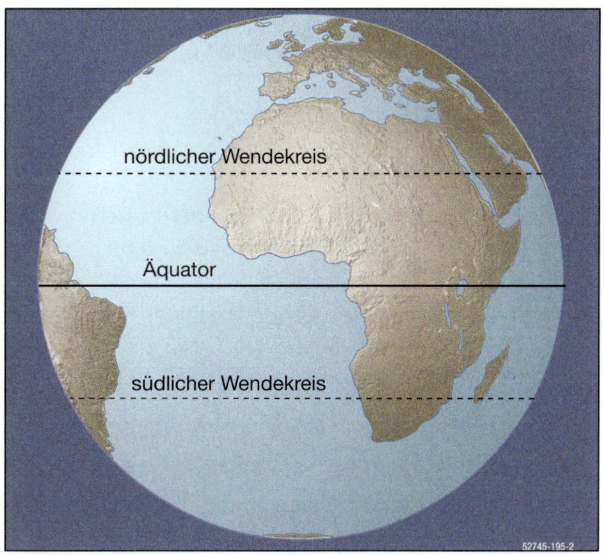

195.4 *Die Wendekreise der Erde*

Wetter (S. 54)
Das Wetter ist der augenblickliche Zustand der → Atmosphäre der Erde in einem bestimmten Gebiet. Zu den beobachtbaren und messbaren Wetterelementen gehören Luftdruck, Wind, Bewölkung, Niederschlag und Temperatur.

Methodenüberblick

Die Bildbeschreibung (Band 1, S. 79)

Schritt 1:
Dem Bild einen Namen geben:
- *Ich nenne das Bild...*
- *Ich gebe dem Bild den Titel...*

Schritt 2:
Das Bild systematisch beschreiben:
- *Ich beschreibe das Bild von links nach rechts / von oben nach unten*

Entscheide für jedes Bild neu, welche Vorgehensweise sinnvoll ist!

Schritt 3:
Warum betrachten wir das Bild im Erdkundeunterricht?
- *Wir schauen uns das Bild im Erdkundeunterricht an, weil ...*
- *Das Bild wirft die Frage auf, ...*

Die Klassenkarte (Band 1, S. 26)

Arbeitsschritte:
1. Plakat an die Wand hängen oder an der Tafel befestigen
2. Folie mit Klebestreifen auf OHP befestigen
3. OHP gerade vor das Plakat stellen und nicht mehr verschieben
4. Mit dicken Filzstiften Umrisslinien der Karte auf eurem Plakat nachziehen
5. Inhalt in die Karte einfügen

Die Kartenskizze (Band 1, S. 14)

Schritt 1:
Umriss des Gebiets vereinfacht zeichnen

Schritt 2:
Gebirge und Flüsse begradigt eintragen (Gebirge in „Wolkenform")

Schritt 3:
Wichtige Städte einzeichnen

Schritt 4:
Legende erstellen und der Kartenskizze einen Namen geben

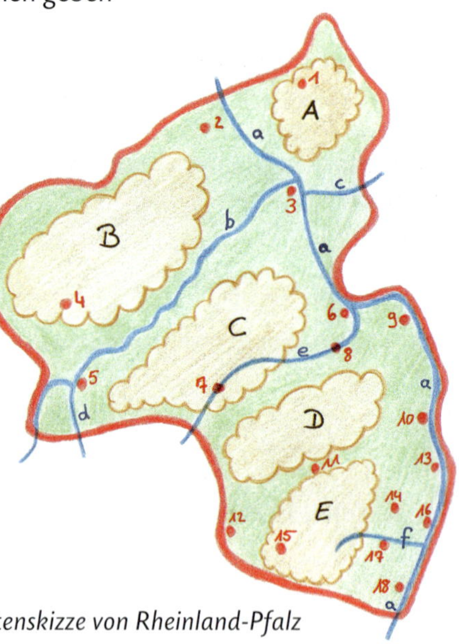

Kartenskizze von Rheinland-Pfalz

Textauswertung – die Fünf-Schritt-Lesemethode

Arbeitsschritte:
1. Überfliegen und Thema erfassen
2. (W-) Fragen stellen
3. Schlüsselwörter unterstreichen
4. Zwischenüberschriften formulieren
5. Inhalt in eigenen Worten wiedergeben

Die Mindmap (Band 1, S. 198)

Schritt 1:
Schreibe in die Mitte eines leeren Papiers (Querformat!) das Thema der Mindmap. Verwende immer Großbuchstaben.

Schritt 2:
Finde zum Thema der Mindmap passende Unterpunkte.

Schritt 3:
Zu den Unterpunkten notierst du weitere Informationen. Verwende kleine Bilder und arbeite mit Farben.

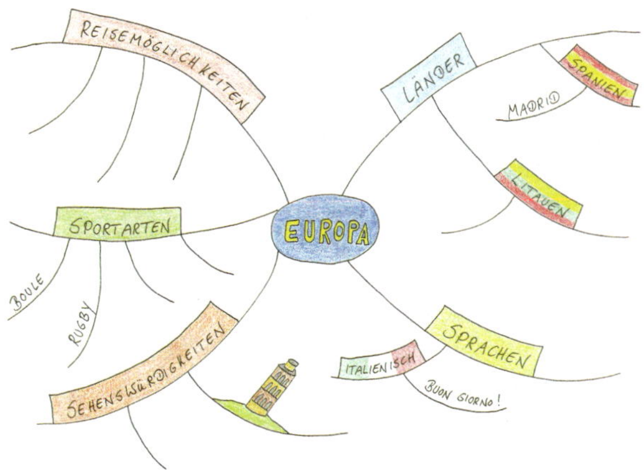

Mindmap zu „Europa"

Klimadiagramm auswerten

Arbeitsschritte:
1. Aufgrund der Jahresdurchschnittstemperatur das Klimadiagramm einer Klimazone zuordnen (Höhe! Jahresniederschlag!)
2. Temperaturkurve beschreiben
3. Niederschlagssäulen beschreiben
4. Auswirkungen auf den Menschen beschreiben

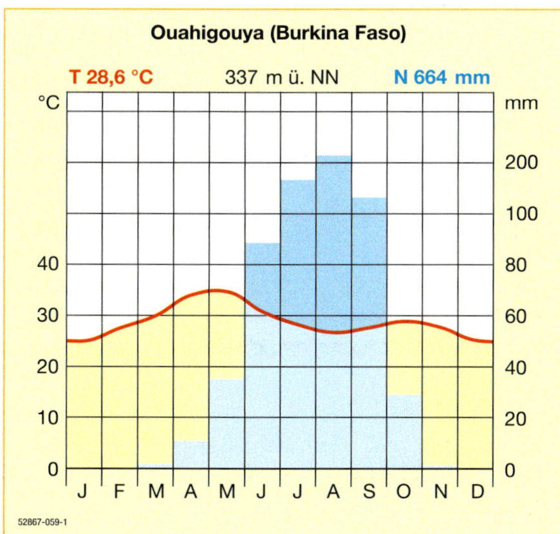

Klimadiagramm

Karikatur

Arbeitsschritte:
1. Einen Titel für die Karikatur finden
2. Die Karikatur beschreiben:
   - Was ist übertrieben dargestellt?
   - Sind bekannte Personen zu sehen?
3. Was kritisiert der Zeichner?
4. Welche Frage wirft die Karikatur auf?

Die Lagebeschreibung (Band 1, S. 22)

Mündliche Lagebeschreibung

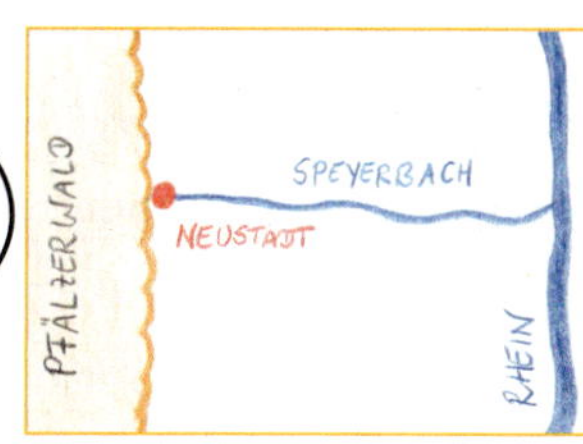

Skizze als Lagebeschreibung

Die Lagebeschreibung besteht aus vier bis fünf Lagebeziehungen.
- verwende dabei die Himmelsrichtungen.
- wähle möglichst bekannte Orte, Flüsse, Gebirge, Länder usw.

Erdkunde-Grundwissen für die Bewerbung

Viele von euch suchen sicher bereits einen Ausbildungsplatz. Manche sind vielleicht auch schon zu einem Eignungstest oder einem Bewerbungsgespräch eingeladen worden. Natürlich kann niemand vorher genau sagen, was dort abgefragt wird. Aber wenn ihr die Fragen auf diesen beiden Seiten richtig beantworten könnt, seid ihr für den Wissensbereich Erdkunde ganz gut gerüstet.

198.1 *Beim Eignungstest*

198.2 *Beim Bewerbungsgespräch*

Rheinland-Pfalz

1. Wie heißt die größte Stadt unseres Bundeslandes? Sie ist gleichzeitig die Hauptstadt
2. Eine weitere bedeutende Stadt in Rheinland-Pfalz ist Ludwigshafen. Begründe.
3. Kennst du noch weitere wichtige Städte in Rheinland-Pfalz?
4. Zähle drei wichtige Gebirge unseres Bundeslandes auf.
5. Welcher Fluss mündet bei Koblenz in den Rhein?
6. Wie heißt der höchste Berg von Rheinland-Pfalz? Wie hoch ist er?
7. Zähle die an Rheinland-Pfalz angrenzenden Bundesländer bzw. Staaten auf.
8. Wo gibt es in Rheinland-Pfalz Überreste von Vulkanismus?
9. Kennst du die ungefähre Einwohnerzahl von Rheinland-Pfalz?

Deutschland

1. Wie heißt die Hauptstadt der Bundesrepublik Deutschland?
2. Welche deutschen Städte haben mehr als eine Million Einwohner?
3. Wie viele Einwohnerzahl hat Deutschland?
4. Kennst du die deutschen Bundesländer mit ihren Hauptstädten?
5. Wie heißt Deutschlands größtes Bundesland?
6. Welches Bundesland hat die meisten Einwohner?
7. Wie heißt Deutschlands höchster Berg? In welchem Gebirge liegt er?
8. Wie heißt Deutschlands größte Insel? Beschreibe ihre Lage.
9. Welcher in Deutschland entspringende Fluss mündet ins Schwarze Meer?
10. Wie heißt das Gebirge an der Grenze zur Tschechischen Republik?
11. Zähle die Nachbarstaaten Deutschlands auf.

Europa

1. Wo hat der Papst seinen Amtssitz?
2. Wie heißt die politisch zu Europa gehörende Inselgruppe vor der afrikanischen Westküste?
3. Nenne drei europäische Binnenländer.
4. Zähle möglichst viele Staaten auf, die zur EU gehören.
5. Wie heißt der berühmteste aktive Vulkan Europas?
6. Welches Gebirge trennt Europa von Asien?
7. Zu welchen Staaten gehören die Alpen?
8. Unter welcher Bezeichnung werden Dänemark, Finnland, Schweden und Norwegen zusammengefasst?
9. Welche Bedeutung haben viele Mittelmeerstaaten für uns? Erkläre.
10. Zu welchem europäischen Staat gehört die Insel Grönland?

Allgemein und weltweit

1. Welcher Kanal verbindet Atlantik und Pazifik?
2. Welches ist das größte Land der Erde?
3. Wie nennt man die riesigen landwirtschaftlichen Großbetriebe, auf denen meist nur eine Pflanze, z. B. Bananen, angebaut werden?
4. Zähle die drei längsten Flüsse der Erde auf. Wo fließen sie?
5. Zähle die Kontinente nach ihrer Größe geordnet auf.
6. Nur ein Kontinent wird von allen Längengraden durchzogen. Welcher?
7. Welche Bedeutung hat der Regenwald für uns?
8. „Die Wüste wächst". Erkläre diesen Satz am Beispiel der Sahelzone.
9. Die USA und Australien wurden beide von europäischen Einwanderern besiedelt. Vergleiche.
10. Nenne mindestens zwei bedeutende landwirtschaftliche Anbaugebiete der USA.
11. Wie heißt der Rohstoff, den man häufig in der Nähe von Erdöllagerstätten findet?
12. Chile erstreckt sich über 4300 km von Norden nach Süden, aber die Jahreszeit Herbst beginnt in allen Landesteilen zur gleichen Zeit. Wann?
13. In welche Richtung dreht sich die Erde?
14. Die Erde führt zwei Drehungen aus. Welche? Nenne die Auswirkungen.
15. Welche gedachte Linie teilt die Erde in eine Nord- und eine Südhalbkugel?
16. Welche Planeten gehören zu unserem Sonnensystem?
17. Was verstehst du unter einem „Tsunami"?
18. Nenne mögliche Folgen des Klimawandels auf der Erde.
19. Welche Klimazonen gibt es auf der Erde? Nenne sie von Norden nach Süden.
20. Was versteht man unter dem Begriff „Nachhaltigkeit"?

action press, Hamburg: 48.1 (Auge); akg-images, Berlin: 13.2, 32.1; alamy images, Oxfordshire: 6 o. und 99 o. (David Sanger Photography), 54.1 (Paula Solloway), 88.1 (Luca Tettoni/Robert Harding Picture Library Ltd); Anders, Uwe, Cremlingen/Destedt: 185.3, 185.4, 185.5; Arco Images, Lünen: 88.3 (R. Philips); argus Fotoarchiv, Hamburg: 191.1 (Mike Schroeder); Associated Press, Frankfurt/M.: 128.3 (Mario Jose Sanchez); Astrofoto, Sörth: 12.1, 13.3 (NASA), 14.1 (Keller/Schmidbauer), 18.1, 72 (Bernd Koch/Sven Kohle); ATC/Expert PR: 19 u., 112.4, 117.2; Bauerdick, Rolf, Dülmen-Hiddingsel: 190.1, 190 m.li.; Bilderberg, Hamburg: 101.2, 117.1; Böning, Oerlinghausen: 194.1; Braun, Thomas, Offenbach/Queich: 125.1; Bricks, Erfurt: 76 m., 113.1; Brunée Werbeagentur, Bremen: 49.2; Busching, Maxdorf: 112.1; Bütow, Heike, Waren: 123.3, 195.2; Bütow, M., Kemnitz: 45.1; Carl Roth GmbH & Co. KG, Karlsruhe: 184.1; CCC/www.c5.net, Pfaffenhofen: 167.1 (Mester), 167.2 (Haitzinger), 167.3 (Gerhard Mester), 179.1 (Horst Haitzinger); Christoph & Friends/Das Fotoarchiv, Essen: 132.1 (Xinhua), 151.1, 153 m.li., 160.2 (W. Hodge), 176 o. (Lineair/VoermansVanBree); CLAAS KGaA mbh, Harsewinkel: 97 o. B; Colorphoto Hinz, Allschwil/Basel: 170.1; Corbis, Düsseldorf: 13.1, 22.1 (Alfio Scigliano/Sygma), 23.4 (Alessandro Saffo), 37.1 (Slivar/Reuters), 127.2 (Jonathan Blair), 133.1 (Reuters), 134.1 (Danny Lehman), 148.3 (Andrew Holbrooke); Das Luftbild-Archiv, Wennigsen: 178.1 o.; Degener, Birkenfeld: 18.2; Deutscher Wetterdienst DWD, Offenbach: 55.3; die bildstelle, Hamburg: 96 o.li. (Lehtikuva Oy); Dietz, Joachim, Bad Bergzabern: 33.3, 94.1, 94.2, 94 m.li., 95.1, 95.2, 95.3, 95.4, 109.2, 128.1, 156.2, 171.2, 171.3; DLR Deutsches Zentrum für Luft- und Raumfahrt, Weßling, OT Oberpfaffenhofen: 199 m.; Dubai-Tourismus, Frankfurt/M.: 149.2; Eckert, Kirschzarten: 93.1 A, 93.1 D; Egmont Franz Schneider Verlag, München: 120.2, 121.10; Englert, Freiburg: 175 o.; Fabian, Michael J., Hannover: 180 u.m.; Focus, Hamburg: 50.3 (Tipsimages/Guido Alberto Rossi), 101.1 (J. Polleross), 153.1, 161.3; Forster, Hofheim: 153.2; fotolia.com , New York: 58.1 o.re. (Lichtbildnerin), 58.1 u.li. (devilynn), 58.1 u.re. (Demydenko Mykhallo), 54 o.li. (Andreas Blakkolb); Fotostudio Druwe & Polastri, Cremlingen/Weddel: 198.1; Gehrke, Malberg: 59.2 o.re., 59.2 u.re., 74 m.; Generallandesarchiv, Karlsruhe: 171.4; Gensetter, Lisa, Davos: 44.1; Gerster, Georg, Zumikon: 123.1, 152.1; Gesellschaft für bedrohte Völker, Göttingen: 96 o.re.; Gesellschaft für ökologische Forschung e.V., München: 46.1 (Sammlung), 46.2 (Sylvia Hamberger); Getty Images, München: 24.1 (Philippe Bourseiller/The Image Bank), 36.1 (Stringer/AFP), 36.2 (Stringer/AFP), 86.2 C (James L. Stanfield/Kontributor/National Geographic), 126.1 (Michael Rougier/Time Life Pictures), 133.3 (Jupiterimages/BCI), 148.1 (Popperfoto), 148.2 (Charles Crowell/Blomberg), 160.4 (Daniel Beltra); Grambs, Bielefeld: 100 m.li.; Greenpeace Deutschland e.V., Hamburg: 138 o. (Cesar), 156.1 (Daniel Beltra); Griese, Dietmar, Laatzen: 85.2 Illus li.; HAZ-Redaktion, Hannover: 55.1 (Datengrundlage DWD); Hebel, Freiburg: 7 m. und 177 u., 75 o.li.; Helga Lade Fotoagenturen, Frankfurt/M.: 21 (Fritz Breig); Herzig, Reinhard, Wiesenburg: 44.2; Hey, Hannover: 181.1; Hockenjos, Villingen-Schwenningen: 173.1; Härle, Wangen: 79.1 A, 79.1 B, 86.1, 90 re.u., 174 m.re.; Huber, Bildagentur, Garmisch-Partenkirchen: 16 o. (R. Schmid), 40 u.m., 92.1 (R. Schmid), 144.1; i.m.a., Bonn: 82 o.re.; IPNstock, New York: Titelbild (Robert Houser); Jahn, Breidenbach: 45.2; Joker, Bonn: 129.1 (Gloger); Jung, Dieter, Hannover: 98 u., 114.4; Junge, Bernd, Wolfenbüttel: 57.3, 112.2, 114.5, 114.6, 186.5; Jünger, Offenbach: 30.2; Jürgens Ost + Europa Photo, Berlin: 98 o., 102.1, 104.1; Kahlert, Georg, Bliesransbach: 82 o.li.; Keystone Pressedienst, Hamburg: 85.1; Klohn, Werner, Vechta: 122.3, 123.2, 124.2, 130 li.u., 146.1; Kluge, Chemnitz: 83 u.li., 83 u.re.; Köcher, Ulrike, Hannover: 180 u.li.; Konopka: 152 m.re.; Kopetzky, Abtsteinach: 74 u. und 76 o.; laif, Köln: 78.1 (Arcticphoto), 86.2 A, 106.1 (Welters), 108.2 (Imke Lass), 158.1 (Gernot Huber); Landesamt für Geoinformation und Landentwicklung Baden-Württemberg, Stuttgart: 170.2 (Topographischer Atlas über das Großherzogtum Baden, 1:50.000, Ausschnitt aus Blatt 11); Landesmedienzentrum Baden-Württemberg, Stuttgart: 171.1 (Brugger); Landesmedienzentrum Rheinland-Pfalz, Koblenz: 27.1 (Gustav Rittstieg); Landkreis Lüchow-Dannenberg, Lüchow: 48.2; LOTOS-FILM Gudrun Thiem, Kaufbeuren: 147.2; Mager, F.-G., Gengenbach: 76 u., 90 re.m.; Margarete Steiff GmbH, Giengen/Brenz: 189.1 re.; mauritius images, Mittenwald: 5 u. und 73.3 und 150.1 (Richard Mayer), 29.1 (Uwe Umstätter), 40 u.re. (John Warburton-Lee), 71 u.re. (Central Color), 81.1, 88.2 (Globe Team), 96 u. B (Central Color), 119.1 (Haag + Kropp), 126.2, 127.1 (Alamy), 131 re.o. (Rolf Hicker), 133.2 (Mike Berger/Jim Reed Photography/Photo Researchers), 160.1 (Torino), 165.3 (imagebroker), 176 u. (Ronald Wittek); mediacolor's Bildagentur, Zürich: 97 o. A (laenderpress); Mühlberger, Ermerkingen: 56.2, 130 li. o., 141 li.o., 141 li.u., 142.4; Mühr, Bernhard, Der Karlsruher Wolkenatlas/www.wolkenatlas.de, Karlsruhe: 59.2 u.li.; NASA, Houston/Texas: 4 o. und 8/9, 5 o. und 52/53, 107.1, 107.2, 109.1, 118.2, 132.2; NASA/GSFC, Houston/Texas: 41 u.re.; NOAA, Washington: 122.1; Ochsenwadel, Möckmühl: 33.4, 125.2; OKAPIA-Bildarchiv, Frankfurt/M.: 25.1 (NAS/David Weintraub), 93.1 C (Moog), 118.4 (Neufried), 119.2 (Lepine); Oskar Fischer GmbH & Co. KG, Rottenburg: 140.1; PCE Deutschland GmbH & Co. KG, Meschede: 184.2; Picture Press, Hamburg: 143.1; Picture-Alliance GmbH, Frankfurt/M.: 22.2 (dpa/ANSA), 23.1, 23.2, 33.2 (epa Sawaguchi), 34.2, 35.1 (dpa), 37 m. (Edmond Terakopian/empics), 38 o. und 50.2 (DB Awi/dpa), 64.1 (Bildagentur Huber), 81.2, 87.1 (epa/Handout), 87.2 (epa/Handout), 87.3, 99 u. (dpa/Lehtikuva Oy/Caj Bremer HS), 139 u., 142.3 (dpa), 151.2 (epa Bothma/dpa), 159.1 (Grimm), 161.1, 166.1 (Globus), 169.1 (dpa), 172.1 (dpa), 180 u.re. (BILDHUSET/J. H. Dahlström); Pinkall, Heike, Brake: 149.1; Piper Verlag GmbH, München: 26.2; Platten, Blankenrath: 178.1 u.re.; Priesmeier, K., Baldham: 45.3; Redeker, Pattensen: 116.3; Rieke, M., Braunschweig: 49.3, 174 o.li.; Robel, Bad Dürkheim: 147.3; Ruckenbrod/Sutor, Karlsruhe: 65.2, 141 li.m.; Rupprecht, Hartmut, Frankfurt/M.: 30.1; Saaten-Union, Hannover: 73.2; Schapowalow, Bildagentur, Hamburg: 31.1 (Atlantide); Schmidt, Marianne, Teningen: 24.3, 24.4, 50.1; Schmidtke, Kurt-Dietmar, Melsdorf: 107 u., 108.1, 125.3, 141 re.m., 141 re.o., 144.2, 146.3, 146.4, 146.5, 164.2, 181.2; Scholz, U., Gießen: 93.1 B; Schorn, Würselen: 96 u. C; Schreiber, Ulrich C., Universität Duisburg-Essen: 26.1; Schubert, Zwickau: 84.2; Schuchardt, Wolf, Berlin: 40 u.li.; Seeber, Christian, Berlin: 112.3; Siemens AG, Erlangen: 161.2; Smithsonian Institution, Washington: 120.1; Stadler, Fürstenfeldbruck: 73.1; stockmaritime.com, Hamburg: 41 u.m. (Manfred Bai); Storm, Stuttgart: 84.3; Studio Schmidt-Lohmann, Hannover: 16 u.li., 177 o.; Sun Smart, AUS-Victoria: 118.1; Taubert, K., Springe: 141 re.u.; Terrascience medien: 26.3 (Szczepanski); The Water School, CAN-Strathmore: 183.1; THW Bonn: 35.3; TopicMedia Service, Ottobrunn: 90 re.o.; TransFair, Köln: 73.4; transit, Leipzig: 97 o. C (Joachim Hellmuth); Trobitzsch, Jörg, Buchholz: 104.2; Tönnies, Uwe, Laatzen: 17 o.li., 48.3, 59.2 o.li.; ullstein bild, Berlin: 135.1 (Weller); UNICEF Deutschland, Köln: 190 u.; Vahldiek, Böhme: 193.1; vario images, Bonn: 80.3 (Photostock); Verbeek, Haagen: 17 u.li.; Verkehrsverband Harz, Goslar: 58.1 o.li.; Visum Foto, Hamburg: 4 u. und 20 (Puglia/Sintesi), 6 u. und 139 o. (Henley/Panos); Wellinghorst, Rolf, Quakenbrück: 96 u. A; Werner, Stephanie, Herxheim: 196 u.li.; Westermann, Technisch-Grafische Abteilung : vorderer Vorsatz, 15.1, 25.3, 51.1, 118.3, 120.4, 134.2, 135.2, 149.3, 151 3, 199 o.; Wetzel, Freiburg: 25.2, 41 u.li., 80.1, 138 u.; Wilhelm Karmann GmbH, Osnabrück: 198.2; Wostok Verlag, Berlin: 84.1, 102.2, 105.2.

Klimadaten der Erde

kalte Zone		J	F	M	A	M	J	J	A	S	O	N	D	Jahr
Orkadas, 4 m	°C	0	0	0	–3	–7	–10	–11	–10	–7	–4	–2	–1	–4
(Südorkneyinseln)	mm	35	40	49	41	34	30	32	32	30	29	32	26	410
Mc Murdo, 45 m	°C	–3	–9	–18	–23	–23	–25	–27	–29	–23	–20	–10	–4	–17
(US-Station)	mm	11	4	6	6	13	5	5	11	12	8	6	7	94
Alert, 63 m	°C	–32	–33	–33	–24	–11	0	4	1	–10	–20	–26	–30	–18
(Kanada)	mm	6	6	6	6	9	12	15	28	30	16	6	7	147
Südpol, 2800 m	°C	–29	–40	–54	–59	–57	–57	–59	–59	–59	–51	–39	–28	–49
(Antarktis)	mm	•	•	•	•	•	•	•	•	•	•	•	•	•
Nordpol, 0 m	°C	–30	–36	–35	–25	–10	–1	0	–2	–8	–17	–25	–27	–18
(Arktis)	mm	8	7	2	2	3	10	11	2	16	11	8	10	90
Nuuk, 20 m	°C	–8	–7	–6	–4	2	6	8	7	4	0	–4	–6	–1
(Grönland)	mm	26	24	18	25	29	46	59	69	84	71	44	20	515
Werchojansk, 99 m	°C	–50	–45	–30	–13	2	12	15	11	2	–14	–37	–47	–16
(Russland)	mm	4	3	3	4	7	22	27	26	13	8	7	4	128
Dickson, 22 m	°C	–28	–26	–25	–18	–8	–1	4	5	1	–7	–13	–24	–12
(Russland)	mm	20	13	17	9	11	23	32	46	42	21	14	18	266
Barrow, 7 m	°C	–27	–28	–26	–18	–8	1	4	3	1	–9	–18	–24	–12
(USA)	mm	5	4	3	3	3	9	20	23	16	13	6	4	110
gemäßigte Zone		**J**	**F**	**M**	**A**	**M**	**J**	**J**	**A**	**S**	**O**	**N**	**D**	**Jahr**
London, 5 m	°C	4	5	7	9	12	16	18	17	15	11	8	5	11
(Großbritannien)	mm	54	40	37	37	46	45	57	59	49	57	64	48	593
Magdeburg, 79 m	°C	–1	0	4	9	13	16	19	18	15	10	5	1	9
(Deutschland)	mm	36	31	29	35	49	58	64	57	38	43	40	33	513
Stuttgart, 259 m	°C	0	2	5	9	13	16	18	17	14	9	4	1	9
(Deutschland)	mm	38	35	36	35	72	94	68	82	53	38	48	34	633
Wladiwostok, 15 m	°C	–15	–11	–3	4	9	14	19	21	16	9	–1	–10	4
(Russland)	mm	7	9	16	31	50	70	77	170	112	46	29	13	630
Kiew, 179 m	°C	–6	–5	–1	7	15	17	19	18	14	8	1	–4	8
(Ukraine)	mm	43	39	35	46	56	66	70	72	47	47	53	41	615
Ksyl-Orda, 129 m	°C	–10	–8	0	11	19	24	25	23	16	8	–1	–7	8
(Kasachstan)	mm	13	15	14	14	11	5	4	3	4	7	10	14	114
Irkutzk, 468 m	°C	–21	–19	–10	1	8	15	18	15	8	0	–11	–19	–1
(Russland)	mm	12	8	9	15	29	83	102	99	49	20	17	15	458
Peking, 52 m	°C	–5	–2	5	14	20	25	26	25	20	13	4	–3	12
(China)	mm	4	5	8	17	35	78	243	141	58	16	11	3	619
New York, 15 m	°C	1	1	5	11	17	22	25	24	20	15	8	2	13
(USA)	mm	84	72	102	87	93	84	94	113	98	80	86	83	1076
Bismarck, 511 m	°C	–13	–11	–4	6	13	18	22	21	15	8	–2	–8	5
(USA)	mm	11	11	20	31	50	86	56	44	30	22	15	9	385
Seattle, 4 m	°C	5	6	8	11	14	16	19	18	16	12	8	7	12
(USA)	mm	132	99	84	50	40	36	16	19	42	83	127	138	866
Punta Arenas, 8 m	°C	12	11	9	7	4	3	2	3	5	7	9	10	7
(Chile)	mm	33	29	45	46	50	40	41	38	33	26	32	34	447
Melbourne, 35 m	°C	20	20	18	15	12	10	10	11	12	14	16	18	15
(Australien)	mm	45	59	50	69	54	52	54	50	58	74	70	58	691

• = *keine Daten vorhanden*